建筑伦理学的前景

【澳】　William M. Taylor,　Michael P. Levine　著

王昭力　译

電子工業出版社·

Publishing House of Electronics Industry

北京·BEIJING

Prospects for an Ethics of Architecture
978-0-415-58972-7
William M. Taylor, Michael P. Levine

© 2011 William M. Taylor and Michael P. Levine

版权贸易合同登记号 图字：01-2012-3871

图书在版编目（CIP）数据

建筑伦理学的前景 ／（澳）威廉•M•泰勒（William M. Taylor），（澳）迈克尔•P•莱文（Michael P. Levine）著；王昭力译. — 北京：电子工业出版社，2016.12
书名原文：Prospects for an Ethics of Architecture

ISBN 978-7-121-30593-1

Ⅰ.①建… Ⅱ.①威… ②迈… ③王… Ⅲ.①建筑学－伦理学－研究 Ⅳ.①TU-021

中国版本图书馆CIP数据核字(2016)第297900号

策划编辑：胡先福
责任编辑：白俊红
印　　刷：三河市兴达印务有限公司
装　　订：三河市兴达印务有限公司
出版发行：电子工业出版社
　　　　　北京市海淀区万寿路173信箱　邮编 100036
开　　本：720×1000　1/16　印张：13.75　字数：273千字
版　　次：2016年12月第1版
印　　次：2016年12月第1次印刷
定　　价：59.00元

凡所购买电子工业出版社图书有缺损问题，请向购买书店调换。若书店售缺，请与本社发行部联系，联系及邮购电话：(010) 88254888，88258888。
质量投诉请发邮件至zlts@phei.com.cn，盗版侵权举报请发邮件至dbqq@phei.com.cn。
本书咨询联系方式：电话 (010) 88254201；信箱hxf@phei.com.cn；QQ158850714；AA书友会QQ群118911708；微信号Architecture-Art

目　录

插图列表

前言与致谢

引　言　　　　　　　　　　　　　　　　　　　　1

1　伦理学、建筑和哲学　　　　　　　　　　　　15

2　建筑、伦理学和美学　　　　　　　　　　　　43

3　建筑与文化　　　　　　　　　　　　　　　　73

4　体验建筑　　　　　　　　　　　　　　　　　99

5　写在"墙"上：记忆、纪念碑和纪念馆　　　127

6　建立社区：新城市主义、规划与民主　　　　157

结　论　　　　　　　　　　　　　　　　　　　183

注　释　　　　　　　　　　　　　　　　　　　194

参考文献　　　　　　　　　　　　　　　　　　205

插图列表

封面   马里奥•博塔，旧金山现代艺术博物馆，室内（1991—1995）。照片©米哈尔•路易。

0.1   罗伯特•文丘里，富兰克林中心广场，建于本杰明•富兰克林的费城故居原址上（1976）。图像©威廉•泰勒。   2

0.2   勒•柯布西耶，马赛公寓天台（1946—1952）。图像©米哈尔•路易。   5

1.1   安塞尔姆•基弗，装置艺术作品《人口普查》（1991），藏于柏林汉堡巴恩霍夫当代艺术博物馆。图像©威廉•泰勒。   16

1.2   路易斯•康，加利福尼亚州拉荷亚索尔克研究所（1959—1965）。图像©米哈尔•路易。   25

1.3   路易斯•康，加利福尼亚州拉荷亚索尔克研究所（1959—1965）。图像©米哈尔•路易。   31

1.4   路易斯•康，菲利普斯•埃克塞特学院图书馆（1969—1971）。图像©G•E•基德尔•史密斯/考比斯。   35

2.1   弗兰克•盖里，毕尔巴鄂古根海姆博物馆（1997）。图像©威廉•泰勒。   46

2.2   恩斯特•萨日比埃尔，柏林前航空部（1935—1936）。图像©威廉•泰勒。   52

2.3   导演莱妮•里芬斯塔尔在纽伦堡卢伊特波尔德竞技场拍摄《意志的胜利》，这是一部记录1934年纳粹党代表大会的影片。图像©考比斯。   57

2.4   芝加哥湖滨公寓，密斯•凡•德•罗（1951）。图像©米哈尔•路易。   64

2.5   Lab建筑工作室，墨尔本联邦广场（2002年竣工）。图像©米哈尔•路易。   69

3.1   土耳其艾菲索斯的塞尔瑟斯图书馆（建于公元110—135年）于20世纪70年代重建。图像©米哈尔•路易。   77

3.2   瓦尔特•格罗皮乌斯，德国阿尔费尔德的法古斯工厂（1911—1913）。图像©瓦尼档案馆/考比斯。   82

3.3 乔治·巴哈尔，德累斯顿的圣母教堂（1725—1742），曾因轰炸被毁，重建工程于2005年完成。图像©米哈尔·路易。 86

3.4 玛丽莎·罗斯的摄影装置作品"见证真相"，于65周年阵亡将士纪念日在洛杉矶宽容博物馆展出（拍摄于2010年）。图像©泰德·索基/美国泰德·索基摄影室/考比斯。 90

4.1 曼海姆毁坏现场（1945年4月）。图像©贝特曼/考比斯。 104

4.2 火地岛土著人，罗伯特·菲茨罗伊的《"冒险号"和"猎犬号"探险船勘测航海记事》的卷首插图（1839）。图像©考比斯。 110

4.3 斯蒂文·霍尔，挪威哈马罗伊克努特·汉姆生中心（2009）。图像©克里斯汀·里克特/视野图片社/考比斯。 115

4.4 赫尔佐格和德梅隆，旧金山德杨博物馆（2005）。照片©米哈尔·路易。 122

5.1 林璎，华盛顿越战纪念碑（1982）。图像©威廉·泰勒。 130

5.2 彼得·艾森曼，柏林欧洲被害犹太人纪念碑，又称大屠杀纪念碑（2005）。图像©威廉·泰勒。 134

5.3 华盛顿国家二战纪念碑，根据弗里德里希·圣·弗洛里安的初始设计而建（2004）。图像©威廉·泰勒。 146

5.4 工作者正在曼哈顿下城联邦大厅外搬移"反省缺失"，该模型是由迈克尔·阿拉德和景观建筑师彼得·沃尔克为世贸中心纪念馆设计的（2004年1月）。图像©拉明·泰莱/考比斯。 154

6.1 佛罗里达州庆典镇。图像©约翰·米勒/罗伯特·哈丁世界图像/考比斯。 160

6.2 密歇根州底特律新近弃用的住宅开发区，背景为关闭的福特汽车公司厂房（2009）。图像©汽车文化/考比斯。 170

6.3 新罕布什尔州坎特伯雷震教村（2009）。图像©威廉·泰勒。 180

结论 新奥尔良运河大堤坝塌方处附近的房屋（拍摄于2005年）。图像©威廉·泰勒。 184

前言与致谢

本书融合了建筑理论家和哲学家的思想，从而使我们获得新的契机，以便从伦理学的视角来反思建筑学以及与之相邻的设计学科。本书还探讨了一个问题，即是否有可能采取跨学科的思考方式，力争在我们各自所关注的专业知识领域之间建立起一种融洽的、兼收并蓄的关系。因此，我们在拟定本书标题时谨慎地选择了"前景"一词。以前，在有关房屋和园艺设计的论文中，我们用这个熟悉的词来描述某个人所看到的（或业主从自住房屋内所看到的）窗外的宜人景色或花坛。从表面上看，前景处在明显的位置，然而，它的设计向来不是一件容易的事。或许，对于一套格局良好的房屋而言，窗外的开放空间很难与其他设施和井然有序的家庭生活相协调。这些空间总是在一定程度上受到约束（准确地讲，首先受到窗框或远景特征的约束），当然，景观设计也有可能会遵循不同的方式，这取决于房屋本身的状况及其周边环境，或者业主的职位、社会地位、财富和品味。对于"前景"的设计而言，不论在何种特别的情境下，鉴别和选择都是我们惯常需要考虑的问题——在判断事物的价值时，我们也需要考虑同样的问题。

本书标题中的"前景"一词表明，我们旨在从多种角度来审视建筑学和伦理学；我们还将关注和讨论一些有争议的甚至可能相互对立的问题。在理解本书相关领域的过程中，我们认为有必要将其中涉及的一些复杂问题进行整合，采取一种通用的方法来解决它们。根据该方法，接下来的章节将以"后结构主义"和道德哲学等理论框架为出发点，但同时着眼于我们感兴趣的一些特殊话题，以及过去有关建筑学、建筑环境、人类科学和精神分析哲学等领域的文献。与其他类似文献不同的是，我们认识到了以上话题的多重性，对我们来讲，伦理学的作用不单单是为建筑学和设计学提供框架，其本身也不仅仅是诸多学科（如医学或法律）当中的一种，尽管专业的伦理学家会从宏观上这样认为。在本书中，我们要探讨的观点是，设计学可以为伦理学研究提供一种颇具特色的形式，从而启发我们思考与人类居住环境密切相关的问题——一个人对居住条件有着怎样的期待，以及一个人在任何特定的时间打算或被迫选择怎样的居住场所。

在本书的撰写过程中，许多专业人士提供了颇有价值的帮助和建议，这有助于我们建构有关建筑学、哲学和伦理学的观点。他们当中包括桑德拉•巴卡洛克、尼古拉•夏帕瑞丽、安妮特•康戴罗、达米安•考克斯、戴安娜•戈尔德斯万、玛格丽特•拉盖茨、克里斯汀•米勒、海伦•马林森、洛娜•梅塔、迈克尔•奥斯特瓦尔德、爱德华•罗伯茨、俄诺涅•鲁斯比、妮可•萨利和加里•维克汉姆。我们也非常感谢组稿编辑弗兰•福特和劳特利奇的评论家们，在他们的鼓励和指导下，我们的手稿得以顺利完成。我们还要感谢米哈尔•路易，他为本书插图提供了建筑项目方面的照片资料。在本书的撰写过程中，特别要感谢肖恩• 奥哈罗兰和艾米•巴雷特-林纳德的耐心和支持。

澳大利亚研究委员会的授权和西澳大利亚大学的奖项使本项研究得以开展。尽管保罗•Q•赫斯特已经故去，但我们仍然记得他与我们一起展开初期调查的情景。他是一位友善的合作伙伴，他的支持、批评和见解丰富了这个项目。

引 言

"生锈的遗产"

想象一座城市，寻遍每个角落

不见一丝宽容，你的行为

与你形影不离，宛若疤痕与刺青，然而，所有的记忆

几近消散，饥饿的鹿群有气无力，越过高速公路觅食

迷茫的女孩剪去秀发

男孩们虐待青蛙，问明缘由便知

——这座城市记忆苍白，却充满了报复的欲望

城中的建筑，令人思绪万千

男人也好，女人也罢，凭借手中的权力掌管这片天地

——请告诉我那座城市依然是你的栖身之所吗？是真的吗？

艾德里安娜•里奇（1999：51）[1]

艾德里安娜•里奇的诗句恰如其分地引领了本书的开篇。诗人的作品中交织着各式各样的主题：公共生活与个人思考、回忆与罪责、权力及其造成的人与人之间的差异。它们同样体现在我们关于建筑和伦理学的研究中。在"生锈的遗产"中，建筑和城市作为背景，烘托着形形色色的人物：男人和女人、强者和弱者、喧嚣者和沉默者。在本书中，建筑和城市形态为我们提供了许多契机——从哲学、历史、审美和实用的角度——从而有助于我们思考这些特征或其他类似特征如何成为生活的一部分。诗人对于想象力的崇尚体现了对权威的回击，并提出了一个问题，即作为一项创造性活动，写作如何能够支持新思想和政治行动主义。在我们看来，建筑的价值在于它具有创新性，能够表达自身和反映社会进步。这种想法促使其他人提出一个疑问，即是什么让我们由建筑引出许多推论——这些问题强调建筑所具有的政治含义，其思想来源是我们如何在脑海中设计建筑物，而它们"在现实中"又是什么模样。

起初，我们认为建筑师和其他设计实践者所关心的问题是创造空间，即我们"生活"的环境。这个简单的命题掩盖了一个复杂的现实，其成因包括：权力和知识；我们过去和现在是如何思考并书写建筑的；我们如何创造建筑并以何种方式生活在其中。有时候，这样的现实会让我们感到不适，因为它体现了人们对于居住问题的关心和对于经济问题的思考，连接过去与现在的愿望以及对社区生活的憧憬。正如大卫•布莱恩（2005：233）所说："每个设计和规划决策都是一种价值主张，一种与社会和政治关系相关的主张。"在我们的观念中，不论以个人的还是公开的方式，我们的生活都与这些关系密不可分，在这一点上，建筑环境发挥着重要的决定作用。建筑向我们传达着日常生活经验，以及对个人而言意义重大且与社会相关的行为。

尽管我们每天都会关注"生活"的现实，尽管各种权威组织和媒体呼吁我们要融入"生活"、面对"生活"或以其他方式与"生活"和谐相处，但这些标语背后的事实似乎仍然充满了争议。或许，只有一种有机的生命力能够一如既往地按照常规发展。我们从理论和实践层面对我们自身和我们的建筑提出了要求，这表明我们周围还存在着更多亟待解决的问题。在解读建筑理论的过程中，我们经常会不可避免地发现一些伦理学方面的问题，它们根植于预先假定生活事实的抽象观念。我们还会发现，所谓普遍而永恒的条件源自各种相互矛盾的人性哲学。这些问题通常会引发我们关注自身的存在，让我们以不同的视角来看待人类身份，从而了解其稳定性、先验性和基本构造，或者从相反的角度了解其社会构成。

在这些极端认识之间，我们发现，建筑物的价值是由以下因素规定的：建筑物与某些"事实"的关联，如人们渴望与世界融为一体或与之建立联系；人脑与生俱来的记忆

0.1
罗伯特•文丘里，富兰克林中心广场，建于本杰明•富兰克林的费城故居原址上（1976）。图像©威廉•泰勒。

和遗忘功能；或者人们彼此之间相互交流的独特能力。有时，建筑理论使人们专注地思考自身的种种需求，并以此来补充他们对于"生活方式"和"生活质量"的日常诉求。一些理论家分析了建筑的"诗性体验"，旨在探讨关于"存在"和"居住"的专业话题。他们的目标在于重新找回一些有关人类居住的普遍答案，在我们开始过多地以抽象方式思考我们的建筑之前，这些答案就已被大众所接纳。然而，若要发现这种"真实的"建筑，就需要借助另一种抽象方式——这是一种不易把握的方式——而且不管怎样，这种方式都很可能不尽如人意。

相比之下，本书旨在建构一种有关建筑的伦理学，它对基本原理关注较少，也较少受制于一种单一的、高度概括的哲学，这种哲学所涉及的人性或建筑与马丁•海德格尔或希格弗莱德•吉迪恩等权威人士有关，尽管我们确实也会考虑他们的观点。众所周知，伦理学包含两个组成部分，即关于"好"的理论和关于"对"的理论，不过，本书较少涉及关于二者的绝对理解，而是把更多的关注点放在一个问题上，即始终以开放的态度来看待建筑环境、设计实践以及存在于建筑和城市空间当中的多种人类主体（居民、个人和社区）之间的多重关系。与任何包罗万象的、有关存在和居住的理论相比，本书更关注的问题是，我们的日常生活在何种程度上受到情感的指引，尽管从根本上来讲，情感是易变的、偶然的，但它仍然具有引导作用，我们可以在一定程度上控制、释放或改变情感。例如我们倾向于从建筑当中挖掘一个民族及其文化的印记，或者期待着以一种独特的方式来体验建筑。又如，我们倾向于在面对纪念碑和纪念馆时回顾往事，或在规划城市及其周边地区时发现社区的影子。这些倾向并非一成不变，因为在我们理解人的能力和行为的过程中，它们可以为历史、社会和政治语境注入活力。它们还在很大程度上依赖于心理趋合、记忆和语言等概念，而这些并不具有永久性和普遍性。如果在社会形态和社会治理形式范围内考虑这些情感的灌输作用，那么它们是符合常规的。从本质上讲，这种观点的好坏并无定论。也许有些人认为，有必要将社会规范从其他一些更加"自然"的存在状态中分离出来，但事实并非如此。这些规范不仅为一个人的生活方式提供了必要的背景，而且我们还可以在这样的背景下讨论一个问题，即建筑环境如何在特定的时间和地点凸显其重要性。

例如有一种常见的情况是，把对于过去事件的回忆视为体现个人和社会身份的关键因素。因此，当历史文化名城或市区面临重建时，人们往往会想起所谓的"遗产"价值并采取保护措施。在多数情况下，这些地区的建筑类型明显受到社会因素的推动或制约，而规划原则的实施所带来的种种效应则在整体上强调了关于历史文化建筑价值的政治观点的差异性。通常，有关"遗产产业"的批评和理论（西维森，1987）是对这些差异的重申。除了最激进的理论家以外，无论利益主体持有怎样的观点，都没有人会质疑某种遗产价值。记忆以特定的方式运作，通过建筑形式让我们与过去发生联系，对此，很少有人会提出疑问，尽管可能会有人持有不同的观点，认为建筑在这方面的作用会更加突出。很少有理论家会质疑记忆和建筑的研究价值，他们相信，这两者会使人产生不同层面的归属感和幸福感，或者促进人与人之间的交流。

同样常见的情况是，人们把"社区"看作生活的一部分，认为二者是一个有机统一的整体，因此，很多人都会关注社区价值，或者开展以社区为导向的设计实践活动。从本质上讲，人们的兴趣不同，其所关注的建筑和公共空间也不同，这说明"社区"对不同的人而言有着不同的含义。与遗产这一话题类似，人们在讨论社区时不可能没有疑问，只是比较隐蔽罢了，而且或多或少出于这个原因，关于社区的讨论带有一定的政治含义，即个人和社会应该如何引导其自身。尽管遗产和社区都有着意义上的差别，但是很少有人会质疑一点，那就是两者都有助于表达人类彼此之间相互交流与融合的愿望。建筑环境的重要作用非常明显，它既充当了这些情感的推动力，又充当了其结果。它可以强调社会的异化作用，表达人们的不满情绪，并产生新的政治行动主义形式。它还可以重申审美、社会和政治现状——它可以制造一种方式，在其作用下，事物的出现似乎具有必然性——这或许是唯一的也是最自然的方式。

撰写本书时，我们呼吁一种特殊的"伦理学"，对于这一术语，我们至少可以从两种角度加以理解。我们将对它们进行阐释，试图在二者之间寻找平衡点。首先，我们的研究要求将伦理学作为哲学特别是道德哲学的一个分支，却试图超越其所关注的特定问题和领域，以及其包罗万象的思考方式和语言风格。其次，尽管我们要求将伦理学作为一门学科（如果没有像哲学家之前所描述的那样将其特意定位为"道德科学"[OED]），但我们的目标在于确定一个更广泛的领域，在这里，我们可以将人类视为独特的道德动物。我们试图要描述的设计实践活动，其本身具有塑造功能和道德效用，能够指向完整或完善的个人形象。这样的实践活动伴随着人类特征，涉及不同领域的知识（不仅仅局限于专业知识和学术科目），同时还具有广泛的社会和政治含义。建筑环境能够向人们灌输各种各样的价值观，不论好的还是坏的。因此，本书旨在改变人们对于伦理学的普遍看法，就这一点而言，我们不仅要考虑到建筑环境，而且还要考虑到他们自身，包括他们的思维方式和行为模式。

语言似乎可以把这些问题联系在一起。有些常用术语强调哲学思考，同时还强调对于日常生活行为的担忧。例如有人认为，在建筑语境中，"自主权"可以起到操纵空间的作用，从而为一个地方赋予意义。从哲学意义上说，人们认为有必要设想一种伦理学立场，从而在一定程度上构建道德自我。然而，自主权的建筑学意义可能而且经常与其哲学意义相互关联。作为一种围护结构，房屋展现出一定的物质、空间和审美特征，若要

0.2
勒·柯布西耶，马赛
公寓天台（1946—
1952）。
图像©米哈尔·路易。

弄清楚这些特征是否能够以及如何能够使房屋变成一个家，我们首先必须拥有一栋房屋。

人们经常注意到一点，那就是当我们讨论伦理学上的认同与非认同问题时，我们会用到许多与审美判断相关的词。有些术语，如"完整"，可以用来描述格局良好的建筑，在这里，我们可以把这样的建筑形象地比作一个人格完善、有道德责任感和善于自我反思的人。如果有一座高耸的建筑物，其正面在视觉上浑然一体，人们就可以说，它不论在结构上还是在风格上都是完整的。同样地，如果一个人善于判断，他的思维在别人看来也是完整的，只是体现在不同方面罢了。不论从哲学还是建筑学的视角来讲，"性格"一词的含义都有着同样丰富而悠久的历史。对于一座设计良好的建筑而言，其正面或内部的性格在于耐久度好或样式美观，而对于一个人而言，我们可以称赞他拥有坚毅的性格。在理解一个人对自身及其社会和物质环境所负的责任时，"完整"和"性格"两个术语是必不可少的。

同样，支持审美判断的表述也支持哲学话语。安德鲁·本杰明（2000：vi）写道，"建筑隐喻"长期影响着后者，而如今，在建筑中发现"具有部分哲学意义"的语言则是一件平常的事。这让我们想起了柏拉图的洞穴形象和海德格尔的黑森林乡村农舍，它们是两种话语结合的典型例子。又如，人们普遍把家当作"个人的城堡"，勒·柯布西耶认为房屋是"可供居住的设备"，这些例子可以为建筑伦理学提供一种历史，它部分地根植于连接我们个人生活和公共生活的表述。将建筑环境与伦理学联系起来考虑的结果是，我们将在扩充概念的同时重新思考实践活动。例如我们可以考虑以下问题：每个人的家是否都可以起到城堡的作用？在门禁社区内修建带围墙的房屋符合常理吗？如果房屋是可供居住的设备，那么当建筑的属性像人类进化那样不断演变时，它们如何能够适应持续变化的环境？或者说，建筑必须永久固定在过去，建筑伦理学也必须依赖规范值——就像生锈的机器或墓志铭那样固定下来吗？

很明显，设计与"完整"的概念相互关联，它体现和传达着人们的愿望、需求、责任和价值，并使其发挥作用——在这些因素当中，许多都会随时间变化而变化，要想衡量一个人是否"人格完满"或"全面发展"，我们必须考虑所有的因素（见考克斯等，2003）。"完整"以责任为基础，以规范、可靠和不断完善的设计实践为依托。在设计过程中，建筑物的布局是必不可少的；不过，我们还要考虑一些问题，即如何管理私人空间和制定当代生活方式，以及如何在多种可能的生活方式之间做出调解。正如温斯顿•丘吉尔所说，"我们塑造建筑，建筑又反过来塑造我们"（1943）。考虑到室外的自然光线，建筑师通常会对房屋的门窗进行精妙的布局，与此同时，居住者希望从室内欣赏到美好的景观，因此，他们不得不考虑建筑师可能为他们提供怎样的设计，从而满足他们对于个人舒适度的要求。设计师关注空间的利用率，同时，我们也会经常训练孩子们照看好自己的生活空间或卧室；要想让他们把个人财物塞进壁橱或摆在搁架上，我们必须不断教导他们保持干净整齐的印象，以此作为树立环境意识和规范个人行为的方式。生活在城市里的年轻职业人员通常会向设计顾问寻求建议，目的在于重新构建一种传统色彩或家族特征较少的家庭生活，这就好比精心设计的室内空间可以打造一个更加完善和更具个性化的自我。人们有意识地借助脑海中的图像或符号构筑这样的自我——当他们所处的地点和所接触到的关于人性的概念让他们感觉不舒服、不符合他们的品味或者仅仅有些跟不上时代步伐时，这个自我就会远离它们。

通过驾驭空间和形式，设计实践活动表达了生理学、美学、社会和道德方面的"完整"概念。相应地，我们既可以将选择居住环境的行为看成构建个人身份的一套技术（从本质上讲，这是一项伦理学任务），也可以将其看成一种表现社区身份的方式（这是一种社会思潮，也是一种伦理学上构建自我的方式）。一个人可以通过"照看自我"守护自己的内心，并在其中创建属于自己的伦理学空间。在假定某种生活方式的情况下，选择或回避怎样的空间标志着居住者的性格或个性特征。设计实践活动与以上因素的相关性表明，设计行为——其形式、参与者和交流模式——是一个备受争议的话题，尽管它仍有待于系统地探讨。

伦理学倾向

在本书中，我们通过讨论建筑学的前景来开展伦理学调查，这种做法的基础是，我们倾向于关注生活现实，不论一个人如何看待这个问题——无论以道德哲学中的"合理性"还是建筑理论为标准，抑或仅仅借助做"对"事情的日常想法，这一倾向都是客观存在的。它鼓励我们提出以下问题：建筑环境可能包含哪些要素，有关建筑学的思考如何能够鼓励人们反省自己。这些并不是硬性规则（本书也不是按照这样的方法所写的）；相反，它们具有一定的开放性，可以让我们看到书中的概念和观点可能产生怎样的效果。它们要求我们认知和区分不同的概念，例如从大的方面来讲，我们通常将建筑学中的建筑和普通建筑物区分开来，从细小的方面来讲，我们则以某种方式描述人类的生存状况。总的来说，这种开放性不仅将建筑环境视为研究对象，还将建筑物作为考量"完整"这一概念的证据——可能会假借完满的人格、心理完成作用或物质丰裕的生活。我们可以把这些伦理学倾向看作必要的背景，从而锻炼我们的思维，进行自我反思和自我建构。

第一，哲学家、建筑师、理论家和设计实践者（也许我们所有人都受到建筑环境的制约）都倾向于在我们生活的对立面之间取得协调，从而强调价值的来源以及与之相关的问题——即使这种协调不可能完全实现。人们以某些"正常的"生活方式置身于建筑、空间和景观当中，特别是对于建筑师和理论家而言，他们似乎不得不从专业和批评的角度回应这些方式：当我们需要记住建筑物、居住在其中或确定其物质或经济价值时，我们也会采取这样的方式。通过涉及建筑形式、建筑美学和符号，我们可以将这些生活方式溶入相关的背景中，如此一来，建筑将会产生各种独特的社会效用和影响。这是因为，对于人类经验的不同领域而言，建筑和设计既是一种手段，也是最终结果：这些领域包括心理学、生理学或经济学，也可能包含其他学科。总体来讲，建筑师和设计师的作用在于为这些"存在"领域赋予现实含义，而与此同时，他们又努力解释这些经验的本质，以及如何从审美角度处理它们。这种"双重行为"体现了我们通常在建筑学理论和实践之间设定的区别（这种区别往往不会产生实际效果）。

无论我们有着怎样的生活需要，它们都可以在建筑学的理论化和实践化过程中得到证实和阐释。齐格弗里德•吉迪恩的观点恰恰反映了这一点，在他看来，建筑师所面临的主要任务是"对适应于这个时代的生活方式做出阐释"（1974：33）。此外，我们还可以在其他更普遍的观点中看到这一点，它们阐述了人们对于建筑可能发挥的作用的期待。吉迪恩的看法，以及其他类似的观点，都可以在建筑的形式和意义之间建立起某种必要的联系并使之客观化，同时还可以从主观层面阐释这种联系。我们可以通过阐释建筑形式来实现自我反省和自我更正。在评估建筑环境的价值时，我们通常会提出关于建筑受益人的性格和价值观的问题，并且常常会思考以下问题，即如何采取一种更好的、可以满足个人或对社会具有建设性的方式，从而达到一个层面（居民、个人或社区）与另一个层面（建筑、私人或公共空间）之间的协调。

我们写这本书的目的并不是沿着吉迪恩的思路来探讨另一种普遍理论——仅仅以时间和地点为参照来评估某个建筑——而是要让人们联想到两面神的形象并将其与人类联

系在一起，这个内涵丰富的形象恰恰是建筑环境中客观和主观价值的来源。这就是说，我们不可能以单一的方式来阐释生活以及符合这个时代的建筑，因为我们可以通过多种方式——包括公共的和私人的方式，在我们可以想象的范围内，所有方式都是有效的——来反映和解读我们的"时代"。这些方式当中包含了历史写作，以及各种通常相互矛盾的、有关历史话语的阐释。我们并没有书写另一种关于建筑学的普遍理论，相反，我们更倾向于考查米歇尔•福柯口中的"人"所扮演的两种角色（1973：344），它们分别代表了思想与行为的客观和主观方面。它们衍生出了伊迈努尔•康德所说的"我们与生俱来的某些重要天性"（1784；1990：11，由哈金引用），从而为人文学科的研究提供了最明显和最普遍的主题。

第二，建筑伦理学要求建筑师和理论家以及其余的人有一种跨学科的倾向。这就涉及一个问题，即以一种开放或主动的态度去阐释我们周围的事物。要做到这一点，我们必须构建一个自我，尽管我们的阐释可能存在多种变化。我们对于生活有着各式各样的理解，它们规划着我们的人生，同样，关于建筑环境的研究也可以引发我们以不同的方式思考和生活。如此一来，行动主义就成了我们的关注点。关于建筑环境的感知可以给人们带来安全感和幸福感，也可以让他们放心大胆地生活，或者在必要时克制自己。当我们讨论建筑和设计时，除了形式上的规划和审美过程以外，我们还必须考虑内省和自我塑造等实践活动（例如阐释活动），它们本质上具有伦理学的特征。这两种类型的活动往往是相互关联的。例如社会具有塑造建筑的功能，并且有可能受益于该过程，于是，当我们思考一座建筑可能具有怎样的含义，或者一种设计如何能够象征重要事件时，我们就会对社会抱有某种期望，当然，这种期望也有可能会受到挑战。以这种方式探究建筑意义的结果是，人们将会质疑某种特定的"解读"是否正确、是否符合他们的期待或者是否适合其语境。

第三，从前景来看，建筑学以及与之相邻的设计学科具有伦理学特征，基于这一点，我们必须掌握多种调查模式，具备各类专业知识并且能够灵活地加以选择和运用——不仅包括哲学和理论层面，而且还包括实证和历史层面——这样一来，我们对于人类行为和社会的期望便可以实现，进而作用于我们的实践活动。我们期望为建筑物赋予某种象征含义；我们期望某个空间能够以规范的方式发挥作用；或者，当出现由空间分配所引发的不平等现象时，我们期望可以控制任何可能由这些现象所引发的冲突。例如当我们记忆、体验和评价建筑的常规方式在历史发展（以及可能的社会建构）中得到证明时，我们就会质疑许多更本质和更普遍的、对于人类生存状况的要求。例如公共纪念碑的设计师和他们的赞助者（包括政府委托人）通常认为，他们的项目可以起到纪念或宣泄的作用，从而为个人和社区提供一些必要的好处。然而，几个世纪以来，关于这种看法的证据一直比较缺乏，由此可见，纪念碑可以治愈人们心灵的想法在很大程度上是现代"纪念文化"的一部分（辛普森，2006）。相反，我们有时会以经验的方法来判断一种设计是否"成功"——在关于住户或其入住后评价的调查中，有人会用到这种方法——仔细审视便知，这种方法揭示了许多抽象的、关于人类行为的理论假设。例如有些假设涉及人类行为的可预见性或可变性，或其在个人和社会身份的形成过程中所做的贡献。在这里，用来描述建筑伦理学的第三种倾向提出了这样的要求：鉴于生活"现实"有着各式各样的研究对象以及关于真理的主张，我们必须从权威人士对于这些"现实"的论断中识别出不确定因素。谁是我们的代言人，当务之急我们应该做些什么？

在这里，历史思维发挥着尤为重要的作用。除了其他方面的区别以外，我们还需要区分以下两个方面：第一，哲学作为一门正式学科，有着其自身的历史；第二，建筑理论涵盖了关于建筑的概念和思想的历史，它可能会引出哲学问题，也可能不会。这些问题可能涉及存在、本体论和认识论，也可能关系到伦理学。在大多数情况下，建筑学和伦理学研究都未能考虑到关于建筑环境的想法从何而来。这些研究往往强调哲学概念，将其理所当然地作为意义和真理的最终裁决者。在稍后的章节中，我们将会重新提及与此相关的一系列问题。

章节顺序

本书包含6章，名义上划分为三组互补的章节。这些章节互为基础，从而引申出一些关键主题，如伦理学和美学、文化和历史。尽管随着本书内容的推进，这些章节的论据也随之递增，但如有需要，我们还是可以将它们单独拿出来解读，而不必刻意遵循原有的顺序。第一组章节主要讨论了建筑学和伦理学，涉及了哲学中的"合理性"概念，以及与之相关的语言和意义丰富的实践活动。在第1章中，我们进一步讨论了这一调查领域，随后探讨了一个更广泛的、与哲学和建筑学密切相关的领域的前景。我们有所保留地触及到一个共同"领域"的形象。

在第1章中，我们认为，当涉及建筑学和伦理学时，如果哲学家和建筑理论家实际上讨论的是同一个主题，他们往往会怀着不同的目的进行交流。从某种程度上讲，这是因为两种话语代表了不同的利益、关系和概念范式。尽管以分类的方式描述"哲学"或"建筑理论"足够困难（毕竟，建筑理论指的是什么？），然而，我们也很难相信哲学家和建筑理论家在看到建筑物时会持有相同的看法和价值观。本章探讨了汤姆•斯佩克特（2001）近来有关建筑伦理学的重要阐释。斯佩克特不仅做出了一个假设，即所有的利益主体在讨论伦理学价值时都会涉及一个共同的概念空间或领域；实际上，他还将哲学评论家看作唯一能够理解这一现象的人。

第2章对上述话题进行了补充，在这里，尽管"美学"这一术语具有多种含义，但我们还是能够弄清楚它是如何围绕建筑学展开哲学讨论的。不同的权威人士对于该术语的定位有所不同。本章阐释了道德哲学家和美学家向来持有的两种重要观点——温和的道德主义和激进的自治主义——从而在一定程度上突出了这些学科的概念维度和历史维度。这些术语和卡斯滕•哈瑞斯的《建筑的道德功能》（1997）有关，在这本书中，哈瑞斯继吉迪恩之后将伦理学和美学判断标准结合起来，声称建筑学的主要任务是"阐释一种符合时代的生活方式"（吉迪恩，1974：xxxii）。

第二组章节则更直接地谈到了建筑理论。在这里，我们并没有对最新理论作全面的描述，而是把关注点投向两个方面：第一，理论家在谈到建筑环境时通常要求划分出哪些人为现象；第二，他们会创造出怎样的经典作品。通过这种方式，批评家们强化了（总的来说，不假思索地强化了）"建筑"所具有的道德价值，这种价值是通过向文化或生活领域提供必需品而形成的。

第3章和第4章强调了几种论证方法，根据这些方法，建筑可以被视为一种独特的活动，它密切关系到生活，以及人们对于生活的整体性和意义的期待。这种趋势促进了理论家自我"角色"的完善，使他们的知识能力和权威更具说服力。具体来说，第3章中所涉及的问题是，通常被称为"理论"的文化概念和思维方式将某种自主性和完整性投射到建筑对象上，这种投射方式预先假定却又很少承认自我形成与阐释实践的存在，这些实践通过建筑得以展开，又以建筑作为衡量尺度。这种想法理应受到质疑，不仅因为它依赖于一些关于人性的可疑假设，还因为它提出了这样一种假设，即在社会形态、政府的行为以及权力的共同作用下，建筑的必要性得到了凸显。

第4章探讨了一种观念，即我们关于"真正的建筑"的体验独特而不可缺少，且最终具有伦理学意义，相比较而言，当我们以日常的方式生活在普通建筑中时，这些建筑则会变得缺乏"诗性"和意义。本章质疑了这种普遍哲学背后存在的偏见及其主要支持者的怀旧情结。这些人主要是建筑理论家，他们把自己关于建筑环境的理解建立在先验现象学之上。从理论和民众信仰来看，"体验建筑"的想法和把这种体验当作"文化"事业的想法具有相似之处。这两种观点都将建筑环境（或者至少是某些建筑物）描绘成潜在融合的整体，它可以影响和反映一个人的自我、角色或身份。

以上四章使我们更有可能质疑可能的研究对象和关于建筑的普通思维方式，以便在其余的章节中以一种更加详尽的方式来理解"伦理学特征"和建筑环境。在这些章节中，作为作者的哲学家和建筑理论家之间不需要有太多"对话"，尽管他们可以使用一些彼此都熟悉的术语，或援引一段可以说明某个学科知识来源的历史；相反，本书试图阐述一个问题，即关于建筑和伦理学的"对话"包含或可能包含怎样的内容——如果事实上我们可以用这个词描述我们的目标的话。正如人们通常所设想的那样，对话预先假定存在共同的语言和熟悉的礼仪，从而允许参与其中的双方获得同等的听话机会——这就保证我们接触到了一个概念空间或一种具象媒介，其中的思想具有某种等价性或可译性。尽管听上去令人满意，然而，这种期望可能会产生意想不到的后果。对于流畅性的期待能够促使对话双方进入一种共同的模式，无论他们各自的调查模式之间存在着怎样的差异。这种模式能够预先假定理性和道德的普遍标准，这些标准最终受到某种特定理论话语的内部逻辑或修辞的制约。看法上的分歧预先假定了等值性，因此，我们无须将任何一种话语视为持续调查的主题，而是要采取一种更加富有成效的做法，即识别学科间意义的不可通约性。例如当我们从历史学、道德哲学和建筑理论的角度来看时，"美学"这一术语的不同含义说明了其所发挥的不同作用。因此，我们并不期望接下来的章节中出现通用词汇，或者更清楚的交流在刚刚开始之际就改变我们各类学科之间的关系。相反，我们的目标是，有关跨学科本身的想法、问题和前景将成为这场讨论的一部分。一般来讲，只有在哲学家和建筑理论家开始提及以下关键问题时，他们之间才可能展开对话；这个问题起源于我们对人文学科的思考，并且能够在建筑话语中找到共鸣："建筑环境如何引导我们更好地理解自己？"为了说明这一点，我们还需要问一个问题，即作为人类，我们究竟扮演着怎样的角色。从这个角度来看，第1章和第2章告诉我们，当涉及伦理学的理解时，道德哲学和哲学美学是如何根据其所依赖的证据来试图回答这些问题的。作为专业学科，它们通过预先假定一类审美对象，使建筑学和伦理学达到了哲学层面上的统一（尽管可能出现证据不足的情况）。它们所涉及的政治领域存在于以下两个问题的分歧之间：我们如何在脑海中设计建筑物，而它们"在现实中"又是什么模样（本书，第一页）。前两章探讨了人类社会中的普遍主体，他们以这样的哲学思维来体验或审视艺术作品和建筑，并从中获得可以想象的乐趣和某种程度的自我认识。相比之下，第3章和第4章则以不同的视角来探讨同样的问题，旨在强调与建筑理论密切相关的思维。这里强调了一种观点，即人类状况是通过"文化"和先验现象学的方式构想出来的。现象学强调意识形态背后的主观或第一人称视角。它强调艺术和建筑所具有的创意、造型和想象特征，人类凭借这种特征为自己的生活赋予意义。这是一种人性化的观点，它描述了一种很大程度上具有理想主义色彩、最终倾向于本质主义的建筑理论。有人认为，哲学美学和几何、数学等其他抽象学科——它们试图将建筑形式缩减为其感官特性，从而使其符合它们的描述或衡量方式——使人类疏离了其他一些所谓"自然的"、或真正有意义的存在状态。我们前面讲过关于现象学引发人性的一般观点，包括对某种建筑体验的期待，而在第4章中，我们则阐述了另一种与之相反的观点。根据该观点，关于人类生存状态的思考以知识和能力的关系、情感模式以及历史环境为依托。在接下来的章节中，我们还会对此进行讨论。

第3章和第4章旨在就有关建筑和居住者的思考提出一些基础性的问题。在这里，我们并没有探讨哲学思考的普遍主体，而是讨论了一种更为复杂的、有关居住主体的观点，从理论上来讲，这种观点更加细致入微——活生生的、富于创造力和表现力的人拥有多种多样的倾向，这些倾向之间可能并不协调，它们试图定义人类应该如何以理想的方式生活。当我们讨论伦理学问题时，我们正是以这样的思想主体为依据的，尽管我们可能采取不同的方式来完成这项任务。正如我们在下一章中所提到的，一个人可以采取"温和的道德家"或"激进的自治论者"的态度。这些独特的见解涉及一个问题，即一座建筑的伦理学维度如何强化或削弱其道德价值。同样，一个人也可以采取另一种哲学立场，如现象学，以便理解居住体验如何被纳入一种充实而有意义的生活。而且一个人可以把哲学完全搁置一旁，然后去支持实用主义者的观点，即建筑终究会成为一种技术手段。无论如何，我们都需要一种潜在的可理解性，从而为学术主张和普遍观点赋予意义。我们从总体上审视这种可理解性，而且当我们思考与人类相关的问题时，我们还会审视这种思维的历史渊源和局限性，以及人类与建筑环境之间的关系。通过这样的方式，一个人或许能够更全面地理解建筑学和伦理学，相比较而言，道德哲学家或建筑理论家（特别是现象学家）只是以传统的方式来构思这两个学科。

第一组和第二组章节呈均衡互补的关系，它们既不为哲学美学也不为建筑现象学提供支持。反之，从整体来看，当涉及建筑伦理学时，它们认为两者皆有局限性。这些章节表明，对"美学"的引用如何能够引起人们对于哲学和建筑理论问题的关注，尽管就该术语可能代表的含义而言，我们似乎很难从这些学科当中找到一致性。这些章节虽有契合之处，但是我们仍然能够从中发现差异。也就是说，有关道德哲学和建筑理论的主题之间存在着视角上的差异。这些差异包括：作为本书的作者，我们的观点有所不同；实际上，我们自己的观点和后来那些对建筑学和伦理学感兴趣的人的观点也不一样。针对这一点，我们希望可以找到一种实用、灵活而具有细微差别的方法；它可以利用我们在建筑理论和哲学中发现的思维方式——但不是不假思索地采用它们。

第3章和最后一组章节改变了方向，虽然只是回到了前四章中那个具有挑战性的问题，即重新思考建筑学和伦理学。此时，我们已经具备了理论工具和历史例证，从而能够更加全面而深入地理解本研究中的"自主权"、"完整"和"美学"这几个术语的重要性。

第5章和第6章从广义角度探讨了连续的知识体系，还就人性和社会、性格和价值观方面的特殊问题谈到了一些概念。根据这些章节中的分析，各类建筑的功能或外观之间，或者不同的城市规划方案之间存在着差异，关于这种差异的研究强调了建筑的地位，即为我们所知道或所期望的那种舒适"生活"提供物质证据——客体、设计图和空间。换句话说，我们一方面需要与"生活"和谐相处，另一方面又必须接受生活终将结束这一不争的事实，在这两者之间，建筑环境以多种方式为人类的存在提供可能性，并对其施加限制。以上分析的灵感来自《世间万物的秩序》（1973，1966），在这本书中，米歇尔•福柯描述了实证科学和人文科学（生物学、经济学、语言学以及心理学和社会学等）对人类认识的影响。尽管随后有人对这本书进行了批评和重新评估，然而，它对于某些概念的强调，如"劳动"和"语言"——连同"生活"本身——仍然会引发人们的思考，我们可以借助这些术语来思考与存在相关的自我反思和自我形成问题，尤其是在建筑和设计领域内，它们能和表达日常经验的方式产生共鸣。在组织建筑实践的方式和有关某种建筑设计的价值思考当中，有一些是较为突出的。它们包含在人们的共同期待中，即建筑应该具有一定的意义，某些建筑应该让人们回想到过去，而另一些建筑则能够以某种社会和集体的方式更好地安排我们的生活。这些期待可以指引我们走向更富有、更成功或更幸福的未来。一般来说，第5章探讨了对纪念活动和社区的期待，第6章则强调了由这些期待所引发的伦理学问题。

　　第5章的灵感来自两篇期刊文章，作者在准备过程中参考了由澳大利亚国立大学人文研究中心于2005年主办的讨论会，其主题是"纪念活动、纪念物和公众记忆"。此次讨论涉及了与纪念物和纪念碑分别相关的一系列问题，并指出了其伦理学特征。本章并没有以任何实质性的方式来区分这两种类型的建筑（或者区分建筑物特征明显的纪念碑和其他类型的建筑）。一些批评者将二者区分开来，这样做的依据是，我们应当以一种规范化的视角来看待记忆，或者历史记忆和纪念性建筑物，他们认为，纪念物和纪念碑涉及不同类型的记忆，它们以不同的方式让人们回想起过去。有一种观点认为，使记忆发挥作用的是某些可预测的方式，而不是这些区别本身，对此，我们很感兴趣。本章要探讨的问题是，建筑尤其是关于纪念性建筑的美学是如何促成这一想法的。我们接下来要考虑的观点是，"纪念物的时代"已经结束（莱文，2006），其依据是人们对于以下问题的疑问，即曾经是否存在过这样一个时期，以及曾经是否有人（泰勒，2005）要求某种特定的关于纪念物的美学可以带来积极的、有振兴作用或民主化的利益。这种美学以"反纪念物"为代表，其最好的例证是大屠杀纪念碑和林璎的华盛顿越战纪念碑。本书作者号召"设计师、学者和民众"一起共事，为的是在知识分子和艺术家傲慢之时提出这些主张。事实上，这些纪念碑要提醒我们记住的教训，以及它们要产生的治疗效果，对我们而言似乎是虚幻的。这里的关键问题在于，从任何心理学意义上讲，仅凭建筑形式是否可以像很多人所要求的那样减轻悲痛和治愈国家创伤，或者说这本身就是一个自私的神话？这种要求，以及像林璎的越战纪念碑那样被用来充当国家"净化"证据的建筑物，可以为反动的或站不住脚的共识政治提供依据吗？在这种政治情形下，大家约定不要就过去的事实达成一致（或者他们欺骗自己支持单一的视角），如此一来，现状得以维持。

在讨论了一种"纪念性的行动主义"是否存在可能性之后，第6章采用类似的策略讨论了大众对于建筑的诉求，并将这个问题概念化和历史化，正是这样的诉求为"社区"的发展提供了条件和推动力。在这里，我们的关注点是新城市主义运动及其章程中的原则（1996），这些原则明确将一种独特的城市发展和规划方案与民主理念、城市更新和社会正义的推进联系起来。我们想知道这是否会成为一种可能。任何一种计划或规划方法是否都可以从物质层面确定像这样的社会结果？我们认为答案是否定的。然而，识别"社区"设计在理论和实践上的限制可能是有益的第一步，我们可以通过它来思考人们对于道德准则的迫切需要，将社会实践与民主实践结合起来，从而创造一个更加美好的社会。

在这6章之后，我们作了一个总结：在这个特殊的时代，我们有必要从道德层面探讨建筑学和建筑环境的重要性。在这里，我们描述了建筑师和设计师在新世纪初所面临的某种局面，并提供了一些"关键方法"，它们可以为更新的批判思维和可能的行动主义提供指导。这些情况以及人们对此做出的反应，就像艾德里安娜的诗"生锈的遗产"一样，说明了以下问题：城市如何为思考和实践建筑伦理学创造一个非常重要的环境——尤其是当城市及其居民面临毁灭的时候。

总的来说，建筑形式和空间的设计对个人和社会生活的影响无处不在，因而也具有深远的意义。这恰恰是因为通过这些因素，我们可以观察和理解生活、个人与社区以及文化与社会。一系列的评价实践，要么是建筑和设计的基础，要么是其固有特征。所有这些实践都涉及美学、伦理学和其他评估性假设，它们来自各种不同的人文和思想体系。有些假设需要我们形成关于共同知识范畴的思维方式，另一些则更为抽象。这些假设通常是隐含的和未经检验的，它们经常超越各种一般意义上与设计实践相关联的明确想法。它们不仅关注专业实践的本质，而且关注居住主体、家庭和社会关系以及"居住"这一概念本身的实质——例如一个人能够甚至应该如何生活，或者可能如何使自己的生活变得与众不同。对于这样的问题，我们不需要给出意义明确的答案。由此可见，建筑学和伦理学从一开始就以某种方式连接在一起，它不仅让我们有可能探讨建筑实践的伦理学基础，而且使这种讨论看似不可避免。在本书中，我们批判地审视了建筑理论与实践的特征，及其在我们理解人的身份、性格和价值观的过程中所产生的影响和启示。我们还需要对许多关于建筑和设计的评价性假设的性质和范围提出疑问——这些假设以特定的知识框架、世界观和历史时期为语境。

第 1 章

伦理学、建筑和哲学

我眼睁睁地看着那些面目可憎、疙疙瘩瘩的石灰和黏土，犹如胆大妄为的不速之客，刹那间涌入我们的视线，然后像霉菌一般蔓延。放眼望去尽是它们皱皱巴巴的面孔，我们的城市被踩蹋成一片狼藉……它们侵犯了我的视野，让我不由地心生厌恶；它们亵渎了眼前这美好的景观，让我不禁感到悲伤；不仅如此，我还痛苦地预感到，在自己的土地上经历这番摧残之后，我们民族的伟大根基势必会被腐蚀得体无完肤。公寓里面挤满了疲于奔命、不得停歇的人们，它们与阿拉伯人或吉普赛人的帐篷的唯一区别在于，它们使人们缺少健康清新的空气和开阔的视野，缺少在这个星球上自由选择居所的幸福；它们使人们牺牲了自由，却不能享受安逸，牺牲了稳定，却无法体会变化的乐趣。

约翰·拉斯金（1974，1849：135～136）

很多迹象表明，建筑伦理学是一个新近开始的重要调查领域，或者说应该成为这样的领域。在该领域展开研究是我们的当务之急，因为有许多突出问题已经或即将影响到我们的寿命和生活质量。我们通常需要借助伦理学来解决一些熟悉的专业实践问题，但是这里的问题并不局限于此。目前，我们所担忧的问题包括全球变暖、能源成本增加、自然资源减少、环境退化、污染造成威胁，这些情况加上其他一些情况，致使社会不平等日益加剧。拉斯金的想法在某些方面预言了今天人们的担忧，但不能完全囊括当代人的焦虑——我们也不应该怀有这样的期待。诗人享有的威望与他的时代密切相关；他的散文能让人产生共鸣，但不应该阻止我们寻找适合自己的时代的思想和语言。

我们或许多多少少一直在探讨建筑的伦理维度，但从未像现在这样将它当作一个适合市民和政治气候的公众话题。沃里克·福克斯认为，这种情况主要源于日益突出的环境问题，以及人们对于建筑环境的担忧，而在此之前，这个问题在环境伦理学领域内一直未得到过重视（2000：1～12）。毫无疑问，福克斯的话有一定道理，然而，只从环境伦理学角度出发来审视建筑和伦理学的关系未免太过狭隘。就人们目前关注的问题而言，还存在其他一些难以解释的间接原因。如果是这样，那么其中某些只在一定程度上涉及环境问题。在这些原因的作用下，一些城市的条件不断恶化，另一些城市的生活成本则变得高昂。与此相一致的是，有些人担心失去公共空间，而富人则退居到了封闭社区。新一轮的难民潮，当前人心惶惶的氛围，世界很多地区存在的恐怖主义和政治动荡，以及接踵而至的其他威胁——这样的例子不胜枚举。城市拆迁和重建项目成了争议性话题；人们越来越强调公共空间在城市规划中的作

1.1

安塞尔姆·基弗，装置艺术作品《人口普查》（1991），藏于柏林汉堡巴恩霍夫当代艺术博物馆。图像©威廉·泰勒。

用；博物馆、实验室、医院和低收入住房等专门建筑项目也日渐强调伦理关怀的不同方面，以及与建筑相关的一系列问题。

世界贸易中心双子塔被撞毁后，公众开始注意到建筑环境的现实意义和象征意义，越来越多的人开始关注文明价值观和社会安全问题。在"卡特里娜"飓风引发新奥尔良水灾之后，人们忽略了这座废墟之城，这一事实表明，公共基础设施是一个城市的天然屏障和人防系统，如果没有对其进行投资，同样可能会引发上述问题。某些建筑师的巨星地位让我们进一步提出了伦理问题。路易斯•康、弗兰克•盖里和丹尼尔•利伯斯金等设计师的作品体现了变化性和流动性，我们可以将其比作普通设计实践者在面对不确定的公众品味和商业现实时所表达出来的无力感。有一种情况很快变得明朗化起来，那就是尽管职业行为准则可能要求著名设计师和普通设计师都注重专业性和完整性，然而，不同的问题和压力可能会阻止他们就这些术语的含义达成共识。例如利伯斯金在看待双子塔旧址包括他设计的"自由塔"时，不懈努力地捍卫自己的观点，以免其受到金融利益集团和其他强势集团的影响，有些设计师包括一些道德哲学家和建筑理论家认为，这充分表明了建筑师自古以来就面临的选择。为了看到一个项目实现，设计师必须做一个清楚的决定，即是否在自主性和艺术完整性方面做出一些让步，尽管最后的结果可能是折衷的。其他人可能观察到设计师面临这样的情况，即未曾设计出成功的作品，至少他的作品未能充分反映"9•11"事件的严重性和受害者的记忆创伤。利伯斯金本人也多多少少承认这一点，他认为，在某些情况下，建筑师应该彻底回绝某些机构的委托，因为它们从一开始就存在道德上的问题。例如他认为他们应该拒绝为任何有可能"专制和不民主的政权"提供专业服务（萨迪奇引用，2008：16）。

如果将建筑伦理学视为一种研究模式或学科，并以此来面对这样的道德困境，有人可能会认为该领域缺乏研究的中心和多样化的理论资源，而我们在应对这些问题时恰恰需要它们。从某种程度上来说，这是由于跨学科的要求，尤其是广泛调查的要求，我们之所以展开此类调查，是为了解决那些迥然不同而又相互交织的问题。在学科内部和学科之间开展工作时，我们会遇到一些难题，通过解决它们，我们自然会产生不同的兴趣，找到不同的思路和方法，并掌握各种各样的技能，正是这些技能造就了不同类型的学者。在研究公共空间时，政治哲学家或社会科学家的观点将不同于道德哲学家、艺术史学家或建筑理论家的观点，甚至更不同于建筑师、其他设计师和建造者的观点。作为一种思索性和分析性学科，"哲学"本身的特征并不那么容易描述，尽管所谓的建筑"哲学批评"完全且在某种程度上随机借用了哲学的权威典籍和术语（海斯和英格拉汉姆，1996：10）。更常见的情况是，大部分建筑理论的研究范围涉及类似于哲学思想史的领域。在任何一种情况下，人们通常所说的哲学涵盖了一系列领域，其中包括知识和修辞实践，以及语言和概念范式，每一个领域都有各自的历史，以及适合其自身的精确性。这些领域包括以阐明术语和论据为目标的心智练习，以及详细阐述学者推理过程的叙述（如果"A"暗指"B"，那么……）。哲学话语的实用方面包括旨在开发命题及其推论，揭露矛盾，或预先假定坚持原有知识的练习。

相比之下，建筑理论家则受困于各种各样的观念和学说，这些通过一个事实反映出来，即他们的专业知识需要更加随机的行动。建筑理论中所使用的推断、概念和范式来自许多不同的知识传统和学科——与建筑和设计相关的各种期刊和热门选集证明了这一事实。上述行动中大都蕴含着创造性，而并非总是那种聚焦于某个普通而单一的学术和实践调查领域的精确方法。也许，建筑理论的要点更多地被看作理论家试图以某种方式解释和说明的主题——"建筑风格"。

可能出现的情况是，人们不得不从多种角度讨论我们所关注的复杂问题。然而，当建筑伦理学领域内出现一系列需要解决的具体问题时，人们则期望随着时间的推移能够形成一种共同话语。他们期望最终能够建立一个学术和实践调查领域。然而，讨论建筑伦理学或专业实践的书中经常提到的各种问题表明，这种情况尚未发生。如果建筑和伦理学的相关性仅仅体现在设计实践所暗含的某些方面，以及维特鲁威、拉斯金、吉迪恩和近代作家所要求的某些方面，那么无论是建筑理论还是伦理学都不会在相互孤立的情况下取得重要进展。本章考虑了二者之间相互交流的前景，然后考查了建筑和哲学的相关性以及它们所涉及的更广泛的领域。我们考虑了可能和建筑伦理学有关的理论和实践参数以及历史和主观参数：思想和行为、过去和现在，这些使道德价值问题成了生活结构中不可或缺的部分。

跨学科的目的

已经存在一段时间的学科——那些持续进行学术调查的学科——通常会引发一系列不固定但多少已得到界定的问题。我们可以找到与这些学科相对应的一系列概念和理论上的定位，而上述问题的答案正集中于此。不可否认的是，尽管这些特性可以使一门学科衰落，但或多或少还是对其起到了塑造作用。如果足够多的学者掌握一门学科已有足够长的时间，那么似乎很少有人会提出新的问题，或者很少有人能够给出有意义的新答案。不论一个人做什么，似乎都在围绕某个主题展开变化。道德哲学，至少西方分析伦理学可以被视为一个例子。

在伦理学的分支中，元伦理学和规范伦理学已获得了清晰的阐释，可以说，两者之间通常有着密切的关联。元伦理学定义或分析伦理学术语的含义，以及伦理证明的性质。元伦理学的观点通常预先假设特定的规范伦理学观点。规范伦理学试图确定使伦理判断或信念合理化的条件，以及哪些判断具有合理性——也就是从道德方面来判断这些行为的正误。为了做到这一点，该学科通常会引用一些涉及伦理规范的最高（最终或终极）原则，比如功利原则，根据该原则，要衡量一种行为是否合乎道德标准，就要看它是否能够为最多的人带来最大的好处。

令人惊讶的是，在伦理学界，有一小部分老生常谈的理论试图解决有关道德哲学的两个主要问题：一是关于"正确或恰当"的理论；二是关于"美德和价值"的理论。功利主义是一种较为著名的伦理学理论，它涉及与正确行为相关的某种理论。它是效果论的一种形式，根据该理论，一种行为的后果在很大程度上决定了该行为是否符合道德准则。例如有一种普遍观点认为，从环境角度来讲，我们应该设计可持续建筑，如果不这样做，我们将会面临不合理的后果（如温室气体排放失控，自然资源和能源资源进一步消耗，人类遭受苦难并有可能灭绝）。后果伦理学的对立面是宗教（与神的命令相关的）理论，以及康德主义理论和其他以责任为基础（道义论）的学说。根据这些理论和学说，符合道德规范的行为应当坚持某些特定的原则、责任或动机，它们与可能产生的任何后果无关。各种道义论的区别不仅在于它们捍卫的原则不同，还在于它们论证这些原则的方法不同。出于这个原因，人们可以通过以下途径来证明"绿色建筑"的合理性：相信地球生物圈本质上具有互联性和神圣性（像"盖亚原则"这样的形而上学概念）；或者认清建筑师的职责是必须符合环境建筑标准，这是由法律规定的，而不论他们同意与否。第三种伦理学理论，即"德性伦理学"，源于亚里士多德的美德学说，它意味着过上美好和最终幸福的生活。这位哲学家认为，人类应该将终极幸福感（快乐或幸福）作为终极目的或目标，并为之努力奋斗。德性伦理学并没有说明哪些行为合乎道德规范，也没有给出其中的原因，而是阐释了美德的性质，以及道德生活如何帮助人们实现终极目的。其实，根据亚里士多德的观点，过一种道德的生活是唯一获得真正幸福的方式。在这种情况下，从环境角度来说，我们可以证明可持续生活本身就是一种"美好的"生活，同样，以长远目光和自律性去构想的任何一种生活方式也是如此。因此，在西方道德哲学中，问题以及所给出的答案类型有着相当的局限性。这并不意味着伦理学领域内没有创新或进步；然而，即使有，也很可能受到同样的约束。

理想的情况是，在新的调查领域内，我们尚未清楚地描述问题和答案模式，或者尚未整理好它们的先后顺序——这些领域内的基本问题和答案，即便不是众所周知，至少也没有被多数人公认和掌握。建筑学有可能为道德哲学赋予新的含义，因为它可以从不同的视角讨论以下问题，即什么是正确的，以及什么是好的（或有价值的）。它还可以向我们建议一些方法，我们可以借助它们将伦理学的两个方面——关于"对"的理论和关于"好"的理论——进一步关联起来。接下来，我们将通过一系列思辨命题展开提问，从而为建筑和伦理学研究开辟出一个潜在的丰富领域，而这些命题恰恰强调了上述关联性。

我们首先可以提出的问题是，从理论和实践方面来讲，建筑和设计与涉及公平社会、公共利益和个人幸福的理论是如何联系的？为了回答这个问题，我们需要解决其他问题。公共空间的概念，或者更一般意义上的建筑项目，如何表达和反映居民的价值观、伦理观和精神风貌？对于这样的项目，我们可以或应该做出怎样的道德判断？就公共空间和私人空间的设计而言，建筑学是如何解决与之相关的伦理、社会和政治问题的？享有公共空间的权利是否也意味着一系列补充性的责任？这些权利和责任在实际环境中是如何相互协调的？公共领域的概念与公共空间本身之间有着怎样的关系？两者都与公共利益的概念相关吗？关于建筑的本质，建筑学领域内的对错问题能够带给我们怎样的启示？建筑是如何以其他方式，以及通过何种具体方式在伦理、社会和政治层面上运作的？一方面，如果建筑在本质上与伦理学相关，建筑师是否也应该成为伦理学家——自己充当哲学家呢？另一方面，如果换种角度讲，哲学又可以通过建筑获得哪些伦理学启示呢？建筑物、公共空间和私人空间具有明显的物质性和持久性，这些构成了景观的特征，当哲学特别是社会和政治哲学与这些特征以及我们的生活方式相对立时将会发生怎样的情况？

上述问题让我们想起道德哲学领域内的一种熟悉的训练，至少它在一定程度上以澄清术语和论据为目的，并与苏格拉底学说和"苏格拉底问答法"相关。根据该方法，持续提问有助于确定和解决根本性的问题。苏格拉底式反讽假设哲学导师是无知的（并不总是假装如此），目的是为了教导新来的学生们训练理性思维和洞察力。一旦将"苏格拉底问答法"铭记在心，我们就不敢说自己能够面面俱到地回答我们列出的所有问题了。然而，我们对于自己在建筑物和空间当中的生活方式的质疑首先表明了一点，那就是不论是现在还是过去，建筑环境在物质上的持久性都能使人类居住的地域成为一项有用的价值参考标准。我们可以借助这样的提问来培养自我反思能力，从而避免以下预先假设，即构成"好的"或"真正的"建筑的特征很明显，而且是永恒和普遍的。

自我反思的过程表明，建筑有可能成为道德哲学领域的一个有用课题，因此，哲学和哲学方法（苏格拉底的方法和其他哲学家的方法）能够让我们重新审视建筑客体，而相比之下，其他方法则包含在人们的日常期待中，他们期望建筑具有良好的视觉效果和趣味性，或者建筑空间具有某种功能，例如方便人们进出，或者能够解决类似的实际问题。哲学还可以帮助我们理解建筑史。就这一点而言，我们可以提出另一组问题。建筑话语是如何构想建筑史的，而这一过程又是如何随时间推移而变化的？当涉及"好"的观念的变化时，人们是如何肯定或否定部分建筑标准的？在某个时代，建筑史的更迭和建筑风格的变化是如何反映甚至影响人们的愿望和不安全感的？与建筑史和建筑标准的观念不同的是，在更大的范围内，建筑环境的物质性和持久性可能如何强化社区居民的愿望或不安全感？在新时代来临之际，我们可以感觉到时间和希望在流逝，尽管这是一种缺乏根据或天真的感觉，那么，这种感觉可能如何通过建筑环境的物质性得到强化？或许，建筑和城市空间是唯一能够让我们面对过去、历史和文物的地方。和哲学史一样，建筑史也划分为几个阶段。是否有可以用来描述这些学科的平行阶段？如果有，它们是否同样反映了潜在的道德和伦理方面的问题？答案通常是肯定的，为了充分说明这一点，我们有必要借助多种学科和思想体系——甚至是借助或引用福柯的"知识型"概念，他认为，知识型可以构建话语和人的自我意识。[1]与上述第二组问题直接相关的是，我们需要确定建筑理论的"实质"——它的主题——以及任何有关建筑和伦理学的哲学观点，从而在更广泛的领域内理解建筑和城市形态。

如果不同学科之间不存在共同的问题或研究对象，我们就不可能为建筑赋予一种被广泛接受的伦理功能，或用来解释该功能的普遍理论。相反，人们在更新的领域内发现了一系列不同类型的基本问题和理论。因此，从建筑伦理学的角度来看，这并不只是因为有人发现学者们带着不同的目的交流。更确切地说，除了少数例外，很难发现有人谈论同样的事情。一方面是建筑理论家的问题，另一方面则是道德哲学家的问题，两者各具特色，很少指向同一个方向。

让我们来考查一下近期几种较为著名的有关建筑伦理学的观点。罗杰•斯克鲁登（1974；1979）和卡斯滕•哈瑞斯（1997）关注的问题有所不同；尽管哈瑞斯实际上声称自己与齐格弗里德•吉迪恩（1974）有着共同的目标，但是他所关注的问题明显不同于吉迪恩或其他20世纪有着广泛知名度的建筑理论家。汤姆•斯佩克特（2001）所关注的问题在很大程度上不同于斯克鲁登和哈瑞斯，与拉斯金（1974，1849）和维特鲁威也有所不同。情况的确如此，尽管事实上斯佩克特声称自己与维特鲁威持有共同的观点，并使用了维特鲁威的概念"firmitas"（坚固）、"utilitas"（实用）和"venustas"（美观）[2]，以此作为他的著作《伦理建筑师：当代实践的困境》（2001）的主要思想框架。有的读者期望读完这些书后能够理解建筑伦理学领域的各种问题有着怎样的联系，或者，更基本地说，该领域包括哪些具体问题，如若如此，我们就会发现一个领域，在这里，不同的人讲述着不同的故事，在他们眼里，这些大相径庭的问题尚未确定，完全可以拿出来讨论。事实上，他们的问题很少重叠，似乎只有被视为一连串与特殊建筑有关并且涉及建筑环境思想史的历史命题时才会一致，除此之外别无其他。

如果伦理问题正如我们所认为的那样与建筑理论和设计实践不可分割，那么学者们站在不同立场上提问的情况就可以被看作知识和实践上的一种空隙。它有可能贯穿于许多人文学科，以及学术和专业学科。即使有人最期望了解建筑的内在价值或其独特性——关于建筑的一些基本体验或其"诗性"（拉斯金曾这样说），他们也无法填补这样的空白。一般来讲，他们的这种愿望缺乏依据，只能被视为一种信念，而不能作为批评和洞见的基础。由他们的观点引出的问题表明，从某些方面来讲，建筑伦理学仍然是一个没有边界的未开发领域，它并没有为我们提供一种精确的自我反省方法，以至于我们难以理解该领域的范畴，以及它与更广泛的问题尤其是"伦理"问题相关联的方式。如果没有自觉的努力和更加注重自我反省的方法，就没有什么能够保证这个新兴领域获得长足的发展。

例如以吉迪恩、哈瑞斯和斯佩克特为代表的学者倾向于通过研究德性伦理学来定义该领域。这就需要有一种理论来说明什么是好的、什么是有价值的——为了实现幸福和快乐，人们应该如何生活——这并不是功利主义和康德哲学那样的规范伦理学理论所定义的道德上的公平或正确，有时甚至排斥这种观念。例如斯佩克特认为，除非建筑师放弃用规范伦理学理论来解决问题的任何努力而将关注点转向德性伦理学，否则就无法在解决建筑实践的常见困境方面取得进步。然而，当建筑环境的社会和政治维度被纳入考虑范围时——当然这是必须的——德性伦理学就不那么容易与规范伦理学问题（例如不平等和不公正）相分离，或者甚至难以与之区分了。有远见和自我约束的生活可以给人们带来幸福，这就如同一个可持续性的建筑设计，从环境角度来讲，它有利于保护自然资源，因而也具有自足性；然而，如果这种生活无法与其他方面（人或建筑）相"关联"，那么它的价值无疑会打折扣。从公众关于实现可持续建筑的讨论中可以看出，人们担忧的是这种建筑的造价，以及严格的建筑标准对业主和行业的负面影响。事实上，在许多情况下，"绿色建筑"的最高标准可能是没有建筑（要求停止新的开发），但这种情况在道德上是不可接受的。因为经济以增长为基础，以资本投资和新的住房开工率为衡量尺度，而且个人财富也与退休金账目和不断增长的回报需求相关联。

支撑吉迪恩和其他学者的德性伦理学倾向的观点是，建筑在伦理上并不是中立的；好的建筑——伦理建筑——应该增加而不是妨碍人类的幸福和快乐。两者之间具有一致性，这被认为是已知的事实。亚里士多德将人类的终极目的描述成"终极幸福感"——经常被翻译成"快乐"或"幸福"。作为人类，所有的人都应该为这个最终目标而努力。有一种观点认为，人类的幸福、美德、善行和正义本质上是相互联系的，该观点起源于柏拉图和亚里士多德的学说。关于"对"（或正义）的理论和关于"好"（或有价值）的理论之间存在着联系。在《理想国》中，柏拉图所构想的个人正义指的是灵魂的三个部分——理性、精神和欲望之间的和谐或平衡——每个部分都有着独特的功能。正义的国家是正义灵魂的真实写照。这样的国家由正义的个人组成，同样地，在三种类型的人当中，每一种人都履行着各自的职责。尽管吉迪恩和其他学者认为伦理建筑应该增加人类的幸福和快乐，但是他们似乎犯了一个错误，即有意将正义的概念排除在讨论之外，虽然这一概念与他们的想法也有所关联。尽管我们不否认建筑的伦理任务在一定范围内可以由人类的善行来解释，也可以用吉迪恩的观点来说明，但是建筑和伦理学也仍然必须解决正义问题。

斯佩克特的书的副标题是"当代实践的困境"。尽管斯佩克特审视了一系列迥然不同的问题，但他似乎是为了说明一点，那就是这些问题源自我们的对立直觉，它们都可以被看作维特鲁威的建筑三要素的变体，只是在不同情况下其中某一种要素占了主导——在多数情况下，功能和美观是一组相对的概念。例如当美观方面的考虑和功能方面的考虑发生冲突时，当我们在某个特定项目中通过确定（在某种程度上）哪一方面占优先位置来解决这种冲突时，伦理困境就会产生。在斯佩克特的书中，每个冲突的解决都具有临时性。因此，他所说的困境似乎属于一个非常狭小的范围，其中只包含这些要素。不论从设计实践者还是伦理学家的视角来看，斯佩克特优先考虑的充其量也只不过是一个次要问题，更糟糕的是，这个问题缺乏远见。我们有必要质疑他的观点（以及其他人的观点）及其所涉及的人类主体，在本书中，这也是我们首先要支持的建筑伦理学倾向。按照维特鲁威的原则，这样的人类主体不得不居住在坚固、便利和美观的建筑中——这些建筑必须在部分或同等程度上凸显每一种要素。

将功能与美观的对立视为中心问题，这就等于认可了一种错误的二分法，也混淆了伦理问题和建筑学研究相互交织的多种微妙方式。这种观点要求我们将人性理解为一种分裂、普遍和永恒的东西。尽管这个概念存在已久，却仍然包含着疑问，我们接下来将对其作进一步的描述，在第3章中，它与建筑的"文化"解读密切相关。根据这一概念，我们人类表现出双重性格，一方面，我们渴望审美表达（美观）并受到这种愿望的驱动，但另一方面，我们同样受到自身需求的限制，我们要求建筑具有实用性，能够有效地满足我们对于庇护、安全和温暖的需要。预先假设这样的人类主体，就为我们理解建筑师的责任设置了太多的界限。在这种情况下，建筑师的责任主要是解决这一类二元性问题——这些问题起源于之前所说的人类主体观念。为什么要认为美观与功能之间存在着莫名其妙的分歧，或者美观优于功能并与之势不两立，而不认为前者是后者的固有特征呢？我们经常说，美观应该对某个客体起作用——因为这符合设计的理念。

在与建筑伦理学相关的一系列问题当中，最紧迫和最有趣的问题与那个古老的难题即"功能与美观的对立"的关系不大，或者说，它们实际上与维特鲁威所说的建筑三要素没什么关系。例如尽管审美问题已经确立了二者之间的关联（我们将会在下一章中讨论这个问题，还会在整本书中间或对其进行讨论），但是这些问题并不包含在道德哲学和哲学美学的普遍问题当中。甚至在涉及"美观"可能具有的任何一种含义时，这些问题也不那么重要。此外，"功能"一词指的是一种理性风格，它同样意味着建筑形式所必须具备的某些客观特征。在某种程度上，它依赖于推理的逻辑一致性，当功能与形式、美观或人们可以想象到的任何其他建筑特性相对立时，我们就需要这种一致性。有人试图将建筑伦理学阐释全部或部分地建立在建筑可能具有的任何功能之上，然而，如果没有从总体上认识到功能性思维的起源就做这种尝试，就等于重新回到了老路上。同样值得怀疑的是，有人没完没了地援引维特鲁威的思想和术语来解决当代的问题，而对古罗马的权威人士而言，这几乎是无法想象的。例如有人怀疑利伯斯金在捍卫自己的"自由塔"时究竟从维特鲁威那里获得了多少帮助，或者，从环境角度来讲，罗马人对可持续设计的理解究竟又有多少。

从建筑话语转向伦理话语之后，斯佩克特认为，建筑伦理学领域中的困境通常产生于两种思想之间的冲突：一方面是他所说的普遍主义伦理学理论，如功利主义和康德伦理学；另一方面则是德性伦理学，如亚里士多德哲学。（没有人认为亚里士多德哲学可以被视为普遍主义哲学。）前者基于不可侵犯的原则（例如我们的行为要符合为最多人带来最大好处的原则）或有关责任的要求，而后者则植根于人的性格特征和按照道德标准行事的倾向，即使二者并不完全相同；也就是说，我们要依照拥有良好品性（或"有道德"）的人的一般做法来行事。[3]

为了阐述第一种情况（普遍主义伦理学），我们可以设想一位建筑师（无论他信奉的是功利主义还是康德哲学）认为——或欺骗自己相信——自己的行为代表着社会，他们的宗旨是为了给社会谋福利，而不论实际上可以带来怎样的利益。为了说明第二种情况（德性伦理学），我们可以考虑一下人格完整性的意义，它使人们拥有坚定的性格和敏锐的判断力，能够整合有时相互冲突的价值观，并且能够以公正作为自己的行为准则，或者将任何其他道德品质或行为当作行事原则——但不是按照某种不可侵犯的主要规范化规则。我们可以想象，在某些情况下，无论我们严格遵照哪一种标准来衡量职业行为，都有可能使不同的建筑师之间产生冲突。例如艾茵·兰德在她的准哲学小说《源泉》（1943）中描写了一个名叫霍华德·罗克的建筑师，他坚定地履行着对于艺术愿景的承诺，在作者看来，这种承诺相当于为公众谋利益，尽管公众可能并没有意识到这一点。然而，我们在现实生活中却不太可能找到这样一个普通从业者。（兰德的伦理立场被称为"客观主义"，但它实际上是一种伦理利己主义。持有此种观点的人坚持认为，"正确[或好]的东西之所以正确[或好]，那是因为它对我而言是这样。"）通常，这种承诺包含了一定程度的灵活性，目的是为了实现创造的冲动或特定的建筑审美。有人曾以某种伦理判断方式来确定个人的承诺及其人格的完整性，但是如果事情进一步复杂化，他们就不太可能以同样的方式更清楚地了解一个社会"本身的利益"。不论是对个人还是对社会本身的利益而言，都有可能存在许多不一致的概念。

诚然，斯佩克特声称，德性伦理学既不具备普遍主义特征，也不具有相对论色彩。

1.2
路易斯·康，加利福尼
亚州拉荷亚索尔克研究
所（1959—1965）。
图像©米哈尔·路易。

在他看来，该理论承认例外——对语境更加敏感——因此不论是和功利主义那样的结果主义理论相比，还是和基于责任的（道义论）理论相比，它都显得不那么刻板。事实上，这些理论在实践中也允许例外。在他的书的后半部分，斯佩克特试图将德性伦理学的这种灵活性与成功的建筑实践联系起来，并将其作为应对建筑伦理困境的关键，因为，对于解决这一难题来说，一定程度的灵活性和随意性是有用的。然而，在他的书的第一部分，斯佩克特通常认为美观和功能是相互矛盾的，且前者优于后者，而在这之后，他才认可和接纳德性伦理学。他还认为，美观通常可以超越社会问题——他所探讨的普雷西迪奥的房屋建筑群就是个例子。这几乎不能说是一种灵活的方法，但似乎是斯佩克特的策略，至少对于某些重要的建筑和设计项目而言是这样，例如针对拉荷亚索尔克研究所提出的争议性的扩建方案（稍后将会提到这个问题），旧金山普雷西迪奥的房屋建筑群，以及稍具代表性的纽约古根海姆博物馆。有一点还不清楚，那就是维特鲁威所说的建筑三要素与德性伦理学之间有着怎样的联系；很明显，在研究上述问题时，斯佩克特依靠前者解决困境，他后来又赞同后者，将其作为设计从业者前进的方向。作为一个有道德的建筑师，是否应该将自己的设计限制在一定范围内，即在设计美观建筑的同时又不至于让这种美观性影响到建筑的功能？或者，当我们在这两种特性之间的平衡当中发现美德时，我们是否会沿着其他思路对其加以考虑呢？在考虑这些特性即美观和功能时，我们能否将它们看成建筑的基本元素，就像做蛋糕时所需的原料那样呢？对于这些问题，斯佩克特并没有给我们任何明确的答案。即使他在考虑上述项目时没有特别解决有关问题，这些解决方案和德性伦理学之间的联系也不是很明显。

维特鲁威在拉荷亚停下脚步

路易斯·康的拉荷亚索尔克研究所是一个普遍的例子，具体地说，在扩建计划提出以后，人们在该建筑的改造前景问题上产生了分歧。有人认为，这项计划与康原先的设计意愿相矛盾，因而威胁到了上述设计方案的完整性。斯佩克特关于"索尔克争议"的讨论是否揭示了一种建筑伦理困境？（2001：166～184）。很明显，斯佩克特认为这是不言而喻的，但他并没有说明其中的原因。就这个建筑群的改造方案而言，当我们决定为行政大楼选择什么样的设计时，我们当然会考虑其价值，然而，这是否足以为设计方面的问题赋予伦理特征，而不是更明显的技术或工具特征？或者说，我们需要做的也许正是解释或描述设计过程的伦理维度——无论从一般意义来讲还是特别涉及索尔克争议时都是如此——而不是以这种二选一的方式来描述这个问题。审美价值（改造可能是一种审美方面的改进）必须与实用性和功能性放在一起加以权衡，同时还要考虑道德问题，例如对康而言我们应该履行哪些责任，他给我们留下了怎样的遗产，以及拉荷亚这个地方的文化遗产是什么。相关的伦理问题存在于设计过程本身以外还是以内？当然可以说，有许多伦理问题存在于设计过程以外，却与之相关。例如我们不能因为贿赂或者提供给客户的部分或错误的信息而选择一个设计方案。在有关建筑伦理学的讨论中，有一种观点可以使这个问题不言而喻，那就是伦理问题只是贴在建筑上的标签——普遍存在的伦理学问题，它们与建筑和设计毫无关系。同样的道理，劝告别人不要在历史考试中作弊与历史本身无关。

围绕索尔克研究所的扩建方案展开的伦理争议和"伦理学观点"似乎都被斯佩克特简单地概括为不同的立场，从而用以确定该方案应该在何种程度上遵循康之前的计划和意图。为什么要把这个问题摆在突出的位置，甚至将其作为唯一的问题来考虑呢？那些涉及该方案的人除了遵循康的意图以外，还试图列出他们的理由，即便如此，斯佩克特还是没有重视他们。他写道：

> 研究所并不满足于仅仅充当康的盲目追随者。他们还觉得必须通过维护扩建方案的功能优势来支持他们的论点。如果历史性的争论还没有压制批评者的发言权，那就把注意力投向功能。突然之间，遵循艺术大师观点的谦卑愿望变得越来越像运用意志的借口，即使这当中没有包含自我意识。从伦理角度来讲，如果一个人想要直截了当地宣布自己做决定是出于个人喜好，而不是为了获得某种所谓的最好结果，那么这是完全可以接受的。更加谦恭的回答盲目地遵从了康的意愿，在这个例子中，这其实是唯一能够体现内在一致性的选择。

（2001：169～170）

斯佩克特告诉我们的关于索尔克争议的任何信息都无法支持这种指控——即使这是真的。至于他为什么会把"更加谦恭的回答"看作唯一"能够体现内在一致性的选择",这里并没有加以解释。斯佩克特并没有针对自己的立场给出明确的理由。他的解决办法是宣称一种个人喜好,从而以某种方式选择正确的事情去做,同时否定提出扩建方案的理由,因为从这个角度看,该方案不仅是错误的,而且是不可信和不稳定的。然而,斯佩克特的立场也没有反映出谁在争议中说得对。有两点值得注意:第一,斯佩克特以一种狭隘的方式构想出了争议的伦理维度;第二,事实上,即使在这些限定范围内,斯佩克特还是没有为个人喜好提供正当的理由,他认为,那些善意的人明显拥有这样的喜好——也就是那些同意他观点的人。争论的主题是一项建筑计划,然而,斯佩克特却认为,这场争议与建筑无关。对于和设计相关的问题来说也是次要的,即便不完全如此,也接近于这种状况。

斯佩克特继续批评贝特斯齐关于索尔克扩建方案的看法。贝特斯齐写道:"崇拜者们站在康的圣陵前,茫然的神情若隐若现,此情此景令我心中不安……这是要将这位建筑大师转变成尤达和霍华德·罗克的结合体的迹象。"(1993:8)斯佩克特回应道,"拒绝将索尔克广场的美学成就神圣化,就意味着默认一个事实,即必须以这个广场的功能为参照对其进行评价,以便从根本上维持其价值。正是这一点最终使贝特斯齐的立场具有了功能主义特征"(2001:175)。这只是一个不合逻辑的推论,因为无论贝特斯齐持有怎样的功能主义观点,他都没有说审美可以被忽略,而只是说康的伟大成就不可以被神圣化。贝特斯齐的观点似乎和斯佩克特本人的观点非常相似,那就是索尔克项目及其扩建方案的美观性和实用性都需要被纳入考虑范围——尽管他最后关于如何改造索尔克的决定可能不同于斯佩克特。贝特斯齐从来没有说过,不论索尔克的功能性还是审美特征都是"不可协商的"。

通过批评贝特斯齐所认为的功能主义,斯佩克特还用讽刺的手法描述了功利主义。他轻蔑地写道:

> 从功利主义的角度来看,任何事情都逃不过可协商性:爱情、伟大的艺术甚至生活本身都逃不出它的算计……如果在原先那个美观但不够实用的广场上再修建几间研究实验室、一座社交俱乐部和一间星巴克就能给人们带来更多好处,那么这样做就是正确的。

(2001:175)

从实用的角度来看，这样做也许是正确的，但是斯佩克特错了，他认为这是功利主义者必要的算计手段。在他眼里，功利主义者就像白痴——也许是善意的白痴——但说到底还是白痴。由此可见，他在这个问题上缺乏远见（或许甚至有精英主义倾向）。他就像一位怀有偏见的美学家，自称对美观有一种独特的理解，在他看来，无论是一间星巴克咖啡馆还是任何其他引起行人关注的建筑都不应该出现。当我们从功利主义的角度算计"好"或者甚至"功能"时，我们并不需要——将来也不会——忽略审美价值，我们仍会将其作为从整体上判断"什么是好"的要素之一。事实上，在很多传统的功利主义思想中，"好"的概念首先与快乐有关，因此，审美愉悦几乎肯定被包括在内。在这里，斯佩克特对贝特斯齐的批评似乎是不恰当的，对此，我们可以用另一个原因来解释。在判断是否应该为了增加军营国家公园的美观性而拆除旧金山普雷西迪奥的摆渡船房屋时，斯佩克特本人主要采用了一种功利主义方法，而这恰恰与他对贝特斯齐的批评不相一致。他声称，摆渡船房屋的拆除似乎应该以某种功利主义观点为理由，从总体上看，这种观点把审美愉悦或审美价值作为必须考虑的好处之一（2001：75）。

在讨论完索尔克研究所之后，斯佩克特继续以同样的思路讨论纽约古根海姆博物馆。他认为，总体而言，这个博物馆或多或少是个失败的建筑，因为从维特鲁威的三大标准之一即实用的角度来讲，它并没有获得很高的评价。对于展览和参观艺术品而言，这并不是一个理想的场所。斯佩克特写道："经济意识对一座建筑的成功起着重要的作用。如果一座建筑能够在很大程度上同时为我们提供实用性和审美享受，那它就优于一座只注重美观或只强调功能的建筑。"（2001：173）实际上，这种以偏概全的观点完全是错误的，它并不能涵盖一系列例外情况。在许多类型的建筑当中，有些建筑的设计要么强调实用，要么突出美观，然而，它们并不逊于那些体现二者之间平衡的建筑。更重要的是，斯佩克特并没有明确指出后者的优势体现在哪方面。他继续说道："缩减索尔克研究所的功能性性能，就等于削减它作为建筑的价值。"当然，在索尔克研究所的例子中，他也许是对的——这部分地取决于该建筑的功能被缩减的程度，以及与这样的功能相互竞争的其他价值（2001：174）。"建筑的价值"与"建筑价值"并非同一个概念（尽管斯佩克特在指代后者时有可能将它们互换使用）。前者不只是他所说的审美方面的优势或价值，也不像道德上的优势。如果他宣称建筑的优势体现在建筑设计方面，那么这一点该如何理解？这种说法和也许更标准的关于建筑的美学或道德优势的说法之间是什么关系？

斯佩克特写道："在建筑理论中，同时注重一件建筑作品的实用性（便利性或功能）和美观性的观点有着悠久的历史和充足的理由。康把这个想法带入了新的领域。"（2001：174）这种关于普遍"观点"的概念能够让我们以熟悉的方式来理解建筑史，即将其理解为一系列关于建筑的设计、施工和居住的基本原则。根据这种理解，建筑话语具有了统一性，然而，人们总是认为理论批评家具有独特的眼光，能够在时间的长河中分辨出那些产生共鸣的"声音"。与前人的观点类似，迈克尔•贝内迪克特宣称道，康"曾经致力于一项几乎不可能完成的任务，即为我们展现了建筑应该以何种方式以及如何能够将超验与平凡的世界统一起来，而其他人似乎并没有这样做"（1993：52）。（有人也许想知道这是否等同于兼顾一件设计作品的审美和功能方面，而后者同样是一项难以置信的任务。）当贝内迪克特说"几乎不可能完成"时，他并没有排除一种暗示，即建筑师们一直全神贯注于这样一个重要的"使命"或目标——他们将其理解为自己的基本任务和存在的理由。

我们前面提到过，"如果一座建筑能够在很大程度上同时为我们提供实用性和审美享受，那它就优于一座只注重美观或只强调功能的建筑"，但是"同时注重"实用性和美观性这两种永恒品质的观点本身并不支持这种说法——无论如何它都是站不住脚的。就某些建筑而言，当这种情况确实出现时，也是由于种种原因，而并非仅仅因为某种同时注重实用性和美观性的观点。为什么二者的融合在某些情况下会增加建筑的价值，而在另外一些情况下却只能在理论上说得通。至于同时注重美观性和实用性（或功能）的观点和贝内迪克特的说法之间究竟有着怎样的关联，斯佩克特也没有说清楚。虽然兼顾建筑的美观和功能的想法乍看上去也并非不可能实现，但这里讨论的问题是，两方面兼备是否会使一座建筑更加理想。进一步说，认为美观或多或少专属于超验领域而实用只是普通概念的想法，是以某种形而上学的观点为支持的。无论如何，这个有关建筑理论的问题构成了一个更基本的哲学美学问题的一部分。

是否真的可能出现美观标准与道德和/或功能标准相互分离或两者之间界限分明的情况，这是审美领域的一个重要问题——尽管不是最重要的问题——也是斯佩克特回避的问题。至少有时候，被称为"温和道德主义"的观点认为，关于审美价值的判断本质上可以体现关于伦理价值或功能的判断。所以，如果一部电影在某些方面缺乏道德内涵，人们对其整体审美价值的判断可能会受到影响。因此，玛丽•德弗罗宣称道，莱妮•里芬斯塔尔的《意志的胜利》讲述了1934年纳粹分子在纽伦堡的集会，这部影片的美学价值可能不如其他影片，因为，从道德层面来讲，它未能将国家社会主义描述为一种值得称赞的良好思潮（1998）。由于该影片的道德立场（我们还会在下一章中进一步考虑这种情况），它的价值较低，或者说不怎么成功。

斯佩克特并没有捍卫某些标准，而只是肯定了它们，让人感觉它们是不言而喻的——就好像索尔克研究所的设计者是维特鲁威，或者说，要想重建康原先设计的研究所，就必须参照维特鲁威的理念。建筑伦理学的部分标准化任务是阐明和捍卫一些原则，这些原则可能支持也可能不支持斯佩克特等人的判断。由于斯佩克特所提出的建筑价值问题"在建筑理论中有着悠久的历史",因此,它与哲学美学领域内的自主论/道德主义争论之间的直接关系值得我们去阐明。几乎不存在两种不同的争论——或者说不应该存在——因为斯佩克特所提出的建筑问题仅仅是更一般和更基本的美学问题的一部分。他写道:

> 一旦我们开始思考审美功能,就必须权衡其他功能,这就意味着我们开始长期受到牵制。问题在于……审美活动与功能的一般概念并不吻合。设想一下,当一件艺术品的所有功能被剥离掉之后,我们仍然会对它产生情感,或者感知到它的内在价值……为了解决美学价值问题,功能主义方法只能将艺术品变形——这是功能的一个实例——并且改变设计过程,即使在一些众所周知的情况下也是如此,如将索尔克扩建项目变成一件乏味的事。

(2001:176)

斯佩克特可能会借助对审美经验的不可侵犯性的理解来阐释自己的观点,然而,这种理解具有一定的误导性。他相信,我们对艺术品的自发情感以及艺术品的内在价值会使一些建筑设计富有灵感,然而,他并没有认识到其他一些实例,即功能有时候可能会增强或削弱一件物品的审美价值——例如当我们从总体上评价一部电影时,它的道德价值可能会强化或减弱它的审美价值。我们还可以说,一座建筑物的审美价值可能也会增强其功能。例如如果一栋建筑物被认为是丑陋的,人们在使用它时可能同样不会觉得它有价值,也不会感到自我满足。如果将一座监狱修成堡垒的样子,它的功能就有可能得到增强,但只有当这种功能是惩罚而不是康复时才会如此。显然,我们需要将功能作为一种价值来考虑。功能主义方法将为我们提供一种重要的思路或价值,然而,从整体上评估一个项目的建筑价值时,我们不能以此作为唯一的依据。我们应当使用一种合理的功能主义方法来评估建筑价值,综合考虑功能和审美两个方面,而不是把后者归总于前者。斯佩克特破坏了功能和美学价值之间的关系,使它们在决定建筑价值时产生了迥然不同的作用,而功能主义者并没有这样做。

斯佩克特关于他所说的"美学争议"的讨论始于他对一封信的兴趣,这封信是由罗伯特•文丘里和丹尼斯•斯科特•布朗所写的,发表在《建筑》杂志上。在信中,负责撰写《向拉斯维加斯学习》(1972)的建筑师批评了索尔克扩建方案,而不是与康的意愿相违背的重建工作本身。他们谴责扩建方案,因为它威胁到了建筑本身的"内在精神"特质——不仅从物质上,而且从意义上(甚至允许对此做出模棱两可的解释)——与康可能拥有的任何有关设计的创新思想或哲学相比,这种特质更多地源自我们多年以来对建

1.3
路易斯·康，加利福尼亚州拉荷亚索尔克研究所（1959—1965）。
图像©米哈尔·路易。

筑的观察和体验。以下是斯佩克特从信中摘录的段落，他写道，根据文丘里和斯科特•布朗的观点：

> 康的意愿……是无关紧要的。最重要的是"那里有什么——美国人就是这样表达自己对空间的看法的"，这种表达方式承认"一种不完整的秩序，因为它允许我们向不同的领域无限扩张"……文丘里、斯科特•布朗和其他学者对此有着深刻的体验，这种体验能让他们带着对社会和文化领域的愿景，去感受艺术和超验艺术。这座建筑综合体的东西轴线是连贯的，从哲学、象征、社会和艺术方面看，它有着十分重要的意义。如果将广场的东端封闭起来，就会破坏这一景观的哲学基础。
>
> （2001：177~178）

这段引述中，斯佩克特发现了"哲学和美学之间的复杂关系"，他借用文丘里和斯科特•布朗的观点来阐释自己的任务。他认为，我们应以评价索尔克研究所的构架和物质形式为基础，然后将其纳入一个更广泛和更有用的领域，从而阐释建筑的意义。因为随着时间的推移，我们可以通过社会手段来实现这个目标。斯佩克特继续说道：

> 作为美国民主理想的一种艺术表现形式，索尔克研究所的设计开始具有了重大的文化意义。在这里，艺术和道德不可避免地交织在一起。索尔克广场是"我们这个世纪最重要的建筑作品，而且可以说是美国所有建筑当中的杰作"，置身其中的文丘和斯科特•布朗感受到了希望，因为他们清楚地看到了美国人眼中的空间。
>
> （200:177~178）

斯佩克特认为，索尔克争议发生在三个孤立的阵营之间——就建筑的基本问题而言，他们各有各的观点、论据或想法：历史、功能主义和审美。文丘里和斯科特•布朗又添加了一个阵营，他们认为，美国"文化"可以代替这些价值以及其他价值，在理想情况下还可以对其进行整合。根据斯佩克特的说法，我们可以推测出，正是这一点使文丘里和斯科特•布朗的观点具有了哲学意义，而不仅仅是审美意义——他们的主张代表了美国的生活方式和建筑，揭示了人们普遍关心的问题，尽管其所描述的是索尔克研究所的某些特定细节。无论如何，我们都会认为，当我们从总体上判断建筑价值时，即使是功能主义者也有可能倾向于考虑历史或审美方面的因素。假如有人想要更清楚地强调某个著名的象征性建筑（想想圣彼德大教堂这样一座名副其实的圣殿）的功能，那么功能主义者，即使是地道的功能主义者也不会承诺将其改造成一个公共住房项目——他们同样需要参照历史和审美观点做出必要的修改。正如斯佩克特后来所指出的那样，"历史主义、功能主义和审美的观点——每一种观点的背后都有一定的道德基础——有人认为，它们通常与设计环境有关，在这样的环境下，我们随时随地都有可能面临敏感的语境"（2001：182）。

最后，斯佩克特几乎没有涉及当代实践困境的基础，而只是提到了一点，即这种困境涉及不同价值观之间的冲突。尽管它们没有可比性，或者说看起来如此，但是我们仍然必须从中做出选择。他也没有说明他所讨论的建筑在哪些方面拥有共同点，而只是提到了维特鲁威所说的耐用、便利和美观。他对长期存在的古罗马权威给与了充分肯定，并在此基础上进一步支持经典建筑；他仅仅依靠一些文化内涵丰富的著名建筑（它们承载着文丘里、斯科特•布朗和其他学者的思想）来阐述自己的论点，而实际上他是有机会超越它们的。人们认为，像索尔克研究所和古根海姆博物馆这样的作品是建筑当中的杰作，并且在此基础上代表着设计从业者、古罗马人、美国人或其他人长期面临的困境。

尽管存在着一种涵盖理论作品、设计宣言和建筑结构本身的普遍建筑规则（如果没有它，可能不会存在这样的建筑），然而，对于任何得到公认的、旨在整合伦理学和建筑学或阐释二者关联的重要建筑主体而言，几乎不存在这样的规则。至少，我们还没有就二者之间的某些问题达成一致。在《伦理建筑师》中，维特鲁威是典型的思想家，而康则是典型的实践者，他阐释了这位罗马建筑师的术语，并创造了像索尔克研究所这样的经典作品。与其说这本书注重理性，不如说它蕴含着寓意。它就像一则警世故事，告诉我们要认清怎样的客观事实，而不是在建筑环境中区分多种不同的价值来源。

鉴于索尔克研究所广场所引发的争议，有人觉得有必要就该主题进行更多的自我反省。按理说，人们可能很想知道建筑伦理学可能涉及的主要问题。问题的关键似乎并不是而且始终不是弄清楚这些问题的差异性，而是找出一系列至少未经精确构思的坐标，它们可能决定着该领域工作的共同点。这并不是说那些有关建筑伦理学问题的工作需要考虑一连串相同的问题，或者说该领域从概念上受到约束。

　　然而，也许一系列普遍问题将有助于阐明该领域的跨学科性，它们明确地将这门学科放在人文和社会科学领域内，从而有助于提出哲学见解和建筑理论。描述共同点可以帮助说明重大的社会、政治和个人问题——它们本质上都与伦理有关——是如何与建筑和设计联系在一起的。例如从广义上讲，通过将关注点转向历史——而不只是转向传统的解释学或维特鲁威的权威思想——并将其作为任何有可能的关键框架的一部分，人们就可以分辨出某些问题，并由此开始解释关于功能与美观的古老争议。这就意味着西方思想需要有一个转变，这种转变与18世纪晚期社会科学的兴起相吻合。通过提供决定论与生物科学（那时候同样是一个新的调查领域）相互平衡的途径，社会学将重新诠释自然和文化之间长期存在的概念分歧，并将其作为一种思考人类的手段。[4]

　　这将会对建筑史和建筑理论产生一定的影响。从其他方面来看，这将有助于以新的方式为某些概念区分提供经验证据，如建筑的功能和审美之间的区分（泰勒2004：15～16），前者与物理效用领域有关，后者则展现了个体和群体（社会、民族和国家）意识的形式。以这种区分为基础，人们就新的建筑类型展开了争议，像19世纪的铁路棚式建筑和改建的温室。（它们究竟是什么，只是功利性建筑还是新的建筑形式？如果它们同时具备这两种特征，那么二者之间是如何产生联系的？）从理论层面来讲，高度重视建筑的文化差异性的目的在于证明人类的独特性，即作为生命体，他们必然会对自己所处的环境做出阐释——通过经验、审美等手段。通过关注这类问题及其历史基础，我们可以将不同形式的调查整合到一起，在这个过程中，我们需要参照这些调查分别所涉及的理论的共同点——这里指的是关于人类身份的各种新的解释，通常来讲，它们之间是相互对立的。洛吉耶（1753）和勒·柯布西耶（1946，1931）的著作涉及建筑的起源——它们以含蓄的方式探讨了一个问题，即人类本质上是空间的建造者和居住者——是我们前面提到的历史的一部分。

　　能够从历史角度定位的另一个争议领域与经济话语的发展相吻合。这涉及价值理论的转换：起初，我们将财富理解为一种由物质来表示的东西，例如黄金，或者像教堂和宫殿这样的装饰性建筑；后来，我们认为财富是一种价值，源自一些相互关联的程序，即劳动、商业和贸易。考虑到一座建筑物在一个城市或地区或者在全国或全球生产体系中的性能，我们在规划它时会强调它的功能或效用，即使经济话语的发展不能完全解释这种做法，也会对其起到促进作用。按照这种思路，我们强调的是建筑与劳动以及商品和服务交换之间的关系，而不仅仅是建筑的审美、风格或装饰。我们将建筑设计成不同的风格，其依据是这些价值标准当中的某一种占优势。同样，对经济的过度强调往往把社会价值的其他来源排除在外，从而使人们对城市产生了乌托邦式理想。这样做的结果是一些真实的城市走向衰落，这个过程有时会非常明显。[5]

而且如果将自然、社会和经济价值的理论和模型进行对照，就可以进一步针对一座给定的建筑物或一种建筑设计提出伦理问题。这些问题能够以不同的方式相互支持或削弱。当前，人们强调所谓"文化产业"的重要性，在这个产业中，社区通过推广创意或知识"资本"获益，其中包括创新性建筑，以及设计它们的明星建筑师。"文化产业"这个词是由西奥多·阿多诺和马克斯·霍克海默在研究文化生产领域时创造的，根据它的含义，我们同样不赞成晚期资本主义、媒体和消费主义以某种方式去破坏艺术和审美的完整性。这就是阿多诺和霍克海默对这个词的理解。即使他们的观点存在疑问或有些夸大，也体现了他们的深刻见解。我们不能仅仅将"文化"看成资本主义的产物，认为它在其他方面影响着不同的艺术和创造价值，相反，我们可以采取一种不同的观点，认为它在政府实践和自我塑造行为之间建立了一种不言而喻的联系。第3章将会论及这个问题。

就建筑伦理学而言，我们要讨论的并不是像这样的常见疑问或争议领域，而有可能只是一些迥然不同的问题和未经明确定义的兴趣点，我们很容易就可以把它们归入已建立的领域当中。例如从建筑学角度来讲，要回答什么是"公共空间"这个问题，我们可以从建筑、社会或政治哲学以及公共政策之间的关系当中寻找突破口；我们可以将这个问题放置在任何一组话语当中进行处理。这种可能性会把建筑伦理学的相关问题归入到其他学科。这样一来，建筑伦理学就会失去自身的特征——从而致使我们很难就其建构理论。谈论一些具备伦理知识的建筑师可能就足够了。然而，事实上，某些从业者和理论家并不会如此看待这个问题（或其他问题），这就表明，即使采用这样一种跨学科的方法，也无法找到现成的方法或解决方案。

我们前面讲到了维特鲁威与拉荷亚索尔克研究所的关系，以及我们日常生活中迫切所需的专业实践，通过这种实践，斯佩克特对康的建筑的解读就会变得不那么典型。通过回顾以上两个方面，我们似乎可以清楚地认识到，建筑伦理学领域的问题不应该包括以下几点：将伦理建筑师狭义地定义为诚实或守法的建筑师；对客户说谎；按照规范开展建筑工作；公平合理地收费；或者任何其他与伦理实践相关且全面应用于专业领域和普通行业的一系列问题。总的来说，如果以这样的视角来看待建筑伦理学，就等于是把伦理学的标签贴到建筑行业上，而这恰恰与我们在商业伦理学领域中的做法如出一辙。当然，建筑师应该是诚实的——政治家也一样。但这并不是建筑伦理学所要关注的问题。在商业伦理学领域内，我们首要关注的是商业中一个令人失望的问题即诚信问题——同时还要探讨一些伦理困境。我们不需要伦理学家或商人（正确地）告诉我们他们应该诚实，同样，我们也不需要商人（错误地）告诉我们因非法活动而受到的罚款处罚只是从商的另一种成本。建筑伦理学应该探讨人们如何通过建筑和设计的知识和技术

1.4
路易斯·康，菲利普斯·埃克塞特学院图书馆（1969—1971）。
图像©G·E·基德尔·史密斯/考比斯。

实践来描述价值，还应该包括针对那些临时提出并受到制约的理论观点所作的批评（我们在这一章中提到了这个问题）。该领域涉及建筑实践的伦理本质，从更广泛的意义上来讲，它指的是建筑环境与人类的繁荣、善良和正义之间的关系。

究竟是新生领域还是古老的话题？

我们前面探讨了建筑和伦理学之间可能产生的联系，由此引出了与这一调查领域相关的一系列哲学问题。有人试图在哲学和建筑学及其分支学科之间寻找新的机会，以便展开跨学科的教学与研究工作，这种想法也许值得赞赏，但实践起来并不简单。我们是如何看待哲学与建筑学的？又是如何运用这些想法的？为了能够更全面、更完整地理解人类经验，我们时常需要做出新的努力，这是因为人文学科呈现出明显的零散性，可以进一步细化成专业学科及其分支学科。如果说人文学科的划分不如科学或医学那样专业，那它也称得上一个包罗万象的领域——通常，处在同一部门或学科分组的人几乎无法在研究或者甚至教学方面达成一致。同样，尽管我们对于大学职业教育的需求不断增加，尽管有人坚持认为"现实世界"中的问题会带动学科的发展，但这一切还是遇到了阻力——哲学反思可能会为我们的上述需求提供一个栖身之所。

具有跨学科特征的项目往往无法达到这个目的。它们可能会错误地假定一套共同的概念、语言和价值观，并将其自身的明示目的、推断方法和预期结果放置在共同的语境下，这些很难付诸实践，或者说根本不存在。这些假设忽略了一个问题，这个问题位于任何认识论的核心（海因兹，1977），特别是任何被赋予"跨学科"含义的知识实践的核心。我们由此引出了这样的疑问：我们如何能够有条理地将不同的学科整合在一起，从而有助于认知领域的发展，而在这之前，我们已经在它们中间设置了界限，认为它们不相关联。（当我们在大学这样的机构中限定和划分学科时，我们通常会认识到这个问题的重要性。）这样一来，我们就需要解决以下问题：在没有首先考虑修辞习惯和思维模式的情况下，我们如何能够开展这样的实践——概念和心智训练——它们可以使一门学科成为西方传统的一部分，也可以区分一门学科和另一门学科，如哲学和建筑学。

知识和实践的体系之所以能够被看作学科，正是因为每种体系都为我们所说的"现实世界"规定了一种特定的秩序——这个术语并没有经过（非常）精确的定义，但我们只能这样说。每种体系都为那些想要了解世界的人规定了一种思维方式，从而产生了不同类型的学者、观众、读者和"评论界人士"（赛义德，1982）。每一种行业和学科都有其自身的评价标准。这种情况促使托马斯•库恩（1970）去研究科学知识的特征以及发展趋势。库恩不仅强调科学理念对于我们理解自然的贡献，而且还强调研究实践的历史。以此为背景，我们可以将某种思想归入科学领域，并将其看作特定时期内值得研究的东西。[6]注意到库恩的思路之后，有人可能会说，哲学问题特别是形而上学的问题不一定有趣，因为它们旨在确定一些关于人类存在的普遍和永恒的事实。相反，这样的学说可以引起人们的兴趣，因为哲学家们接受过训练，能够就此提出问题，并且从中获得不同程度的收益。理查德•罗蒂的哲学实用主义恰恰表明了这一点。同样，建筑师也有兴趣讨论关于审美、功能和美观的问题，因为他们能够在某种程度上与理论家和实践者共同分享语言和知识积累。

在哲学主题当中，美学与建筑话语的关系最为明显。然而，我们必须区分有关形式与外观的专业研究和某些长期存在的问题，如美的本质，还要将前者与一系列哲学性不够强的问题区别开来。维特鲁威的奠基之作《建筑十书》（大概写于公元前27年至公元前23年之间）中清楚地提到了一点，那就是即使建筑学没有被包含到哲学的其他领域中，也有可能与之发生关联——最明显的是伦理学以及社会和政治哲学。根据维特鲁威的推断，一座建筑物的价值或特性是其社会关联性的功能，而不单单是其形式或工艺的功能。美学由此获得了一种微妙的特征。在不同的时期，哲学家们借用建筑和城市的形式——最主要的是在乌托邦论著中以例证或寓言的方式对其进行描述——来强调他们对于理想的人生、社会或政府的最高期望。柏拉图和托马斯•莫尔是两个比较明显的例子。

直到前不久，我们才扩大建筑学和哲学美学所涉及的传统问题之间的关系，这些问题带有典型的形式主义特征。直到最近，伦理学家、社会和道德哲学家才开始大力评论建筑。之所以会出现这种情况，主要是由于建筑学、哲学和人文学科的边界从总体上发生了改变，而且专业和学术领域的人士都要求对其工作进行相关的解释和论证。和艺术家一样，建筑师也需要能够在更广泛的（通常是社会和政治）领域内谈论或解释他们的工作。同样，随着人口的日益增长和城市化进程的加速，贫富两极分化更加明显，在这种情况下，建筑环境对生活各方面的影响比以往任何时候都更加突出，或者说，我们至少需要以跨学科的方式对这个问题进行广泛而持续的反思。有人试图以务实的方法解决一些日益严重的问题，例如人们对城市生活普遍不满，对社会动荡心生恐惧，媒体和政府明显缺乏责任感，但他们的理想和要求越来越受到怀疑，这样一来，我们就有必要重新考虑哲学家的道德、知识和政治观点的局限性和相关性。

对于20世纪建筑大师（例如格罗佩斯、卢斯、勒•柯布西耶、赖特、康、文丘里、盖里和利伯斯金）的实践和理论，我们已经做了批评性的检查和论证，包括自我反省。这些评价从来不只局限于美学或建筑学范畴。它们还涉及道德和更广泛意义上的哲学，并提出了更宽泛的问题：我们与自然世界之间有着怎样的关系；我们如何将自然世界转变为有意义的建筑形式，从而使之适合人类社会。这些研究并没有穷尽我们在建筑学和哲学的交叉领域所提出的一系列问题。从某些方面来看，它们以不受欢迎的方式将这个领域的范围缩小。作为现代设计的一种"壮举"，这些研究采用了连续性的、有时几乎是排他性的方式，这种典型的方式在建筑学校的许多历史和理论课程中得到了应用，它使人们以更加局限的视角来看待人类的能动性——标志性建筑和独特的个体都体现了这种能动性，对于后者来说，世界在很大程度上是英雄建功立业的舞台。格罗佩斯和勒•柯布西耶等人的伟大作品值得研究，但需要辅之以其他作品。后者涉及知名度不大的项目或日常项目的道德维度，其中很多项目的设计师都是名不见经传的人物。

尽管我们近来一直在美学领域内努力理解美学和伦理学之间的联系（见莱文森，1998），但是直到最近，那些将伦理学和建筑学联系起来的问题仍然没有受到哲学家的重视。[7]然而，涉及建筑领域的伦理学和其他哲学问题已经受到了某些人士的关注，其中包括地理学家和人类学家，以及像大卫•哈维、塞萨•洛、莎朗•祖金和尼尔•史密斯这样的城市理论家，此外还包括那些从事艺术史和文化研究的专业人士，如罗莎琳•德薏西。从某种意义上讲，这反映了一种更普遍的趋势，即艺术和人文学科领域内的传统具象范畴和普通标准受到挑战并发生改变。影响人文学科的环境具有不确定性，对于这样的环境而言，这一趋势本身既是原因也是结果。研究人员不仅正在努力应对新的知识和伦理挑战，而且还在努力应对资源的日益减少，以及更大的灵活性和专业化所带来的压力，此外，他们还要解决一个问题：在可以理解的现实范围内，是什么推动我们以更强的能力去应对社区和职场的相关性。这种相关性与职业主义不同，因为我们无法通过以下两种途径轻而易举地规定其评价标准：一是假定思维活动与实践的形式之间存在着对应关系，二是调查和比较一所大学与另一所大学的毕业生满意度或就业率。与大学管理者和他们的统计人员相比，社区不大可能决定任何可以想象的知识或文化产业的价值。社区是虚幻的，从某种意义上讲，它们是人类思考方式和解释实践的产物，而后者的目的则在于管理它们。大部分英美哲学的技术和科学趋向导致哲学问题（以及学者）向人文和社会科学的其他领域输出——这些领域在很大程度上依赖于法国、德国和其他非英语国家（非解析）的哲学。然而，它们的研究对象背后的哲学观念——像文化、社会和社区这样的概念——却很少得到重视。至于建筑和城市形式如何体现这些观念，就更少有人问津了。

出于相似和不同的原因，大学的建筑系同样需要重新考虑和阐明潜在于设计实践中的知识领域。可以说，他们需要做出以下选择：要么在建立自己的学科时更加注重人文学科的中心地位；要么冒着更大的风险滑向职业主义或科学主义，在后一种情况下，他们会将建筑学与工程学合并；要么退避到人们的普遍看法后面，将设计看成一种创造性的研究工作。在过去的几十年里，理论在许多建筑学校都很流行，这一方面为哲学家提供了机会，另一方面也需要我们寻找新的方法，从而在设计学科领域内将理论和实践联系在一起。最近的迹象表明，这种理论化趋势正在逐渐减缓，这在一定程度上可以通过以下事实来证明：有人要求课程的设置向专业化而不是"传统化"的研究方向转变；博士教育加强而不是减弱了建筑系与人文学科结合的迫切需要。

哲学和建筑学之间的跨学科性是可行的，也是可以实现的——尽管我们需要进一步全面审视这些学科之间关系的独特性。对于这项研究所预设的领域而言，若要开展必要的自我反思，就需要一种伦理学倾向，对此，本书一开始就做了概述。该领域要求我们识别价值的来源和问题，并在它们之间寻找平衡点。它还要求我们思考以下问题：人类以何种方式阐释其所处的环境并由此获得某种意义，从而用以衡量其自主性和人格的完整性。该领域要求我们考查不同的思维模式及其可能产生的影响。针对该领域的各种"可能性、概念和想法"，我们有必要采取一种开放的态度，这样才能提出不同的问题，并发掘出我们理解建筑和设计实践的基本问题时所必须的知识资源。

与概念和想法一样，设计也会受到不断变化的社会、政治和经济环境的影响，在某些情况下，它在很大程度上取决于这些因素。实践者们在这样的环境中寻找自我。建筑和设计必须取得进展，从而应对这些情况。[8]同时，通过清楚地认识这些情况，我们能够更好地理解实践的哲学维度。然而，我们还有其他理由去假设建筑、伦理学和哲学之间的关联。建筑和设计协调着人类与环境之间的关系。从广义的角度来说，这个过程不仅包括美学，而且还包括价值体系。正如沃里克•福克斯可能说过的那样（2000），建筑物不仅仅是用来见证和改善日益突出的环境问题的手段。建筑环境也是一种手段——从精神及物质上来讲——它把我们的内在和外在的自我连接起来。各种类型的建筑，无论其在视觉上是否突出，都大大影响着自我认同和自主性的概念，以及我们的情感和世界观。它们构成了人格完整性、性格和社会责任的不同方面——这些概念在哲学话语中已经得到公认——而这正是通过理智和情感两种方式实现的。

建筑理论和实践的历史让我们有机会为长期存在的设计问题重新建构意义，就像许多"自我的技术"那样，建筑环境通过这些技术获得了道德价值，而且这种情况还将持续下去。例如舒适的概念本身以及获得舒适感的必要性有效地连接了建筑师和伦理学家所关注的问题，尽管很少有人考虑到这一点。这个问题类似于生物和社会、文化和经济价值观的冲突，虽然这些话语也会增强"舒适"的概念与今天某些伦理冲突的含义之间的关联性。考虑一下罗伯特•克尔的名著《绅士的房子》（1871，1864），以及洛吉耶对原始棚屋的兴趣和勒•柯布西耶的作品，通过这些，我们确定和讨论了居住规范，并将其纳入了现代生活中（泰勒，2004：第6章）。通过一系列适用于建筑师和设计师的操作指南的要求，私人空间和舒适的家庭环境可以从多种角度得以诠释：房间不要靠马路而建，不要有多个入口；要隔离厨房的气味；要阻止穿堂风；要防止仆人和孩子们所带来的视觉侵扰——每一种要求都与个人满足感密切相关。人们对舒适度的要求不仅仅是宽敞的空间和足够的门窗，出于这个原因，克尔提醒我们：

当我们规划一个房间时，我们不应该认为它是合格的，直到设计师想象自己居住其中并证明它的舒适性。如果他在图纸上标绘出这个房间所必须的每一件重要家具，从而在规避所有不利因素的情况下建立其性能和品质，那么这样做一点也不过分。只要在纸上多一分严谨，就可以大大提升建筑的舒适度。

（1871，1864：70）

在这里，克尔鼓励他的读者型建筑师去构想一种特定类型的居民，他们有着丰富的情感和精神世界。我们通过建筑规划方案来描述他们的这些特征，然后又用后者来检验前者在一个给定的房间内是否可行。有趣的是，克尔为自己和他的读者建立的训练方式和思辨性实践在某种程度上反映了苏格拉底的思想。

今天，更一般地说，通过设计"舒适的"个人生活空间，通过引入类似的想象练习，人们要么可以使自己摆脱不利的环境和社会影响，要么可以使这种影响有所减轻。这些影响可能包括过热或过冷的温度和过明或过暗光线，还可能包括令人不适的接触，以及具有负面作用的事件、地方和人物。更重要的是，通过以上办法，人们可以创造出"顶部空间"，这对于保持自我的自主性和完整性而言十分重要。求助于道德反思的做法反映了这样一个事实，即空间和建筑技术旨在创造一个避难所，从而使人们远离痛苦、烦恼和焦虑。舒适的概念将苦行式隐退的常见形式以及与之对应的表达方式即迁移和内在性变换成了一种非常现代的形式即"关爱自己"，通过这种形式，我们在艰苦的日常生活中寻求解决办法，并以此来恢复创造力和积极性。长久以来，我们一直在努力阐释"舒适"的含义，也一直在努力为居民和工作人员设计舒适的建筑。这一事实表明，像这样的自我塑造技术有着明显的社会和政治内涵。[9]

从伦理学家的视角来看，设计实践和道德价值之间的这些联系具有启发作用，因为它们有助于拓宽伦理主体的学术概念。在这里，我们期待的不只是一个明显被赋予普遍理性和道德能力的哲学主体——该主体以阐明术语和抽象论点为导向。相反，鉴于其所处的时代和环境变幻莫测，该主体被迫以不同的方式分析和阐述价值，从而获得自身利益。从建筑学的角度来看，这些联系同样对我们有所启示，因为它们采取了一种微妙的历史和哲学观点，将客户看成居住主体——认为他们有必要从专业领域的精神关怀中受益。有种观点认为，伦理学（包括规范伦理学和元伦理学）可以被清楚地划分为两个完全不同的领域，一方面是规范伦理学（我们应该做什么以及为什么要这样做），另一方面则是元伦理学（伦理术语的意义和性质）。一项与上述事实相关的调查表明，这是一种不完善的伦理学观点。[10]柏拉图和亚里士多德都承认这种观点。然而，我们需要区分价值和语言，以及关于价值的两种看法：一种将价值理解为某种不言而喻的品质，另一种则认为价值是我们需要去体验的某种东西。这些区分可以在道德哲学和哲学美学领域内描述和规定作品。例如在讨论如何评价一件艺术品时，马尔科姆·巴德写道：

> 在评估一件艺术品的艺术价值时，我们必须基于它所提供的经验的内在价值，而不是工具价值。关键是要认识到以下问题：我们可以评估——通常我们必须评估——某件作品所提供的经验的特性，而不去考虑这些经验事实上会对个体或群体的思维、性格和行为产生正面还是负面的影响。一件艺术品的经验对个人（其个体工具价值）或群体（其整体工具价值）的影响当然很重要；但决定这些影响的是艺术品

所提供的经验的特性，以及经历过这种特性的人的性格；决定作品艺术价值的并不是这些影响本身，而是这些经验的特性。

（1995：7）

诚然，巴德关注的主要是视觉艺术、诗歌和音乐。然而，由于建筑和设计的客体可以被看作"艺术"的作品——尽管这个术语的概念不断发生变化，但这种看法还是时常存在的——因此针对巴德所坚持的观点，我们可以举出一些有效的反例。而在巴德看来，关于这些客体的评价必须仅仅以内在价值为基础。换句话说，我们可以用一些实例来挑战以下观点：艺术品所提供的经验的价值是独特的，它比这些经验可能产生的任何结果更加重要（在第4章中，我们将要探讨一种观点，即我们的生活中存在着一种独特的"建筑经验"）。正如我们将要看到的那样，在大多数情况下，可以说在每一种重要情况下，即使建筑作品的审美价值和伦理价值不能划等号，两者之间也存在着一种不可分割的联系。例如在判断纽约中央公园的审美价值时，我们不能撇开其可能的社会或伦理功能。这并不仅仅是说，如果我们试图将这个公园的审美因素与它的社会和伦理因素分开，我们就会对其总体价值做出一种过于简单化的评价。更确切地说，我们的观点是两者不可分割，在下一章中，我们将更清楚地说明这一点。

此外，建筑作品的伦理价值无疑在很大程度上取决于其外在或工具价值，因为这关系到人类的生存状况。空间或建筑是如何发挥作用的？我们可以创造一些供人们交流和工作、生活和学习的空间，也可以创造一些具有照管或惩罚功能的空间，在这个过程中，空间或建筑是否会促进某些价值观和理想，或者将某些可能性推向最前沿？无论从情感还是从理性的角度来讲，它们是否都会促进幸福感（中央公园就有着这样的定位）、人格完整性、美德、舒适度和更普遍意义上的"好"呢？在评价建筑客体的艺术价值时，"我们必须基于它所提供的经验的内在价值，而不是工具价值"，然而，鉴于建筑的伦理价值取决于其功能和效果，上述观点就变成了一种没有意义的错误观点。与这种观点相反，我们认为不能将建筑客体的价值建立在这样的评价之上，因为如果拉各（2004）是正确的（见第2章），我们就不能这样做。对巴德而言，仍然存在着两种开放的途径：要么就建筑的伦理学和美学问题展开争议，认为两者之间总体上存在着一种内在的联系；要么否认以下观点，即建筑是一门艺术，其美学价值不能减弱。两种途径似乎都没有吸引力。[11]问问纽约人他们为什么喜欢中央公园——这个建筑为什么如此吸引人。然后尝试解决以下问题：他们穿过公园时有着怎样的内在体验，这与他们所看到的公园本身的各种工具价值有何不同，他们对此有着怎样的看法。

就其本身而言，伦理因素往往存在于建筑的内部以及外部，因此，它们在某种程度上决定着建筑的风格。当我们仔细审视建筑，并且能够从道德层面来解释建筑师、规划师和政治家的角色时，代表建筑实践内部伦理判断的论点就会变得越来越清晰。我们时常完全置身于建筑环境中，建筑可以为我们展现最好和最坏的一面，它不仅可以反映价值，而且还有助于我们在过去、现在和未来的联系中积极构建自我。建筑还对不同代人之间的沟通和理解起到了重要作用。

事实还远不止这些。建筑的公众形象为我们提供了机会，这些机会虽然不算新，却与现在不断变化的政治气候有着特殊的关联。它们能够对一些基本问题产生影响，其中包括民主、自治、人格完整性、性格和责任。在这里，我们又想到了另一组问题。民众语言和城市形态之间有关系吗？例如哲学结构与集会所、村下院和法庭等实体结构之间存在着怎样的关系？经过翻修之后，德国国会大厦的设计中隐含着一定的道德维度（透明度），这是出于对历史因素的考虑，例如世界大战，以及柏林墙的修建和拆除。该项目还引发我们去认真思考伦理问题。除了建筑符号或象征以外，这个建筑还代表着什么？它是否包含着真正的伦理意义？从建筑伦理学的角度来讲，对于以色列在以巴边界修筑的"安全墙"（支持者们声称该建筑缺乏"墙"的持久性），我们能够说些什么呢？建筑师可以在根本的美学基础上，而不是在美学和政治以及伦理学的基础上设计出成功的纪念碑或纪念馆吗？或者说，如果建筑师没有把自己的社会和政治角色建立在理解和尊重真实历史的基础之上，那么，认为纪念碑可以传达信息并成功完成纪念任务的想法就只是一种狂妄自大的表现吗？

更一般地讲，考虑到人们有一定的权利和责任，如果建筑和伦理学之间的联系如同本书所说，那么他们是否有权拥有某一特定类型或标准的建筑——正如他们可以享受教育或医疗保健那样？这将意味着什么，又会给建筑学带来怎样的启示？不公正的社会中是否有可能存在公正的建筑？还是说，正如有些乌托邦理论家所声称的那样，二者之间存在着一种相互影响的关系，因而这种构想的实现只是巧合？为什么理论家通常会对建筑给予如此多的关注——以至于我们对建筑的思考在某些情况下似乎成了乌托邦（或反乌托邦）愿景的推动力？

这些问题表明，人们对建筑伦理学的关注度有所提高。它们在很大程度上阐述了我们的研究内容和领域，以及如何从包括建筑理论和哲学在内的多学科和多种知识体系的角度在人文学科中定位设计实践研究。这些问题以及探讨它们的方法构成了一个相对较新的重要领域的关键核心。在下一章中，我们将从"美学"的角度审视这一点，以便认清以下问题，即如何进一步描述建筑和伦理学之间的关系，以及该术语将会从其他方面提出怎样的哲学、实践和主观问题。

第 2 章

建筑、伦理学和美学

> 伦理和审美判断与历史哲学之间的明确关系基于以下想法，即人类之所以充满活力，是因为他们以克服自身的局限性为使命；这种关系成为了现代主义建筑的一个标志。
>
> 莫里斯·拉各（2004：126）

  建筑和伦理学之间的关系，至少在某种程度上是以美学为参考建立的，尽管后者可以表明一系列不同的问题。"美学"这一术语在各种话语中流传甚广。作为哲学研究的一个分支，美学所涉及的范围很广，其中包括美的本质、关于美的感知、品味问题以及"审美经验"和艺术的价值（道德和其他方面）。柏拉图所关注的问题是，美或美丽的事物与美德或善良之间有着怎样的关系。奥斯卡·王尔德（1913）考查了伦理价值和审美价值之间的关系，他对审美客体的道德方面很感兴趣。正如济慈在他的"希腊古瓮颂"中所写下的名句："美即是真，真即是美——你们所知道的，你们需要知道的/一切尽在其中。"在十七八世纪的大部分时期，美学和古典语言及修辞一样，都是特权和精英教育的一部分，这种教育旨在从诸多学科当中塑造出一门学科。到了19世纪，"美学"开始包含其他学科，如"风格哲学"、"美术理论"或"美的科学"，并且开始进入专家学者的视界，这在很大程度上是由于德国哲学的影响（OED）。

  前面的观察结果表明，我们应该将"美学"放置在一定的背景中进行考查，对于特定的话语、地点和时间而言，该术语的意义能够让我们理解建筑伦理学，以及更宽广的建筑环境所具有的潜在价值。有一种价值观代表着不同的"生命"形态，或者甚至人类独特的"伦理实体"（亨特，1988b：148；1992：353～354），这种观点在很大程度上是通过观察感官体验的环境所形成的，在这个大环境下，我们可以理解自己的观念和情感，并因此实现自我理解。为了在更广泛的范围内理解建筑伦理学——该领域甚至可能也是建筑话语的重要主题——我们可以先从思考伦理学和美学开始。道德哲学和哲学美学术语就是很好的切入点。这第一步要求我们警惕审美判断的边界线。这不仅受到抽象思维的影响，而且也受到以下因素的影响，其中包括我们实际所关注的问题，以及我们对于建筑形式、室内设计、景观和其他设计对象所呈现出来的视觉外观的主观期待。

在这一章中，我们首先根据哲学的论点和术语来考查伦理学和美学。这就涉及我们对以下问题的看法：作为一门独立的学科，建筑学创造出了一系列独特的设计对象；特别是，有些建筑呈现出一种截然不同的视觉特征，并因此具有了一种内在的"完整性"。在不考虑建筑的其他特征如功能、可能的实用性或道德价值的情况下，我们如何看待上述特征？这个问题引发我们去思考另一个问题，即建筑与其他形式的创造性活动或"艺术"之间有着怎样的相似点。哲学家和建筑理论家一样，都会时常考虑这样的问题。本章讨论的问题还包括建筑的相对持久性和公共特征。建筑的这些特性是不可否认的，这就解释了我们为什么很容易对有些建筑做出审美判断并由此联想到其伦理价值，尽管二者之间的关系可能看似错综复杂或混乱不清。紧随齐格弗里德•吉迪恩之后，卡斯滕•哈瑞斯声称，建筑师面临的主要任务是"解读一种对时代有效的生活方式"。然而，本章却反对这种论点，认为它未能以开放的视角来理解伦理学、建筑和美学之间可能存在的关系。与其说这种论点是一个用来判断好或公正的建筑的简单公式，还不如说它是一种关于识别能力的重要背景的描述。这表明，当我们把建筑美学和自我塑造实践视为一个整体时，我们就能更清楚地思考这一主题——在这种情况下，对于一座建筑和另一座建筑之间的视觉差异的感知，有助于实现自我意识和身份认同感——其背景是我们生活的特定"时代"。

建筑、美学和道德价值

通常，我们用来判断建筑的并不是明显的道德标准，而是包含美学或技术和工程问题在内的一个或多个标准。然而，这一事实有时会引发出一种狭隘的观点——就某个审美对象（无论是设计、艺术、文学还是影视作品）而言，一方面是基于审美标准的判断，另一方面则是基于道德标准的判断，两者之间是相互独立的关系——这种观点在哲学史上一直受到挑战。有一种观点认为，一件作品的审美价值与道德因素无关，因此，我们在判断前者时应当撇开对后者的关注，这种观点构成了哲学美学中的"唯美主义"或"自主论"的一部分。关于唯美主义或其逻辑反面即"道德主义"（该观点认为，一件艺术品的审美价值全部或部分是由其道德价值决定的）的哲学论据可以用来考虑一些审美对象的价值——例如绘画、小说或电影——但并不适用于其他审美对象，尤其是建筑。在我们看来，有关建筑的问题可能会使唯美主义者和道德主义者之间的争议复杂化。这是因为，即使从表面上看，建筑对于我们日常生活的影响也是不可否认的，而且通常是明显和持久的：在某些方面，我们可以控制这种影响，但在许多其他方面，我们却无法做到这一点。建筑环境构成了各类家庭和社会互动的背景，因此，与其他创意媒体、表象手段和审美对象相比，它的影响在很大程度上是不可避免的。大多数人会选择是否去画廊或影院，或者是否读书（有些人可能会阻止我们这样做：他们可能会关闭展览或焚烧书籍）。然而，当人们在日常生活中接触到各种具有不同艺术价值的建筑时，每个人都很可能期望从建筑环境中获得某些意义，或者某种程度的保护和安慰。我们甚至可能觉得自己会受到某些建筑的影响或威胁，并因而做出不适当的评价——不论针对建筑还是针对我们自己。因此，有些人对于建筑的道德价值的意识有所减弱，因为他们坚持认为这种价值独立于社会问题，或者说应该如此。同样，也有其他一些人（他们可能也相信唯美主义）认为设计实践不受价值观的约束，因为就像任何创造性实践一样，这种实践活动本身就是一件"好事"。如果我们认为设计实践本身就是一个目标或一件"好事"，就等于认为它不受价值观的影响吗？

有些人认为建筑具有自主性。关于审美价值和道德价值之间关系的两种哲学观点是否正确？哪一种正确（也就是说，二者是相关的还是相互独立的？）？基于这两个问题，我们可能会也可能不会认为美学价值本身就是一个目标。然而，建筑学不能因为其自身的缘故而与美学发生关联——只追求能够带来视觉刺激的建筑。至少，它不能这样做，因为从功能方面来讲，它涉及建筑，而不是雕塑、绘画或文学。建筑形式具有显而易见的物质性和持久性，以及造价昂贵的特点——所有这些都告诉我们一个事实，即人们会从不同的角度持续不断地重新评价建筑——这些特征在某种程度上强调了上述观点。审美价值和道德价值的冲突性和多义性具体表现为：一些建筑项目可能会受到批评，因为它们在普遍的社会或经济价值面前放弃了太多的自主性和审美完整性；而其他一些项目可能（实际上也是如此）受到谴责的原因则是它们过于自主，以至于无法提供想象领域以外的实际需要。二者的区别可以通过以下两个方面得到诠释：一方面，人们对有些代表企业形象的建筑提出不同的批评，例如由菲利普·约翰逊设计的美国电讯公司总部大楼，或者川普大厦（福斯特，1985：122；米勒，2007：117~138）；另一方面，有些设计颇为精巧且富有雕塑艺术特色的建筑受到了大众的批评，例如由弗兰克·盖里设计的毕尔巴鄂古根海姆博物馆。前者之所以会受到批评，是因为它们屈从于商业利益；后者可能受到批评的原因则是，除了建筑师眼前所关注的审美问题以外，它几乎忽略了所有的一切。通常来讲，不论这些风格各异的设计有着怎样的缺陷，审美价值都会与其他一些价值发生冲突。人们可以对建筑做出多重评价，这些评价有时是相互矛盾的，也许正是

2.1
弗兰克·盖里，毕尔
巴鄂古根海姆博物馆
（1997）。
图像©威廉·泰勒。

这一点凸显了建筑的表现力、争议性和伦理意义。

　　我们在前面说过，有些人认为建筑具有自主性。与此相反，有人推崇一些建筑——或许还会推崇一些建筑行为——因为它们具有内在的公共价值，就好像它们的"优点"是不言而喻的。然而，即使设计专业人员没有去关注公共领域本身，他们也会不约而同地关注以下问题，即在构建社会空间的过程中同时考虑伦理和审美两个方面。我们提出的问题大多涉及相互矛盾的价值观、审美判断和标准，这些通过一个预先存在的、由建筑和城市空间组成的背景得以强调。对于伦理判断而言，这个由"城市"组成的背景是必要的，我们可以通过不同的方式来表现它，例如我们可以针对公众或公共领域、文化遗产和国家房地产等实体提出主张（在第5章中，我们将在讨论纪念性建筑时阐明这一点）。

当涉及建筑伦理学时，我们同样需要解决一些问题，即什么是正确的或合理的（或者甚至什么是公平的）。至关重要的是，我们需要讨论的价值观和想法与以下问题有关，即一个空间、城市或景观在哪些方面符合我们的道德要求。我们应当明确这些价值观和想法。它们如何使人类的行为、自由和选择变成可能并对其施加限制？它们如何影响我们与别人相处的方式？在这里——对于价值标准、实践活动以及规定它们的空间来讲——建筑和伦理学之间的联系得到了最清晰的定位。建筑承载着价值，因此，如果把审美基础和伦理基础割裂开来，我们可能无法评价一个设计成果。我们不能严格地认为这两种因素可以相互决定，因为一个建筑问题不可能只对应一种解决方案。然而，伦理和审美因素是相互联系和相互影响的，对于一个建筑项目而言，二者的关系超越了任何特定的评价方式，从而包含了一个更为广泛的背景，其中包括该项目的来源和运作。当我们决定像公共卫生间这样的普通建筑物的位置、设计和外观时，我们的决定可能会在更广泛的意义上影响到一个建筑或公园的特点和用途。建筑师和景观设计师、客户和公共管理者很清楚这一点，事实上，任何试图在曼哈顿找到卫生间的人都能意识到这个问题。

关于建筑和设计的批评性判断包括客观和主观两方面，它们的作用在于强化审美问题与伦理问题之间的关联性。建筑可能会通过感官特性和共有的感知模式来反映或支持某些共同的价值观。考虑到一系列这样的"具象效应"，我们可以——我们每个人都能够以一种更明显的主观方式——选择承认或强烈支持、忽略或直接谴责这些价值观。对于建造年代早于美国电讯公司总部大楼和川普大厦的摩天大楼，例如由卡斯·吉尔伯特设计的新哥特式伍尔沃斯大楼（1913年竣工），或者能够体现装饰派艺术风格的曼哈顿克莱斯勒大厦（1929），我们不能仅仅按照通常的思路将它们视为"商业大教堂"。它们还会加强和保证自身的主导价值，从表面上看，这种作用是永久的。这些建筑所遵循的原则是，仅次于神圣的毕竟不是洁净，而是权力和财富。至于这些建筑在象征方面的影响力是否能够保证这些价值（鉴于华尔街大崩溃，这种情况似乎不大可能会出现，尽管我们通常认为富人是聪明和善良的——仅仅因为他们富有），或者这些价值后来是否会关系到年代更新的建筑所具有的高科技特性，这些并不是重点。在多样化的城市空间当中，这些建筑为它们的使用者提供了一片特权天地；我们也以相应的方式感知和体验这些建筑，并对其进行评价和管理（全部或部分地批准它们的建设）。

今天，在看待某些特定的建筑类型如摩天大楼所具有的道德价值时，我们以设计师和委托客户难以想象的方式去关注一些标志性建筑。有些建筑具有突出的视觉特征和象征价值，像伍尔沃斯大楼，或者更加臭名昭著的世贸中心双子塔，这些特征使它们成为了实际或可能的恐怖袭击目标，因为它们同时强调了对整个民族的信仰体系和生活方式的强烈支持和谴责。如此一来，这样的建筑和公共空间、商务区和政府办公区就会带来危险，这不仅使它们在视觉上显得非常突兀，而且还使它们成为了广受监视的地区。之所以会出现这样的情况，不仅因为它们以一种纯粹的程序性或操作性方式充当着西方或美国资本主义堡垒的作用，还因为它们看上去似乎也具有这种功能。这种看法使它们成为了充满挑衅和不安全感的地方，尽管也可能有一线希望——这取决于我们的观点。

通常来讲，和审美对象一样，关于建筑的批评性判断依赖于多种看法、预设和评价。在考虑某个审美对象时，我们首先会掺入一些情感和价值观，然后将它们过滤掉，以便评价该审美对象的客观特征。上述判断依赖于这些情感和价值观，并体现了它们的功能。然而，这并不是说，连接建筑和伦理学的美学基础仅仅是一种形式主义的东西，根据这种观点，建筑学中的形式主义要求道德价值内在于建筑项目本身以及其物质形态和外观。相反，建筑形式的作用在于定义认知、情感和价值观。它的价值体现在以下方面：我们可以借助它来区分心理和社会环境，并根据一系列因素、力量和情感来调整自己的意识和身体，从而使自己适应这些环境。当涉及其他方面的调整时，审美观念允许我们在商业力量和我们自身的力量之间定位自己，前者似乎从外部影响着我们居住的空间，而后者似乎源于我们对住所、创造性表达或社区的基本需求。例如许多企业高层建筑的前厅和室内设计旨在传达商业成功，但也可以用来提醒参观者不该逗留太久。同样地，在许多"新传统"风格的住宅小区当中，白色的尖桩篱栅和门廊给人一种舒适的感觉，它们的作用是提醒人们社区的存在，但主要是针对那些住得起这种小区的人。

正如道德家所声称的那样，尽管审美价值与道德价值在整体上总是具有相关性（对于审美客体来讲，道德观是必要因素，它影响着前者的审美价值），但建筑的伦理维度和审美维度之间的关系可能仍然不同于它们在其他创造性活动中的具体表现。这并不是种类上的差异，而是方式上的差异，上述两者的关系通过不同的方式显现出来，这不仅体现在建筑和其他艺术作品的对比中，而且还体现在不同类型的建筑形式之间的对照中。例如在涉及建筑的道德价值时，尽管与景观建筑相关的美学问题同样体现了多义性，但它们似乎以不同的方式展现了一系列形式上的问题。这也许是因为，景观建筑的"形式"典型地包含了有机材料和无机材料，或者说，景观建筑的这一特征比其他建筑更加明显。景观建筑表现时间流逝的方式不同于普通建筑，尽管两者都有可能遭受忽略和摧毁。更明确地讲，前者所要求的秩序模式来自某个生态圈。这种观点对有些人来说可能显得过于一概而论，对其他人而言则意味着需要改变某种状况。例如可持续建筑或"绿色建筑"的支持者可能会认为，建筑应该与自然一起"成长"。

从总体或细节来看，如果一个建筑、公共空间或景观对于许多人而言代表着道德上应受谴责的价值观，或者未能在其指定场所获取或创造一些具有特定价值的东西，那么其审美价值无论如何都有可能大打折扣。我们能够想到的例子包括：有些建筑具有所谓的法西斯主义色彩；有人对美国许多城市的商业区进行了翻修，据称是为了使其恢复活力，由于这里时常受大风侵袭，他们对企业广场进行了过度的修饰和监控。另一个例子则是纽约时代广场。现如今，对许多人来说，这个广为人知的建筑在改造之后已经失去了往日的复杂特征，而这种特征恰恰能够让人们以多样化的方式来体验该建筑。甚至连该建筑以前的物理结构和活力也都消失了，因为开发商完全有自由重建大部分片区，从而使其符合商业优先权，他们以及他们的金融支持者都看到了这一点，并试图迎合少数人的口味。实际上，他们将时代广场当成了无主之地：他们认为这是城市当中的一块空白地带，因而可以根据基本的经济和营销原则将其重新改造。而在此之前，时代广场一直有着比现在更加丰富的含义。不道德的行为并非投机性开发本身，而是在追求市场效益的过程中忽略这个地方过去的活力和价值。

也许，我们以一种迂回的方式描述了一些平常事物。建筑、景观和城市规划——与之相关的问题和解决方案——本质上具有公共特征。这就凸显了人们对于它们的道德价值的认识和理解。从根本上来讲，它们关系到社会和政治问题——并因此涉及伦理问题。[1]很难想象会出现与此相反的情况。我们不需要引用许多乌托邦"城市"的例子来说明如下观点：建筑通常关系到我们对于美好生活的各种愿景的实现。

创新实践和道德价值

除了明显的公众特征以外，建筑与美学的关系还通过其他方式得以协调，如此一来，建筑就与伦理问题建立了联系。这与有些小说写作、电影制作和其他形式的"艺术"没有什么不同。和美学一样，"艺术"这个词的使用也是经过斟酌的。有一种观点认为，建筑本质上是一门艺术，是一种针对建筑环境或建筑客体的道德价值所做出的创造性反应，这种观点在西方有着悠久的历史和丰富的文化内涵。例如许多有影响力的作家试图以这种方式来描述建筑，拉斯金就是其中的一位，在他眼里，建筑仿佛类似于诗歌（1893）。在思考建筑、美学和道德价值的关系时，比较一下建筑和其他形式的创造性表达可能会有所帮助。这样做能让我们思考以下问题，即不同的艺术实践可能会通过怎样的方式增强或削弱道德价值。

在哲学美学中，"温和的道德主义"代表着这样一种观点：至少有时候，一件艺术品在道德方面的缺陷或优点可能会影响人们对于该作品的审美评价。对于温和的道德主义者来讲，如果一件作品的某些特征构成了其道德上的缺点，那么它们同样会造成其审美上的失败。[2]假设有一部影片制作精美，且其故事情节引人入胜，却表现出对种族灭绝的支持，那么从审美角度来讲，它就不是一部成功的作品。然而，建筑比其他任何创造性实践更清楚地表明了一点，那就是相反的情况也有可能会发生。至少有时候，审美判断可能会成为伦理乃至法律判断的要素。根据有些人的判断，如果一座建筑、一个公共或私人空间在审美上是失败的，那么它们很有可能在伦理上也是失败的，因为它们未能以一种启发性的方式为公众带来满意的视觉效果。有人常常以这种观点来看待高层住宅区，还戏谑地称其为"眼中钉"，即使它们在所有其他方面都可以说得过去。

近年来，许多学者就以下问题提出了看法，即艺术尤其是文学艺术如何成为道德教育的入门学科，甚至可能成为其必不可少的因素。艾瑞斯·默多克和玛莎·努斯鲍姆就是两个例子（1970，1997；1986，1998）。这就是说，有些创造性实践可以为道德评价奠定基础，或者引发道德评价。汉密尔顿反对这样的论点，或者至少反对将其一概而论。他声称，艺术往往不能在道德上指导我们，甚至有可能会对我们的道德产生不利影响："一个人对于艺术的个人喜好几乎或完全不会影响到他对待别人的方式，或者甚至会对后者产生有害的影响，对许多人而言，这是一种十分令人不悦的想法。"（2003：44）当然，在人们看来，有些艺术表达了不道德的观点。例如莱妮·里芬斯塔尔的影片《意志的胜利》总的来说美化了纳粹主义，具体而言则赞美了希特勒。因此，尽管汉密尔顿是对的，但他忽略了重点。问题并不在于艺术可能无法在道德上起到教育作用，或者可能产生有害的影响。这在很大程度上是一个经验性的问题——尽管我们显然不那么容易找到答案。相反，我们要讨论的是审美价值和道德价值之间的关系（两者的关联性）——创造性作品（包括电影、文学和建筑）如何以及为什么能够涉及道德问题、教育实践和价值观的灌输（而不只是比后者优先或突出。问题在于，这些作品如何能够在道德上产生有益或有害的影响，而且仍然能够同时提供自我发展的手段（也许是一种改进）和界定公共利益的途径。

汉密尔顿认为，道德与对待他人的方式有关。很明显，人们对艺术作品的欣赏和他们的财富或社会地位一样，必然在很大程度上与他们对待别人的方式相关联——无论是好还是坏。然而，更有趣的是，他们对艺术作品的欣赏可能会以不同的方式产生道德上的影响。正如前一章中所概述的那样，伦理学涉及一种关于"好"的理论和一种关于"对"的理论。对于文学和其他艺术的道德效用的强调至少将关注点尽可能多地（或许更多地）集中在了前者上——过上好的生活，而不是做正确的事（尽管前面已经指出二者是相互联系的）。以下事实在很大程度上无关紧要，即一个人能够欣赏艺术，但其行为不道德。关键问题是，根据有些人的描述，我们不可能在没有理解或欣赏一件作品的道德价值的情况下去欣赏其审美价值，因为这两者之间是密切相关的。

实际上，关于艺术和道德教育的讨论与唯美主义/道德主义争议几乎没什么关系。无论我们采取何种立场，都没有必要否认创意作品的道德效用——然而，我们的理解是：道德效用要么内在于艺术对象，要么源自人们的共同看法。有人可能认为审美价值独立于道德价值（自治论者/唯美主义者的立场），或者甚至认为审美价值是所有价值当中最重要的——它本身就代表着一种道德要求。然而，我们不需要否认以下事实，那就是从实际和历史的角度来讲，创造力及其各种形式可以在道德教育和伦理学中扮演重要的角色。不论奥斯卡•王尔德持有怎样的观点，也不论出于何种原因，当他否认艺术作品的评价应该以道德为依据，或者认为艺术与伦理学截然不同时，我们都没有理由让他（或者从总体上讲让唯美主义）承受一个明显错误的观点，即艺术与伦理学完全无关。我们不应该混淆以下两种观点：一方面，美学家当中有人赞同唯美主义/道德主义争议；另一方面，有些人认为艺术对道德教育至关重要。[3]当审美对象和所有人的生活联系在一起时，它们怎么可能不涉及关于如何生活以及如何做对事情的问题呢？如果创造力及其表现形式与我们对公共和私人生活的理解密不可分，那么问题将不会是艺术是否或为什么对道德教育至关重要，而是前者对后者的重要性如何以及在哪些方面体现出来。这表明，从道德角度来看，伦理学家（道德家）和唯美主义者（自治论者）关于审美价值和道德价值之间关系的争议并没有从审美角度来看那么重要。与伦理学相比，他们之间的争议更多地涉及创造和审美价值的本质。艺术和伦理学之间存在着一种内在的关系（唯美主义/道德主义争论），不论我们如何看待这一事实，有一点都是不可否认的，那就是艺术可以对我们产生伦理方面的影响，而且有可能带来各种各样的伦理后果。

让我们暂时重新考虑一下有关伦理主义的主张。一些人认为审美价值和道德价值是相互独立的，另一些人则认为它们是相关的，而我们的目的并不是在两者之间做出裁决。相反，我们旨在帮助大家理解建筑的审美维度和伦理维度之间关系的特征，并因此从某种意义上更好地理解建筑本身，尤其是以下观点，即建筑能够创造出一种概念空间或媒介，从而为上述两个维度之间的联系赋予意义。贝里斯•高特对伦理学家的立场做了如下描述：

伦理主义的论点是：对艺术作品所表现出来的倾向做出伦理评价，这对于我们从审美角度来评价这些作品是合理的，这样一来，如果一件作品在伦理上表现出应受谴责的倾向，那么从这种程度上来讲，它在审美方面就是有缺陷的；如果一件作品在伦理上表现出[代表或包含了]值得称道的倾向，那么从这种程度上来讲，它在审美方面就是值得称赞的。

（1998：182）

　　一般来讲，建筑所表现出的应受谴责的伦理倾向不同于文学或艺术。这是因为，我们居住和体验建筑的方式多种多样，而且经常是公开的。然而，两者的重点却是相同的。如果一件作品在伦理上存在缺陷，那么正是出于这一原因，从某种程度上来讲，它在美学上也是低劣的。伦理主义者声称，如果一件作品在道德上是低劣的，那么它在审美上的低劣程度也是相同的（"从这种程度上来讲……"）。他们的这一主张存在问题，通常的道德或审美判断不会支持这种以理论为导向的主张。这种主张理所当然地认为，一件作品的道德内容或表现可以对其审美价值造成影响，同时，判断这两方面的标准不可以分开，或者说不可以有清楚的界限；这种主张并没有遵循以下观点，即一件作品的伦理价值和审美价值必须具有同等的重要性，或者在共同的范围内相互映射。我们没有理由假设小的道德缺陷实际上可能不会造成严重的审美失误，或者假设与之相反的情况，即从美学上来讲，大的道德缺陷（也许是因为其严重性）可能不会带来相对无害的结果。哲学美学可能会依赖于这样一种逻辑，并将其作为其理性主张的基础，但这只是针对重要的抽象思维而已。

　　例如有人可能会认为，"一个男人的家就是他的城堡"这句格言所暗示的个人主义环境反映了一种积极的生活事实——类似于一种自然权利——至少在许多繁荣发达的国家是这样的。然而，这句几乎一概而论的格言掩饰了一些道德缺陷，根据不同的观点，这些缺陷要么较小要么较大。首先，这句格言带有性别歧视色彩，这是语言所带来的结果，但同样也是一系列更广泛的历史环境所带来的结果。历史学家至少描述了西方国家的如下情形，即随着人们对男性（给家庭带来安全感）和女性（布置家居和照顾家人）的特殊观点的变化，家庭规范和住房类型是如何发展的。三口之家拥有一栋房屋已成为

2.2
恩斯特·萨日比埃尔，柏林前航空部（1935—1936）。
图像©威廉·泰勒。

司空见惯的事，这种情况本身并不会破坏审美效果；然而，长期以来，许多人总是抱怨这种有产阶级个人主义对郊区景观所造成的视觉影响：每一个人——作为户主——都是国王（或王后）。户主有权购买或建造他们喜欢和负担得起的任何房屋，在这种情况下，他们不太可能重视以下几个方面，即人们对审美秩序（本身可能存在道德问题）的共同期望，共有或共享的便利设施，免受视觉侵扰的后院，或者视线无遮挡的窗户。相反，在封闭式社区，甚至在一些"遗产区"，房屋的审美属性通常受到严格的控制，结果是，它们看上去可能具有更多的相似性，但是往往在想象中受到限制，或者仅仅有利于居住在那里的特定人群，即通常意义上的富人。当我们考虑到充分表达家庭幸福概念的住宅景观所产生的视觉效果，或者出售给以生活方式或遗产为幌子的购房者（开发商、房地产代理机构和营销公司）的大批住房的来源时，我们拥有"城堡"的权利开始在道德上变得模棱两可。"一个男人的家"意味着个体对家庭空间的权利，这种权利的背后通常隐藏着其他类型的权利，它们具有更加模糊的含义，如消费者权利，或者生活在自己所属群体中的自由（一般而言，这是一种特权）。

另一方面，若要说明第二种情况，即存在严重道德缺陷的建筑项目在审美上可能相对无害，由艾伯特•斯皮尔和其他党派建筑师为第三帝国设计的某些建筑在实践安排或新古典主义经典建筑的阐释方面或多或少有些传统。那些保留下来的建筑似乎有着精巧的设计和坚固的构造。然而，如果从建筑经济方面来考虑它们的建造过程中通常所需的奴役性劳动，以及建造者为它们所规定的用途，那么从道德上来讲，这些建筑对象就会引起人们的反感。

正如这里所描述的那样，对于创意作品可能产生怎样的道德效用，伦理主义没有任何明确的表态。它只是说明了一点，即一件作品的道德属性可能会增强或减损其审美价值。伦理主义让人难以置信，因为它的理论性太强。我们不可能假设每一种应受谴责或值得称赞的伦理倾向的表现形式都会影响到作品的审美价值。[4]如果莱妮•里芬斯塔尔的影片《意志的胜利》因为颂扬纳粹主义而在美学上有所贬值，那是因为它所采取的这种道德立场是整部影片中非常重要的一部分——在很大程度上，这一部分是不可忽视的。一个类似的例子是斯皮尔的建筑作品，它们为这部影片和国家社会主义的其他庆祝活动提供了背景。对于一件作品而言，道德问题或缺陷较少的立场并不重要，它们可能根本不会对该作品的整体审美价值造成影响。

温和道德主义在这方面比伦理主义更加谨慎。诺埃尔•卡罗尔对前者的立场做了如下描述："[温和道德主义]声称，人们可能会从道德上评价一些艺术作品（与激进自治论相反），有时候，一件作品的道德缺陷和/或优点可能会对其审美评价产生重要影响。"（1996：236）[5]罗杰•斯克鲁登写道："我们欣赏艺术作品，就如同我们欣赏人的才能、智慧、诚意、深厚情感、同情心和现实主义态度。承认这一点很奇怪，然而，否认道德判断与审美判断之间的关系也很奇怪。"（1974：245）温和道德主义声称，这两者之间的关系通常是基本（或内在）的，但并非总是如此。人们早就注意到，审美判断和伦理判断有时会使用相同的术语（包括前面提到的那些术语），就像"完整性"可以被用来描述建筑结构的合理性和人的性格，因而可以引出两种形式的判断。道德判断和审美判断之间的关系表明，这种情况不仅仅是偶然的。术语的互换性正是通过两者的关系得以实现的。也许，最容易为温和道德主义辩护的是建筑，而不是文学、电影或美术。

即使一件艺术品的道德价值或寓意不会影响其审美价值，也一定会影响其道德性（这似乎是一种同义反复）。然而，在某种意义上，自治论者可能希望否认这一点，因为他们不仅普遍认为审美标准和道德标准必须分离，而且还认为艺术品——被看作审美对象的东西——必须完全按照审美标准来判断。他们提出了一种有争议的主张，那就是即使谈论一件艺术品作为艺术品的道德价值——认为该作品的道德价值会影响其审美价值——也是没有意义或不合理的。然而，与自治论者的立场相反，我们可以坚持以下观点，那就是尽管审美标准和道德标准是分离的，但是我们可以（而且也应该）同时根据两者来判断一件艺术品。例如有人可能会认为，就像里芬斯塔尔的电影作品一样，艾伯特·斯皮尔为第三帝国设计的建筑从审美角度来讲是成功的（以审美为基础），因为它们重新阐释了新古典主义经典建筑，或者像有些人所说的那样使后者重新恢复了生机，然而，它们在道德上却是失败的（以道德为依据），因为它们服务于奴役性经济和"最终解决方案"。然而，问题远比我们想象的要复杂得多。汉密尔顿认为，尽管有些艺术品具有应受谴责的道德倾向和模棱两可的道德含义，但是其审美价值仍然有可能增加，有时候，前者正是后者得以实现的原因（2003：45～48）。表现出模棱两可的道德含义与表现出应受谴责的道德倾向是不一样的。所以，尽管汉密尔顿对于模棱两可的道德含义的理解有可能是正确的——有些艺术作品可能因为探讨意义的模糊性而更有价值——然而，就那些具有应受谴责的道德倾向的作品来说，我们很难看出他的观点具有怎样的合理性。在任何情况下，我们都很难认识到以下问题，即一件建筑作品的审美价值如何能够因为它所表现出的应受谴责的道德倾向或模棱两可的道德含义而增加。

莫里斯·拉各认为，建筑和伦理学的关系是独特的。他写道，建筑的功能：

是创造社会生活得以进行的场所和环境……建筑师的作品……可以对人们的行为方式产生影响……建筑师的责任在于设计出能够为建筑的使用者和居住者的生活带来重要影响的建筑。[6]

（2004：117～118）

暂且不论他所说的独特性，拉各在其他方面无疑是正确的。建筑具有伦理功能，因为它们能够对人们的生活方式甚至思维方式产生影响。在一定的建筑环境中，建筑能够对某些审美价值和道德价值起到增强作用。事实上，当我们提到一个地方、建筑或景观的"审美"时，"审美"这个概念本身——如同这些客体的"特性"一样——就具有了一定的道德评价含义。这个词意味着我们已经借助某个建筑的形式语言考虑到了其完整性，这样一来，该建筑就能够以某种方式唤起设计师的意识，并要求观察者或居住者具备出色的洞察力和识别力。

考虑到建筑的功能，拉各声称，与医学或生物科学实践不同——这些学科也会引发道德问题，但是（根据他的主张）其本身并没有应对这些问题的办法——建筑学本身可以通过美学手段来解决必要的伦理问题。也许，建筑美学反过来也可以为伦理学家呈现特定的问题。建筑项目的特点在于其为实践者呈现与审美问题相关的伦理问题的方式。例如设计师希望将可达性和可持续性价值融入他们的设计，这种愿望不仅取决于实践者统一和协调这些价值的能力，而且还取决于居住者的知觉过程，这个过程迫使设计师改变自己的行为，并因此承认他们对于空间的体验基于可达性和某种意义上的可持续性。就像在生活的其他方面一样，我们必须做出评价性选择，即使当上述价值不一致（而不是不相容）时也要这样做。然而，当这些价值不相容时，我们也应该做出评价性选择。我们不可能同时居住在两种设计方式迥然不同的房屋或空间当中——尽管每一种都有可能满足某些需求，并且以不同的方式增加（或减少）幸福感。我们无法找到完全令人满意的方式来证明某些设计选择的合理性。当涉及相互矛盾的价值时——这种情况总是会涉及不一致的审美价值和伦理价值——建筑的成功将会受到限制。如此一来，在追求"成功"的过程中，我们就会要求一种能够让设计师和居住者双方都满意的协议形式，这就意味着建筑师必须否定自己可以或应该解决一切问题的期望——他们必须接受一点，即成功总是会受到限制的。

是否存在一种特殊的关系？

关于建筑和伦理学之间关系的问题引发我们去比较建筑学和其他学科及专业。由特定学科建立的概念、修辞和实践边界——不仅仅是"创造性"或"艺术性"学科——可以阐明建筑是如何引发伦理问题的。拉各通过声称建筑学的独特性做到了这一点，他认为自己考虑到了该学科的固有或"内在"问题。我们有必要仔细考虑他的主张，这样做不仅是为了深入了解这位哲学家的观点，而且也是为了和他对美学的看法保持一定距离。从根本上来讲，我们有必要将拉各关于建筑学独特性的看法暂时放在一边，目的是为了以一种更加微妙和多层面的方法来描述该学科的特征，这种方法能够在更广阔的范围内阐释建筑环境、人类主体性和自我塑造实践。该方法不仅考虑到了建筑的社会和制度环境，而且还考虑到了我们的生活方式。从某种意义上来说，建筑学和其他设计学科"控制"、塑造、约束和影响着我们的生活方式。

拉各认为，伦理学对于建筑学而言是内在的，对于医学和生物学等学科而言则是外在的，然而，这种区分并不能说明他的观点具有合理性或者可以引起关注。至少从两种角度来看，这种区别可能会产生异议。首先，医生（可能也包括生物学家）可能会认为拉各在理解他们的学科时断章取义。拉各对医学有一种狭隘的看法，他认为，医学实践只和医学科学有关，而不涉及——在这里，我们可以借用拉各关于建筑功能的描述——该学科"对人们的行为方式所产生的影响"，或者说，医学实践的目的并不是创造"社会生活得以进行的场所和环境（例如物质方面的幸福）"。对于"我们有义务幸福地生活"这句话，每个人或多或少都会表示赞同，它要求我们照顾自己和我们的家庭，治愈我们自己和那些受到我们照顾的人，并且预防未来的疾病。这种价值观和义务使我们所有的人都成了"医生"，尽管我们显然没有和医学从业者相同的科学专业知识或权威（格列柯，1993）。同样地，生物伦理学家可能也会拒绝接受拉各的以下观点：

> 对于生物医学科学而言，伦理问题完全是外在的……[因此]，[在分析伦理问题时]，生物学家和医生似乎只有以配角的身份参与进来才是完全合理的……[或者说，当他们确实]参与到这样的讨论中时，他们的目的是为了就伦理问题的科学来源提供技术专长，而不是就此提出解决方案。
>
> （2004：118）

在某种情况下，我们只需要去见一位医生就可以认识到以下问题，即医学从业者也会经常把自己想象成伦理学家。他们关心的是所有病人的幸福感，而不仅仅是某个人身体上的病痛。同样，生物医学科学领域内的许多人都相信（不论是否有充足的理由），他们的专业知识使他们具备了独特的资格，从而能够很好地分析与基因操控和克隆等技术有关的伦理问题。生物伦理学领域的任何教学或研究人员也都了解这一点。

拉各认为，在关于伦理问题的讨论中，医学和科学实践者的作用是有限的（从根本上说，他们没有起到任何作用）。尽管他们很可能会拒绝接受他的观点，但是他的话的确有一番道理。这些专业人士似乎并没有任何关于伦理学的特殊专业知识。无论他们怎么想、怎么做，他们的专业知识本身都不能使他们成为伦理决策方面的专家。相反，大多数建筑师都会声称，他们理所当然会处理一些伦理问题，这些问题往往是最紧迫的，同时还是外在的——或者说，这就相当于有些伦理决策对医学而言是外在的——此外，

2.3
导演莱妮·里芬斯塔尔在
纽伦堡卢伊特波尔德竞技
场拍摄《意志的胜利》，
这是一部记录1934年纳粹
党代表大会的影片。
图像©考比斯。

他们还会处理拉各所声称的那一类问题，从功能上来讲，这些问题内在于他们的学科。例如在任何情况下，与某些特定项目有关的决定——这些项目包括纪念馆、监狱或拘留中心，或者甚至包括为某个腐败的建筑公司工作——都会涉及外在于实践本身的伦理决策。同样，向不同的客户收取一定费用的做法也有可能涉及伦理决策，尽管这些决策是不可或缺的，但从总体上讲，它们接近于或外在于实际决策本身。拉各例举了一些内在于建筑学的问题或决策，它们至少在一定程度上（有时从根本上）外在于该学科。

在这里，我们进一步遇到了术语混乱的问题——内在和外在究竟是什么意思。例如我们可以考虑以下决策，即"以某种方式组织全校学生，从而有助于他们在自信的氛围中参加集体活动"，或者"以某种方式规划监狱，从而减少因犯的暴力强迫行为"

（拉各，2004：118 ~ 119）。这些决策"影响着人们的生活方式和相应的价值观"，如此一来，它们就成为了伦理决策，然而，从根本上讲，它们还不足以成为内在于建筑学或者与该学科相关的主要伦理问题的决策。在遵循了拉各的泛化模式之后，有人可能同样会说——他们不一定正确，但同样是出于方便的原因——堕胎的道德性是一个内在于医学的伦理问题——拉各对此大概持否定态度。他写道："建筑学不断引发伦理问题，这些……只不过是建筑师在实践他们的艺术时必须解决的常见问题。正是由于这个原因，我们可以说这些伦理问题内在于他们的学科。"（2004：119）然而，既然这对于建筑学来说是正确的，那么同样的道理也适用于他拿来与建筑学作对比的学科，如医学和生物学，以及一些他没有提到的学科——像新闻学。也许，这个关于外在和内在是什么意思的问题表明，我们可以把建筑学描述成一系列特定的想法、一种用来思考和书写建筑的独特方式和一整套实用技术；或者，我们可以把建筑师描述为一种社会主体。在每种情况下，都会有人对该学科产生非常抽象的看法，这种看法可能是狭隘的。

拉各以特殊的方式证明了伦理学和美学在建筑领域中的内在联系，他进一步区分了媒体和其他艺术形式。他声称，对于后者而言，上述两者的关系是外在的。总之，他既不接受伦理主义，也不接受温和道德主义。然而，假如这些立场当中有一种是正确的，那么，当涉及创意作品的道德层面和审美层面之间的关系以及这些层面如何影响人们对该作品的整体审美判断时，建筑——从哲学角度来说，建筑对象可以被视为审美对象——就会和其他艺术形式一样。现在再来仔细思考一下玛丽·德弗罗对于《意志的胜利》的审美/伦理批评，她声称：

> 像所有的宗教和政治艺术作品一样……《意志的胜利》也包含着一定的寓意。我们可以把这些寓意统一起来——即该影片的政治因素和目的——从而支持其严格而正式的要素……然而，在这样做的过程中，我们忽略了该影片的一个重要维度，以及和该影片的审美有关的一个基本维度。若要将《意志的胜利》视为艺术品并全面理解它的美，我们需要注意它的内容——形式主义引导我们放弃的正是该影片的这些要素……如果说采取一种保持审美距离的态度意味着只注重该作品的形式方面（注重图像，而不是图像的意义），那么对于《意志的胜利》而言，这种态度是行不通的，因为它要求我们忽略该影片的本质……
>
> （1998：243 ~ 244）

尽管《意志的胜利》取得了一定的成就，但它仍然是有缺陷的……因为它歪曲了希特勒和国家社会主义的本质，将邪恶的事物表现得非常美好……这些缺陷涉及人们对《意志的胜利》的艺术评价，因为……作为艺术品，该影片中包含了关于国家社会主义的愿景。如果这一愿景是有缺陷的，那么这件艺术品也是有缺陷的……如果《意志的胜利》表明柏拉图思想传统在确定美与善方面是错误的，那么它也为以下观点提供了支持，那就是我们应该以美与善的统一为标准来衡量艺术。如果说好的艺术不仅应该为我们带来感官上的快乐，而且还应该在智力和情感上为我们带来喜悦和满足，那么我认为我们对于《意志的胜利》的批评是有道理的，因为它把邪恶的事物表现得很美好。

（1998：249~250）

德弗罗在探讨《意志的胜利》的审美价值时所关注的问题与理论家在研究建筑学以及与之相关的设计学科时所关注的伦理问题一致，我们可以适当地在两者之间进行转换。

由于建筑环境关系到生活的很多方面，因此，我们不可能一直区分"外在"和"内在"的伦理问题——也没有任何必要这样做。建筑伦理学的的中心问题——建筑学和伦理问题之间有着必要而密切的联系——并不依赖于拉各关于内在和外在的区分。为了理解建筑和伦理学的关系，我们只需要阐明拉各的观点，即建筑师能够"创造社会生活得以进行的场所和环境……[并且]对人们的行为方式产生影响"。当我们不再像拉各那样清楚地区分建筑学的伦理任务时，这项任务仍然能够引起人们的兴趣，或者仍然是有意义的。

伦理学以特定的方式存在于建筑学的内部和外部，与这些方式相比，拉各关于建筑学和伦理学的独特性假设并没有那么重要。他的论点阐明了建筑和伦理学之间关系的不同方面。拉各写道：

[一部]种族主义影片可以被誉为一件审美杰作，至少那些排斥伦理主义的人会持有这样的看法，反之，如果一个建筑或城市项目试图通过隐蔽、孤立和分隔的方式鼓励种族主义，那么我们很难对其表示赞同，甚至从美学上来讲也是如此。出于同样的原因，虽然从理论上来讲一位熟练的设计师可能会出于纯粹的恶意而去构建一个故意表现暴力的住宅建筑方案，然而，我们很难想象有人会把这样的建筑物视为一件伟大的建筑作品。

（2004：122~123）

然而，拉各关于内在和外在的区分似乎具有规定性。如果一部种族主义影片可能是一件审美杰作，那么我们为什么不应该把一件作为建筑物的建筑作品视为审美以及建筑成就而不考虑其伦理缺陷呢？如果我们要否认一部影片或小说的道德维度——通常是

（伦理主义），或者至少有时候是（温和道德主义）——会影响其整体审美价值，那么我们为什么不说对于建筑也是如此呢？拉各对建筑的看法不会允许我们这样做，但这是因为他是站在伦理学家的角度去设想建筑价值的——就像其他人也可能从同样的角度去设想电影和文学一样。他认为，建筑从本质上来说和伦理问题有关，建筑的伦理方面可以对其整体价值产生影响。然而，更合理的做法似乎是在以下两者之间做出区分——无论是什么样的区分，无论这些区分是伦理学家还是自治论者/唯美主义者所做出的——即建筑作品的审美维度和道德维度以及它们与建筑学的关系，对于其他审美对象而言也是如此。当拉各提到"一个故意表现暴力的住宅建筑方案……视为一件伟大的建筑作品"时，他无疑是正确的。然而，这和我们对唯美主义和伦理主义之间的各种哲学美学思想的任何看法都是不相容的。因此，拉各对美学、伦理学和建筑学之间关系的理解不同于我们在哲学美学领域的任何立场。他对这三者之间关系的理解不能被完全地映射到哲学美学领域的任何现有立场上。

拉各说道：

[至少]有一点让人心存疑虑：有人声称一部电影或小说可能会使观众或读者产生悲观情绪和其他负面情感，并试图仅仅通过这种方式来贬低这样些艺术品的艺术性。谁会因为卡夫卡的小说会强化一些读者的绝望情感而认为他是一个糟糕的小说家呢？然而，如果一位建筑师的作品会让这些建筑物的使用者产生悲观和绝望情绪，我们就有可能质疑他的能力。

（2004：123）

然而，这样的类比是不恰当的。当然没有人会因为卡夫卡的作品可能会令人沮丧而倾向于贬低其审美价值，或者说这样做完全是错误的。（实际上，解读卡夫卡的作品和让人沮丧是截然不同的，因为这个过程充满了刺激性和趣味性，能让人产生情感上的共鸣——而不是令人沮丧。）然而，这决不表明伦理主义或温和道德主义是关于文学艺术领域内的伦理学和美学之间关系的错误阐释，或者说二者的关系在建筑学领域是不同的。事实上，无论从伦理主义者还是从温和道德主义者的视角来看，我们都会认为卡夫卡小说的审美价值是增强的——在很大程度上是这样——而不是由于其格外令人不安和强大的道德维度而有所减少。拉各说过，"如果一位建筑师的作品会让这些建筑物的使用者产生悲观和绝望情绪"，我们就应该质疑"他的能力"。尽管这是事实，但是对于其他审美对象来讲可能并非如此。它不能支持以下观点，即就像拉各所声称的那样，建筑和伦理学之间的关系是内在的。

虽然拉各声称"当涉及建筑时，伦理判断和审美判断是很难区分的"（2004：123），但他还是坚持认为这两者不应混为一谈。他认为，当我们对建筑对象做出整体判断时，这两个方面是截然不同的。当涉及建筑时，"两种判断都存在于这种艺术的内部——审美判断也是如此，因为建筑师显然必须解决由建筑引发的审美问题——它们必须一起构成单个建筑决策的基础"（2004：123～124）。然而，有一种观点可能代表着完全不同的含义，那就是这两种判断"是很难区分的"。我们可以将它看成对激进道德主义（也可能是它的反面——唯美主义）的支持。激进道德主义是这样一种观点，即道德价值决定审美价值，或者说审美价值可以概括为道德价值。[7]激进道德主义是不可接受的，因为它忽略了审美价值的其他基本方面，而这些方面已得到了广泛的认可，如一件作品的形式特征。激进道德主义者无法解释艺术和其他文化产品之间的区别，因为他们的审美价值标准当中没有包含任何艺术所特有的东西。拉各似乎想将审美判断和伦理判断区分开来。然而，他怎么能在考虑建筑的优点时区分这两个方面呢？如果他不能，那么他怎么能避免把两者混为一谈或者把一个方面概括为另一个方面呢？

建筑学和伦理学之间的密切联系的确揭示了建筑话语的一些特征。然而，如果我们认为伦理问题不同于审美问题——建筑学就后者提出了问题并试图解决，那么实际上不会发生任何变化。有问题的似乎是一个有关某些建筑类型的特定概念。有一种形式和空间语言，它既支持拉各对建筑学和伦理学关系的特殊性的看法，又支持他对学科界限概念的看法——它可能会使每一种看法都站不住脚；当涉及为我们创造生存机会的环境和那些限制我们的环境时，我们可以借助这种语言来阐释和思考"外在"和"内在"可能代表的含义。

无论如何，即使我们拒绝接受拉各的主张，即使我们不考虑他关于建筑学和伦理学关系的特殊性以及两者之间的学科界限和内在联系的想法，仍然会有其他论据可以证明以下观点的合理性，即与其他学科或创造性实践相比，伦理学和美学之间的联系在建筑学领域中往往更加明显。在评价框架和其他知识框架的背景下，建筑和设计学科将居住的各种概念融为一体，并对其进行了清晰的阐述和扩充。它们所提出的问题涉及人类的主体性和居住主体、家庭和社会关系以及专业实践。正是这些特征及其影响将建筑学和伦理学连接起来，从而构成了建筑实践的伦理基础。在建筑伦理学研究中，我们需要以批评的眼光去审视人类居住规范。该研究承认建筑环境的社会、政治和人性特征，并且就此提出了问题。[8]有一种观点认为，每个人都需要而且应该拥有"自己的"家，如此一来，我们就会对各种住宅做出评价：要么从总体上评价一套住宅，要么评价其中的房间，要么评价它所提供的服务、取暖、采光和通风，要么评价其形式特征或完整性。在这样的视角下，我们不再认为建筑和设计学科所关注的对象是任何一种特定的社会主体或特定类型的人——设计师或客户，社会贫困者或富人。相反，这些学科在我们的生活中占据着中心位置。不论是自己的房间还是一座城市，抑或想象中的乌托邦，生活空间的设计和规划都会涉及一系列道德思考和启示。在公共和私人空间的实体限制范围内，我们将自己的内在生命与外在世界联系起来，这个世界往往——事实上通常——充满了道德问题。

建筑师的责任

关于建筑实践的现代哲学反思也许可以追溯到约翰•拉斯金的时代（1974，1849），更直接地讲可以追溯到马丁•海德格尔（1953）、尼古拉斯•佩夫斯纳（1963，1943）、齐格弗里德•吉迪恩（1974，1941）以及年代较近的罗杰•斯克鲁登（1979）和卡斯滕•哈瑞斯（1997）的时代。在20世纪，这种反思关注建筑学的特征，通过体现或表达时代的社会、政治、经济和人性意义来强调该学科的特殊相关性。根据有些人的观点，现在的建筑学试图从总体上借助设计、景观、规划和建筑环境把时代精神具体化，这一点比以往任何时候都更加明显。这就是该学科的任务。

关于伦理和审美两种判断的融合，我们或许可以从哈瑞斯（1997：2）对吉迪恩（1974：xxxiii）的不切实际的解释中找到答案，那就是"现代建筑学所面临的主要任务"[9]是"阐释一种对我们的时代有效的生活方式"。针对这种主张，拉各给出了两种不同的解释。它们似乎都是合理的——两者之间也是兼容的。拉各首先写道：

> 伦理学和美学之间融合的结果是，建筑师和建筑理论家会把某些建筑师的努力表现为某种审美责任的成果，这些建筑师会自发地改变他们的作品，从而使之与他们时代的审美感受相适应……如果现代主义建筑师的道德责任是通过创新来改变人们的生活，且这些创新手段能够使建筑领域的发展与其他人类生活领域的发展相一致，那么我们很容易得出以下结论，那就是建筑师的伦理责任在于确保他们的建筑能够符合时代需要。我们更容易认识到通过建筑学来表达"时代精神"（见佩夫斯纳，1963年，第17页）的必要性，从而为这种责任赋予黑格尔哲学的高尚意义。
>
> （2004：124，128）

尽管吉迪恩认为建筑学的任务具有阐释性，但是这种任务确实很被动。可以肯定的是，他还认为建筑学的作用是引路，以及塑造和定义一个时代的精神——思想倾向、行动方式和道德规范——至少可以通过建筑手段来阐释它们。

上述观点暗示了建筑学作为道德以及审美先锋的形象，而拉各对吉迪恩观点的解释也许更清楚地阐述了这一形象：

> 因为建筑学和绘画一样也是一门艺术，所以我们不禁期望建筑学也能够开辟新的道路。而且这门艺术的潜在发展与技术的迅速发展密切相关，这一事实强调了我们的愿望。从纯粹的伦理角度来看，我们并不一定非得在建筑学领域开辟新的道路，然而，对于建筑师来讲，如果伦理问题真的离不开审美问题，我们不禁会得出以下结论，即由创新建筑所表现出来的新的审美可能性最有可能满足人类的伦理需要。我们很快便会由此推断出建筑师有责任表达他们那个时代的精神。这一思路被大多数现代主义建筑师所采取，吉迪恩和佩夫斯纳等人也采取了这样的思路，并且在此基础上发展出了一套关于建筑史的进步哲学。
>
> （2004：132）

因此，至少在20世纪的一些建筑理论家的心目中，建筑学的功能和实践与我们的生活方式以及我们的身份有着密切的关系。

然而，我们需要区分生活方式（例如生活在郊区或者高层公寓中）与自我塑造和定义的实践（例如无论发生在何地的"安家"、室内装饰或居住区的日常维护），这表明建筑学和伦理学之间在根本上有着更进一步的联系。有人认为我们可以识别和满足"人类的伦理需求"，例如居住主体的期望及其生活方式，这一思想在西方话语中有着悠久的历史。这些想法取决于特定的概念框架，这些框架是由生物学和经济学这样的学科提出的，目的在于描述上述主体是如何在生活和工作中发现意义的。拉各对吉迪恩观点的评价暗示了一种可能性，那就是建筑学不仅具有潜在的阐释性——可以让我们以新的视角来洞悉人类的生存状况——而且建筑形式、空间和技术也可以定义生活，从而有效地规范人类的经验。这种可能性本身可以产生有道德问题的情境，在这样的情境中，正如我们所认识到的，"生活"要求我们提出不同的、时常对立的概念框架。当这种生活理念深入人心却没有完全得到满足时，或者当它与另一种生活理念发生冲突时，我们的需求就会成为一种痛苦。让我们来考虑一个例子。

根据生物学家爱德华•威尔逊提出的"亲生命性"理论，进化为人类赋予了一种"深层的、以遗传性为基础的情感需要，即与世界上的其他生物亲近的需要"（史蒂文斯，1993：C1）。然而，人类离开大自然而居住在城市的结果是，城市化人群漠视甚至敌视自然世界——至少理论上如此。城市规划和建筑、封闭空间和建筑技术加剧了异化状态。尽管这种状态不同于马克思和他的追随者们所设想的状态，但反映了同样的问题，那就是我们的经济生活居于首位，资本主义、工业化和大规模生产、工厂和工业城镇共同颠覆了人类劳动的意义和价值。在任何一种情况下，尽管我们很难量化相关的问题，但是对于有些建筑和生活方式而言，仍然可能存在同样多或者甚至更多的消极面——我们可以通过上述方法来思考它们——因为在任何情况下，我们都有可能在"人类的伦理需求"与建筑之间做出协调。

在进一步思考吉迪恩关于建筑学的主要任务的观点时，卡斯滕•哈瑞斯说，建筑学应

2.4
芝加哥湖滨公寓，密斯•凡•德•罗（1951）。图像©米哈尔•路易。

该创建"真正的住宅"（我们将在第4章中进一步详细探讨这一论点），并帮助提供一些条件，从而使真实的社区生活成为可能（1997：pt.3；pt.4）。[10]然而，正如拉各所指出的，"现代住房和集会场所的作用分别体现在：前者可以提供结构坚固的节能型房屋；后者则可以在功能方面很好地适应人类的各种社群活动。尽管如此，它们仍然不符合哈瑞斯用以评价成功建筑的标准"（2004：131）。他补充道：

> 当然，从理论上来讲，以下两种情况是可能的（相当可能的）：有人可能会把一个丑陋的地方完全当成自己的家；或者，从伦理角度来看，一个美学价值很高的建筑可能会产生消极的反应。关键问题是，尽管有些人居住在丑陋的房屋里可能会感到快乐，但是建筑学的目的并不在于提供这样的房屋，也不在于提供与房屋使用者的价值观相抵触的美观物体。诚然，建筑师往往无法解决审美需要和/或道德需要方面的问题，但重要的一点……是，对于他们来说，与这些需要的满足相对应的审美问题和伦理问题永远不可能在孤立的状态下得到解决……
>
> （拉各，2004：133）

为了符合哈瑞斯的标准，即使我们不认为伦理问题和审美问题之间是相互包含的，那也必须认为它们是相互暗示的。我们必须通过相应的建筑手段一次性地同时解决它们。然而，我们还有替代办法。通过考虑历史环境，我们能够更充分地理解伦理问题和审美问题之间的区别，如此一来，这些问题就不大可能以对立的方式引发一些需要我们去平衡、忽略或调解的价值；更确切地说，这些问题表明我们对人类主体性有一种特定的多元化看法，而上述两种类型的决定因素（和其他决定因素）正是借助这种看法构成了我们的"内在"和"外在"生活。这是一种不同的观点，它要求我们从历史角度来研究以下问题，即人们如何将建筑形式作为一种手段来思考人类的生存状况，以及个人行为和社会的各个方面。例如一般来说，伦理学将人类行为当成是一种有意识的选择，这种选择关系到所有可能有助于实现（或损害）美好或公平生活的行为。与此同时，美学允许我们对建筑做出一系列评价（有些是伦理方面的，但有些不是），这些评价源于我们对感官经验环境的观察，而这些观察主要发生在社会或公共领域。

回过头来再看哈瑞斯的解释，我们仍然可以发现问题——其中一些是他自己提出的。以吉迪恩的方式来描述建筑学的任务意味着什么？是否存在一种对我们时代有效的生活方式——对任何时代都有效？真的存在很多适当而有益的生活方式——或许，我们甚至可以称其为精神时代，如果我们愿意——在某种尚未确定的意义上是有效的吗？由盖里设计的毕尔巴鄂古根海姆博物馆只阐释了一种生活和时代吗？我们最常听到的有关这个博物馆的说法是，修建这座建筑是为了把毕尔巴鄂打造成一个"著名的地方"，从而重振该地区的经济。这种说法完全是出于建筑学方面的考虑吗？这座建筑本身是否明确表达了一种共同的民族精神，它是否像手机或iMacs一样表达了时代精神——或者说时代精神通过我们的想象重新反映在建筑中？有些类型的建筑似乎有意涉及时间概念"本身"，如纪念性建筑，那么它们的设计中所暗含的伦理任务是什么？林璎设计的越战纪念碑是否"阐释了一种对我们时代有效的生活方式"？如果是这样，那么我们的时代似乎有着模棱两可的道德含义。如果建筑的作用在于捕捉时代精神，难道我们不应该通过建筑来阐释这种"精神"吗？在每一个时代，人们都会围绕道德、政治社会和审美问题展开争论。毕尔巴鄂古根海姆博物馆或越战纪念碑的成功——如果它们是成功之作——就是在这样一些"阐释"中被发现的吗？加油站、便利店或自助洗衣阁又是怎样一种情况呢？有一种争议性的观点认为，能够的捕捉时代精神是这些微不足道的建筑物，而不是盖里或林璎的创意作品。可以肯定的是，前者具有更强的广告效应。

吉迪恩认为，从根本上讲，建筑学的任务具有伦理学的特征。哈瑞斯阐释了他的观点，并且声称吉迪恩的《空间、时间和建筑》比任何其他著作都更清楚地"表达了现代主义建筑的精神"（1997：2）。在坚持精神这一概念的前提下，哈瑞斯认为建筑学的任务是表达某种共同的精神。他说：

> 我发现很难让吉迪恩放弃他的现代主义希望。在一个比以往任何时候都更加令人困惑的世界中，难道建筑学不应该继续帮助我们寻找我们的位置和道路吗？从这个意义上说，我认为建筑学具有伦理功能。"伦理"来源于"精神"。当我们提到一个人的精神时，我们指的是他的性格、本性或性情。同样，当我们说到一个社区的精神时，我们指的是主导该社区活动的风气。在这里，"精神"一词说明了人类在这个世界中的存在方式：他们的居住方式。当说到建筑学的伦理功能时，我的意思是，建筑学的任务是帮助我们阐明某种共同的精神。[11]

（1997：4）

哈瑞斯继续提出一些显而易见的问题。"当我们说建筑学的任务是阐释时，我们指的是什么意思……哪种生活方式对我们的时代有效……是否存在一种对任何时代都有效的生活方式？"（1997：4）。有一点似乎很清楚，那就是永远不会或者不可能存在一种对任何时代都有效的生活方式，即使对于短时期来说也是如此。然而，对于吉迪恩和哈瑞斯所认为的建筑学任务而言，这种情况可能是相当偶然的。他们认为，建筑学的任务是阐释对许多不同社区有效的生活方式，每个社区都有一种特定的精神——由此，我们可以认识到一个问题，那就是在特定的时代，不同的民族和团体有着特定的性情、性格和基本价值观——他们的观点并不会像他们所想的那样真正改变建筑学任务的本质，而只会使这项任务在现实中变得复杂。

哈瑞斯赞同吉迪恩关于"建筑学主要任务"的看法，但他并不清楚自己为什么要这样做。毕竟，至少乍看上去，这种观点显得有些奇怪。建筑学的任务为什么应该如此呢——除非有人已经把建筑学看成了一项基本的道德事业？难道我们不能以有点不同却又更加令人信服的方式来谈论艺术、音乐、文学、时尚、技术以及许多其他表达当代文化的事物吗？如果我们可以用同样的方式来讨论这些，那么建筑学所具有的阐释或伦理功能又有什么特别之处呢？然而，我们也许不需要强调该学科的重要性。难道是因为建筑无处不在——或者说建筑的存在方式不同于上述事物？围绕莫斯科而建的七座高层建筑是斯大林时代的产物，它们被称为"七姐妹"，和纽约的商业大教堂相比，它们以更加咄咄逼人的方式展现了至高无上的权力。无论斯大林时代的这些建筑有着怎样特别的审美价值，它们都依赖于某些暗示和引用手段，这一点与很多曼哈顿或芝加哥的建筑十分相似。这种带有自我扩张含义的建筑是否可以阐释一种对那个时代有效的生活方式？如果我们要问这种建筑是否可以做到这一点或者为谁而这样做，可能是因为我们把正义、美好和风格看成了相关问题。也许，那个时代的建筑师没有正义的概念，或者说他们对这个概念的理解与我们不同。于是，我们就会提出如下问题：在评价一个时期的建筑是成功还是失败时，我们的任何评价都未必是不合时宜的。

吉迪恩和哈瑞斯认为，建筑学不仅可以帮助阐明一种共同精神，而且还可以促进人类状况的改善。哈瑞斯说，"在一个更为令人困惑的世界里"，该学科能够"帮助我们寻找我们的位置和道路"。它不仅全面支持一个社区的精神，而且还可能通过批评的方式影响甚至改变这种精神。它不仅描述了"主导该社区活动的风气"（1997：4），而且还为该社区设定了积极的发展道路。就像我们结交的朋友一样，无论好坏，我们生活和工作的地方都会对我们的行为起到塑造作用。[12]有些建筑可以让我们以建筑师的视角来看待事物——想象新的居住形式，并且在许多情况下迫使自己接受它们。从物质方面来讲，建筑可以使我们关于身份的想法具体化——我们是谁，我们应该成为什么样的人，我们应该如何生活与思考。在某些情况下，这是一个简单、天真或自发的过程。另一方面，有些建筑中包含着一种极度自恋的因素，我们也可以在一些建筑师身上发现这一特征。在我们看来，吉迪恩和哈瑞斯似乎持有这样的观点，那就是如果建筑能说话，那么它们会说"变得像我一样吧"。如果它们可以说很多话，那么它们会继续说"事情就是这样，它们理应如此"。当我们发现有些建筑不适于居住、不舒服和不适合我们时，我们就会对此提出异议。我们（太）容易将住昂贵的房子等同于成功。建筑不仅可以划分空间和灌输经验，而且还可以体现或投射某些类型的世界观和时代精神——它们总是相互对立的，并且以不同的方式与建筑形式相互关联——建筑的影响和支配作用正是借助这两种途径得以实现的。[13]

与建筑伦理学相关的主题同样隐含在更广泛的经济、政治和空间实践中。例如当我们决定在一座城市修建一个新的体育设施时，我们想要表达的意思是，从各方面来说，这个决定都比使用这些资金建造经济适用房、公共交通运输系统或图书馆更好。把某些人（通常是青少年、无家可归者、抗议者和妓女）排除在公共空间之外的做法则暗含了以下意思，即他们的存在会阻碍其他人以更"合理"的方式使用这些空间的能力。每一种建筑行为也可以被看作一种破坏行为（破坏之前的建筑、开放空间、景观和生态系统），这意味着新的比旧的更有价值。事实上，如果在建筑过程中使用了土地征用权，那么公共利益的价值必须得到合法的规定。

建筑理论通常关注的是实物，而不是塑造建筑环境以及由建筑环境塑造的社会实践。然而，通过审视建筑伦理学的基础，或者用拉各的方法对其加以理解，我们必须重新评价这种倾向。根据拉各的描述，建筑的功能是创造"社会生活得以进行的场所和环境"（2004：117～118），虽然他对于建筑和伦理学之间关系的解释比较笼统，但十分必要。不过，在建筑学领域内，美学与伦理学的联系是通过另一种明显的方式表现出来的。审美价值本身就是一种有价值的东西。它可以为我们生活的空间规定价值，从而增加或减少我们的幸福感，并且以一种容易觉察的方式从各方面改善或破坏我们的美好生活。（这似乎符合查尔斯王子的论点和假设——不一定正确——他对许多当代建筑的批评正是基于这样一种假设。在他看来，现代建筑是丑陋的，但情况不仅仅如此，或者说这并不是最重要的。更确切地说，尽管有些人的生活与这些建筑息息相关，但是它们却无法增加甚至会降低他们的幸福感。）美观和其他审美价值与快乐和思想有关——与生活的认知和情感方面有关——它们对个人生活起着或大或小的作用，但总是能够起到一定的作用。这一点可能并不总是很明显，部分是因为审美趣味和价值有着很大的差别。如果一种独特的审美趣味仅仅与某些严格的标准相一致，那么这种情况通常会被误认为是一点审美趣味也没有。这仅仅从一个侧面说明了说唱和嘻哈音乐以及包豪斯建筑的特征。尽管泰特莱的看法有一定道理，但是并不存在一种人人都乐于接受的观点。

因为建筑学确实与上述问题有关，所以从根本上来说它是一种伦理实践。然而，建筑师自己通常会否认这一点，目的是为了延续一个自私的神话——或者说，他们可能错误地认为这是一个自私的神话。这个神话就是，美观需要成本，在大多数情况下，它的成本很高。这句话所包含的意思是，建筑师可以设计一些发挥应有功能的建筑和公共空间——也就是说，他们可以考虑伦理方面，然而，如果你想要注重它们的美观性（从审

2.5
Lab建筑工作室，墨尔本联
邦广场（2002年竣工）。
图像©米哈尔·路易。

美方面考虑）——那就需要花费一定成本去建造美观的那一部分，而只有相对较少的客户才能付得起或者愿意支付这笔费用。这其中包含着一些现实问题。要设计出审美方面敏感的作品，就必须为投入其中的时间和才能付出代价。然而，这个神话同样忽略了两个事实：一方面，造价昂贵（有时非常昂贵）和资金多的项目往往会导致糟糕的设计——例如时代广场的改造，以及像迪拜那样出于商业上的考虑而迅速建造的城市（可以将这两者视为一个整体）；另一方面，通常来讲，好的设计——通过更合理的原则性设计决策使建筑环境变得美观和惬意——可能不需要任何多余的成本。这个神话还忽略了一个事实，即美学与建筑伦理学是通过一种显而易见的方式连接起来的——通过审美价值。

通过回顾本章的内容，我们可以区分出一个更广泛和更多样化的背景，以便对建筑、伦理学和美学展开思考，而仅凭道德哲学或哲学美学是无法阐明这一点的。美学关系到各种不断变动的话语，以及知识形式与本研究所涉及的权威人士之间的历史关系。对于可能的伦理调查形式背后所隐含的主观动机，作为客观"道德科学"的伦理学无法为其提供充分的解释。无论建筑师是否能像吉迪恩一样顺利完成阐释他们时代的任务，或者将审美方面和伦理方面的考虑融合成一个"无缝整体"，他们的权威、专业知识和能力都或多或少取决于这样的任务以及任何可能的结果。这样一来，一个设计对象的完整性就会与一个人的身份、性格和价值观相关联——在这种情况下，我们指的是设计师本人。

还有其他方法可以突出本章的历史背景。在美学成为一个狭义学术科目的同时，"审美家"的概念——19世纪80年代，这个派生词开始在英语中使用——在更广泛的社会环境中获得了独特的伦理内涵。如果一个人被认为通过努力而获得了高超的对美和艺术的鉴赏能力，他就有可能因此而受到赞扬或谴责。当有人定位带有"审美"标签的客体或情感领域的特征时，他们的这种做法支持我们对这些客体或情感的广泛的应用做出判断，而不是像以前那样使它们受到博学教育以及王尔德和济慈式冥想的限制。在19世纪末，英国的"美学运动"思想在其他地方引起了共鸣，这种思想认为，审美感受比所有其他形式的经验都更重要，因为从根本上来讲，这是一种"更好的"感受，或者说它可以帮助我们更深刻地理解人类的状况。"为艺术而艺术"的现代主义学说以这次早期运动为依托，并支持以下判断：与一件给定艺术作品的任何特定价值相比，只有创造性实践（在艺术、文学、建筑或其他媒介中）具有内在的道德价值。同样，关于总体艺术或"整体艺术作品"的想法旨在描述一件综合设计和形式连贯的作品，该作品考虑到了其制作者（艺术家或设计师）的道德完整性，以及其使用者、参观者或居住者所做出的改善。有些人对土著艺术和乡土建筑重新做出了积极的评价，尤其是现代主义艺术家和建筑师，因为他们认为这是一项独特的创造性事业——可能具有本土特征，缺乏自我意识的目的或借口——是值得我们称赞的。一件看似缺乏明显而自觉的审美特征的艺术品恰恰证明了非西方或"本土"民族的优良特性。

在启蒙时代，接受古典训练的建筑师和博学的精英人士都会经常用到美学这个词汇，在我们自己的时代，有人也会将关注点投向美学。美学包含了更平常的建筑语言，这种语言描述了长期的工业化、城市化以及日益增长的多样性和劳动分工。美学凸显了这样一种观点，即建筑具有独特的文化价值，相反，更多平淡无奇的建筑物则不具备这一特征。这种区别本身可以部分地解释我们从哲学角度探讨建筑的愿望——我们倾向于通过抽象或思辨方式来强调建筑的价值。

从19世纪早期开始，虽然美学还没有完全确定建筑师的职业尤其与建筑形式的视觉特征有关，但已经开始呈现出这种趋势；与建筑师完全不同的是，工程师或其他工作人员的职责是构建和管理日益复杂的建筑环境。这些复杂性包括新的建筑材料和建造技术，以及建筑的一系列新功能、外观或"美观"，这些对于维特鲁威来说几乎无法想象。美学将"普通"建筑物和建筑作品区分开来——后者能够产生"一种令人愉快的视觉效应"——尽管两者的界限是模糊和不确定的。关于这种区分，詹姆斯•福格森在他的《建筑史》（1893，1849：13）中对其进行了形象的描述，维多利亚时期的其他受欢迎的论著中也对此有所暗示，其中包括克尔的《绅士的房子》。[14]

最近，有学者本着与上述著作同样的精神（即使使用了不同的术语）研究了由计算机软件设计出的全新"虚拟建筑"的审美可能性，从而为我们设想人类社会提供了新的方法——20世纪80年代的大部分"纸上建筑"就是这种建筑的雏形。今天，在更多的日常情况下，一座建筑的审美特征会让人联想到它的视觉特征、建筑风格或外观。与哲学方面的考虑相比，我们日常对于审美方面的考虑同样重要或者同样有助于我们形成对建筑环境的态度——也许比前者更重要或者更有助于形成这种态度。"美感"这个术语不能被简化为一种单一的形式或风格特征，它意味着一个设计在形式上的完整性或者在视觉上的连贯性。它促使我们反思一个地方带给我们的"感觉"，尽管一个特定建筑的"美感"很少让我们产生意义明确的感情、态度或批评性评价。它可能会使一些人认为某个空间具有"压迫性"，而其他人可能会认为这是一个"温馨"或"吸引人"的地方。美学是我们用来描述建筑的一种语言，通常来讲，它还表明了我们实际上或者可能会如何体验建筑并由此开始了解自己。

如果我们从广泛的角度来审视美学，既不只是将它看作哲学的分支学科，也不把它看作"审美家"的权限，我们就能够理解功能与美观及其表现形式、建筑物的成本与其视觉特征、风格与装饰之间的均衡——或者更一般地说，我们期望有些建筑可以表达所有的一切——是如何起到多种作用的。这些作用可以同时涉及概念、修辞和实践。审美识别力的作用在于它通常能够在以下两个方面之间进行调解：一是关于建筑及其历史和理论的具体想法，二是关于建筑环境的概述，就像弗格森的图解或一些有关虚拟性的理论。在区分了建筑物和建筑这两种居住模式之后，我们便可以推测出有价值的、真正的或永恒的建筑具备怎样的特征。这种区别能够引发我们思考以下问题，即如何在维特鲁威的三个术语——坚固、实用和美观——之间做出协调。这种区别（或者说看似没有区别）甚至可以支持一种更为激进的观点，那就是"建筑"几乎根本不存在——至少不是作为一个独特的知识体系而存在的，这个体系中包含着一系列相互连贯的、已得到普遍认可的客体。事实上，考虑到维特鲁威的视角具有一定的狭隘性，有一点是值得怀疑的，那就是这位建筑学家的术语是否能让我们根据对一座给定建筑的功能或审美特征的观察——其"耐久性"、"便利性"或"美观性"——推断出适用于每一件重要作品的基本原则。审美方面的考虑是对此类问题的强调，尽管其作用在于阐明、澄清或者甚至掩盖设计从业者的特定实际作用，即他们自身可以构成建筑环境的一部分。一旦区分了外部形态与内部空间、建筑物与其周边环境或者不同建筑物的外观、材料和饰面，我们就能够——有时，做到这一点并不容易——区分以下两种责任，即建筑师对他们的客户和社区的责任，以及室内设计师、景观设计师或者其他专业人士的责任。

关于这些区分背后的因素，我们最好称其为人类经验的"审美伦理"方面。伊恩•亨特使用这个词来描述艺术、文学和文化研究的主观维度，当我们在这些领域内理解道德价值时，我们需要考虑自我塑造实践（包括那些我们所谓的"创造性"实践）以及为其赋予个人、社会和政治意义的制度环境。[15]按照这种解释，设计和阐释建筑的实践（例如进行艺术和文学创作，或者解读相关的作品）既有助于自我建设，又可以促进社会建设，在这个过程中，我们把审美知觉当成了生活的一部分，并且相应地对其进行或多或少的规范和制约。

　　我们将在接下来的两章中讨论这方面的问题，我们到时候将会考查建筑理论的整体轮廓，而不只是道德哲学或哲学美学这样的学科。在第3章中，对审美区分的需要推动了我们对文化的思考，因为这种需要有助于我们探讨以下问题，即"我们"究竟是怎样的人，或者可能会成为怎样的人。然后，在第4章中，我们考虑的问题是，一些建筑理论家如何将美学的形式化研究看成以下问题的一部分，而不是其解决方案的一部分，即他们认为今天没有真正有意义的建筑，有的只是一种以现代性为特征的异化状态。和"美学"一样，"文化"一词可以将一系列标志性建筑呈现在理论家、从业者及其客户眼前，并且让他们以特定的方式去体验、阐释和判断它们，这样一来，他们就会加大对建筑和伦理学的思考。因此，这个词有时候会不自在地涉及权威和专业人士。鉴于某些思想和理论路线，我们可以看到（正如在第4章中所阐释的那样）一种哲学绝对论，它的作用在于排除而不是增加我们考虑建筑伦理学的可能性。

第 3 章

建筑与文化

在我看来，此时此地[在美国]的人类环境比历史上任何时候都要好——存在着更多有利于文化发展的自由氛围。

　　　　拉尔夫·瓦尔多·爱默生（约1837；1910：IV，371）

当我听到"文化"这个词[德语Kultur]的时候，我放下了手中的枪。

　　　　克拉拉·莱泽尔（1939）引用维斯蒂里希（1982：162）[1]

　　在一开始思考建筑和伦理学时，我们可以将建筑学看成一项"文化"事业，尽管这样做并不简单，却是司空见惯的。这种观点认为，建筑（至少有些建筑）展现了一种存在需要——这种需要的对象可能是创造性表达、自我肯定或公共身份（或者说所有这三者甚至更多）。这些可能性都强调了如下观点：建筑之所以重要，那是因为就像其他艺术形式一样，它表达了这样一种含义，即在给定的地点和时间"我们的真正身份是什么"。"文化"既是名词又是动词。它既是有价值的事物，又是以该事物为导向的自我提高模式。无论对于建筑作品、画作、小说还是对于健康成长的植物或动物而言，这两种定义都是适用的。事实上，关于文化的一系列推理源自园艺和畜牧，以及为"耕种"或改善土地和驯养物种而采取的措施。也许部分是因为这种渊源，我们倾向于认为文化价值是一种特别重要的价值，能够为人类带来美好的生活和高雅的品味，并且能够促进社会进步。

　　人们会根据各自不同的观点去判断一幅山水画是否令人赏心悦目，一件植物标本是否漂亮，或者一个人是否拥有文雅的举止和完满的人格。同样，人们也不可能以某种单一的方式去了解一个建筑对象可能具有的文化价值；他们似乎不可能以单一的方式去获取这种价值。在注意到这种多义性的情况下，我们对"文化"的看法更多地涉及某个关于审美认识和伦理判断的领域，而非任何内在于设计或艺术作品本身的特定品质。至于这种定位是否源于基本的需要和天生的敏感性或者源于学问和共识，这是一个开放的问题（我们稍后将对其展开进一步的讨论）。无论如何，理论和实际情况都会让人们持有不同的看法，从而导致他们对以下问题产生分歧：是什么使一座建筑为人们带来审美上的愉悦，是什么使一座建筑比另一座建筑具有更强的实用性，又是什么使一座建筑更适合时代的需求。换句话说，"文化"一词及其衍生物的历史支配着我们认识和评价建筑环境的方式，在我们看来，建筑环境的作用主要是呈现自我和塑造公共身份。正如本章开篇部分的两句话所暗示的那样——第一句是由一位著名的美国诗人所写，第二句则出自一名纳粹剧作家之手——这个词循环出现在不同的、常常相互冲突的话语中，当我们试图证明迥然不同的判断具有合理性时，我们便会用到它。不同的人可能会对这个词抱有不同的态度：人文主义者为它赋予特权，法西斯主义者攻击它，历史保护主义者捍卫它，激进的先锋派则为它赋予新的含义。近年来，在美国和澳大利亚，这个词在所谓的"文化战争"中起到了重要作用，在这两个国家，人们把修建一座特别的纪念碑和博物馆比作对国家价值或公民自由的支持或攻击。[2]

在这一章中，我们将考查建筑与某种给定"文化"的关系，从而揭示这种关系中所包含的特定价值体系、思维方式及其背后的当局。尽管K•迈克尔•海斯所关注的并不是文化理论或历史本身，但他似乎很愿意支持这样一项任务。就海斯在理论刊物《组合》上所发表的文章而言，他的主要目的在于证明以下问题，即建筑话语——具体来说，这里指的是"现代主义话语"——应当与其他类型的思想放在一起加以审视，这些思想决定着建筑学可能涉及的本质问题。他所关注的是能够使推理过程及其对象合理化的历史和制度背景。在这种情况下：

> 作为审美对象的建筑作品和与之相关且作为书面文本的批评作品一直是基本的识别标准，文化和历史正当性的整体结构就是在此基础上建立的。例如有人认为，在吉迪恩、班纳姆或者希契科克和约翰逊的经典文本中，关于选定对象的批评式写作构成了判断所有建筑作品的标准，并形成了用于协调各种建筑和设计实践与各种文化机构之间关系的准则。这样一来，批评就为建筑实践提供了意识形态工具，同时确立了理论讨论的术语和文化正当性的实际参数——这些参数允许我们进入艺术世界并且对艺术品做出评价。

（海斯，1988：4）

在这第二组章节中，我们更直接地关注建筑理论的参数，而非任何一门哲学学科本身。我们以宏观的视角来看待建筑理论，并将批评放在一定的范围内或者一个充满可能性的领域中加以考虑。诚然，这不是一件容易的事。我们是如何思考建筑理论的？批评家的行为可能如何建立某种（或者说，从表面上看更有可能是几种）谨慎的思维方式？当我们超出怎样的理论和实践界限时，我们所讨论的对象就会变成别的东西，像电影或其他类型的审美对象，抑或仅仅是日常事物？本章探讨了建筑理论的一些特征，并以此为导向来阐述道德问题。在这里，我们着眼于一些广泛的学说，特别是本质主义和社会建构论，因为它们将研究趋势引向包括建筑环境研究在内的人文学科。然后，我们考查了一个普遍却又很少有人考虑的前提，即建筑是某种"文化"的产物且对其具有促进作用；我们还考查了一种含蓄的观点，即一件设计作品的伦理价值和"文化"价值在很大程度上是难以区分的。这些学说和建筑的文化认同都使建筑话语在一定程度上具有了概念上的一致性，并促使我们去思考一种有待质疑的观点，即人类与其他物种相比具有独特性。认为建筑具有"文化"价值的观点强调了一个重要的理论和实践领域，从而有助于我们思考人类的主体性，并且向我们暗示各种相互关联的、可以用来进行自我反省和自我建构的系统化方式，我们借助这些方式去寻求人格的完满，即使这个目标永远不能完全实现。换句话说，文化只是伦理反思的一个起点，我们不应该认为一座给定建筑对文化遗产的贡献决定着其伦理价值。

本章将我们的关注点引向建筑理论的另外两个实际结果。正如吉迪恩和班纳姆的经典文本对建筑标准有所贡献一样，理论家们也会经常预先考虑或"构建"一些主体，在他们看来，这些主体应该以一定的方式思考、理解和体验建筑环境。有人发现斯佩克特的书的标题对此做出了形象的解释，其主要目的似乎是为了塑造"伦理建筑师"。吉迪恩和哈瑞斯则概述了另一种观点，即建筑师应该学会阐释"一种对我们的时代有效的生活方式"，在他们看来，这才是一种理想的模型。这个模型的性能让我们想起了另一个模型，它是由罗伯特•克尔制定的，他让虚构的设计者穿过画在纸上的房间，目的是为了模拟日常生活。很早以前就有人用这种方法来想象设计师的角色。这三个例子都会产生一个实际的结果，那就是当我们思考建筑物并反思如何居住在其中时，我们的某些思维方式似乎是"正常"、可取和值得效仿的。有人可能认为斯佩克特或吉迪恩的道德权威在很大程度上取决于以下因素，即他们以这种方式推理出关于建筑的"事实"，然后鼓励他们的读者借助批评家自己的例子去思考和行动。在他们的眼中，关注伦理问题且具有洞察力的建筑师——像克尔的虚构房主背后的维多利亚绅士——是一些抽象的主体，是我们在设计、阐释和使用建筑时通过反思与之相关的伦理问题而构想出来的。以建筑为对象的批评式写作的另一个实际结果是，它通常会塑造出一种与理论家自身的形象或"角色"并驾齐驱的哲学主体。如果我们不仅仅将建筑学看作一门与其他学科或"艺术"相对立的学科，而是将其视为一种用来思考伦理学的复杂方法，我们就会认为建筑师是典型的思想家。

如果我们在审视建筑和伦理学领域时着眼于建筑理论和理论史的参数，那么这一前景将会产生怎样的结果还有待观察。从总体上讲，理论家通常会从建筑物、公共空间和私人空间中看到什么？是什么让有些建筑作品变得"永恒"，而有些则不然？是什么让相对较少的建筑物具有了文化独特性、意义和多义性，而绝大多数组成建筑环境的其他建筑物则退化为城市的背景？这些参数经得起推敲吗？我们应该根据表面判断来接受它们吗？当理论家以这样的方式来审视建筑时，他们应该如何看待自己？他们自己的专业知识和既定的——也可能是陈旧的——思维方式将会产生怎样的后果？我们是否可以通过其他方式来思考建筑物，从而进一步了解我们自己、我们的过去和我们的社区？

相互矛盾的学说

建筑批评涉及多个相互重叠的语境，它们影响着我们对一件作品的判断和评价。这些语境包括哲学、历史和建筑理论"本身"，以及其他思想观念的来源，如艺术和文化理论。当我们认识到这些语境意味着什么以及它们如何指导我们的思想时，我们就会想起前面所说的第三种伦理学倾向（与此同时，我们还会想起如何处理生活中的矛盾和如何阐释我们周围的环境），根据这种倾向，当哲学家或理论家声称拥有出众的认识能力时，我们便有可能从他们所维护的价值观入手来质疑他们的主张。他们的观点受到他们的行为或"身份"的影响，可以被视为一种特殊的思维能力，但同样会依赖于其他类型的、通常不为我们所关注的评价。

让我们来考虑一下道德哲学家所使用的语言和词汇是如何对他们的思维起指导作用的。通过思考"温和道德主义者"的权威，我们可以意识到另一种用于识别相关问题的语境。例如有些评论家认为，不论是艾伯特•斯皮尔的建筑作品还是里芬斯塔尔的影片，其艺术性都因纳粹政权的不道德行为而受到了破坏，在做出这样的判断时，这些评论家不仅仅运用了他们的伦理专业知识；他们首先想到的是我们当中多数人所知道的、关于建筑和电影经典以及国家社会主义史的先验知识，就这些知识而言，其中一些是有资料根据的……而另一些可能没有。鉴于这个原因，在以下两种伦理学之间做出区分并不是件容易的事：一是作为哲学研究分支的伦理学，二是由一个更广泛的自我反省和自我塑造实践领域构成的某种类型的"伦理学"；两者之间的界限似乎显得不自然，且极有可能是错误的。我们的观念当中似乎存在着一个基准点，它将哲学家与更广泛的社区中的其他成员联系在一起，也许，我们或多或少可以从历史的角度来理解它。很明显，就像一

3.1
土耳其艾菲索斯的塞尔
瑟斯图书馆（建于公元
110—135年）于20世纪70
年代重建。
图像©米哈尔·路易。

个社区的大多数成员一样，许多学者在他们自己的文化圈内工作，从某种意义上讲，他们完全接受了这种文化的价值，以及与之相关的经典文本和众所周知的艺术作品。

　　不论道德判断是否和经典的美学作品（如一座纪念性建筑或一部艺术片）或其他更为平凡的事物有关，涉足人文学科的学者都会依赖于不同的分析术语和框架，这些通常具有特定的社会、经济和政治含义，能够反过来造成一种更为复杂的局面。很多时候，我们是在缺乏认识的情况下做出判断的。我们的判断可能源于无知或者思想上的懒惰，或者甚至是公然的偏见。就像那些"对艺术一无所知却对自己的喜好了如指掌"的人一样，道德哲学家或美学家首先也是他们的时代、他们的历史和社会以及他们自己的个人信仰和缺点的产物。一旦有可能将他们视为批评家，我们就会在一个广泛的领域内支持多种学科立场，从而使他们的看法和判断具有某种程度的一致性，尽管这一目标尚未完全实现。无论如何，我们都不能简单地将他们等同于西方分析伦理学的利益相关者。[3]

　　我们的知识总是局部的，并且总是涉及一些具体的手头上的事情。正因为如此，我们对"生活"的兴趣——例如对某种"道德"生活的展望——既不能让我们全面了解人们的价值观和性格，也不能让我们充分认识建筑环境。这在某种程度上解释了以下两种现象：第一，"主体性"理论在近年来较为流行；第二，有些人对我们通常所说的"身份"这一概念的争议性产生了学术兴趣。这种兴趣强调了一个事实，那就是我们的生活有着丰富的形式，并因此具有了一种不确定性，对此，我们是无法借助"后人文主义"时代来平息的。正如我们对人类状况的思考存在着多种可能性那样，我们对人类状况的不变性和永恒性也有着不同的哲学评价。在本书中，我们并没有较多地涉及这些评价，尽管它们所提出的关于人类存在的问题有助于进一步为我们所提出的建筑伦理学指明方向。让我们来考虑一下两种对立的学说。第一种学说认为，人性能够体现出我们这个物种所特有的某种实质或内在品质，是人类行为的来源，从普遍意义上讲，这一点或多或少是明显和有意义的。与这种观点相关联的哲学立场被称为本质论。[4]从本质论的角度来讲，如果一种行为能够引导人们去反思和阐释建筑物的意义，或者在精神上和物质上去创造和拥有它们，那么它将预示着（或者说将会导致）人们对永恒确定性的反思。在这种本质论的基础上，有人认为建筑可以满足我们对"有说服力的住所"的持久需要（佩雷斯·戈麦斯，2006：4）、展现一种"永恒的建筑方式"（亚历山大，1979）或者表现出一种压倒一切的"伦理功能"（哈瑞斯，1997）。

据我们所知，本质论要求建筑具有一种永恒的、无可辩驳的道德价值，从而对建筑伦理学产生了影响。它可能要求建筑传达意义和提供庇护。这就意味着当一些建筑完全失去这种作用时，人类就会疏远它们，并且远离它们的建造年代和自然世界。有人抱怨道，现代建筑已经完全失去了为人类提供需要的作用，因而必须从第一性原理出发对其进行彻底改造，他们的看法值得怀疑，却又司空见惯。"本质论者"试图寻找哲学的绝对真理，从而用来支持这种看法。"本质论者"的特征是，他们不仅忙于寻找基本原理，而且还警告我们有些人可能会抱有教条主义和原教旨主义的思想。他们可能会与其他类型的极端分子（例如宗教狂热者和经济理性主义者）共同关注一个问题，即就他们对现代世界的信念而言，其"理论相关性正在得到恢复和重申"（楚埃利，1998）。

我们认为，对建筑本质的信仰会使人们以一种短浅的眼光去看待建筑理论的主题、目标和作用，还会使他们将建筑环境置于狭隘的的历史视野内加以考虑。建筑理论家当中流行着一种原教旨主义趋势，即将研究目标转向先验现象学。在第4章中，我们将识别和拒绝这种做法。

关于人类状况的另一种看法是：行为在某种程度上是社会力量和实践的结果，而并非仅仅源于某种抽象的实质或内在本质，对于任何可能用来建造和欣赏建筑的方式而言也是如此。这一观点通常被称为社会建构主义，原因在于，从某些方面来讲，其所涉及的广泛主题（包括与人文学科有关的主题，例如自然、现实和人格、情绪和性别——我们可以从最近一些书籍的标题中找到这种迹象）被认为社会的产物。正是通过语言和话语、文学和科学以及理论和社会政治实践（可以想象到的任何方式），人类实现了对自身的认识——虽然这个过程从来不可能一劳永逸。因此，关于建筑环境的研究涉及对审美观念和审美标准的探讨，以及对居住空间的生理、心理和材料规范的考查。虽然这些因素对于漫不经心的观察者而言似乎是恒定的，然而，在经过更为深入的分析后便知，它们是一些可变和偶然的现象。它们展现了许多心理和技术群体的特征，从而有助于我们了解世界和自身。这些群体同样具有广泛性。例如近来有关"观察者的技术"（克拉里，

1990）、"社会住房的社会建构"（哈罗，1993）、"文化遗产的建设"（布雷特，1996）和"舒适设备的发明"（克劳利，2001）等方面的研究都对他们有所涉及。这些例子都能让人联想到某个实体（观察对象或理想的房屋、文化遗产或舒适设备），它既是研究的来源，又是研究的结果。这些实体可以为理论家和实践者提供完整的意象。它们描述和体现了拥有完满自我的理想，从某种程度上讲，这种理想通过建筑将完整性呈现在人们眼前。

人们对建筑环境的社会建构的兴趣证明了两点：第一，人类有自由创造现实；第二，生活在很大程度上是由结果来控制的。当然，从某种意义上讲，即使是这种自主性本身也是由人类建构和想象出来的。如果我们相信某些事物的社会建构，那么就有可能出现这样一种结果，即某个机构或作者、某种类型的社会、文化或社区会对这一建构过程产生显而易见的影响。对此，我们可以提出以下问题：这里所说的机构有着怎样的性质？人类最终会建构什么？是某种生活"事实"、某种想法或情况还是某个认知对象或哲学问题？是一个人还是一件事物？尽管很少关注绝对真理，也很少明确断言建筑的"真正"本质，社会建构主义仍然引发了一系列类似于本质论的伦理问题。这些问题需要我们对前面的问题做出解答，因为如果我们人类只是建构了用于认识自身的"事实"，包括居住和建筑的方式（或者说无论如何也包括其中的一些方式），那么我们同样需要对这些观念可能产生的后果以及任何伤害和不公负责。

尽管这两种学说强调不同的建筑理论，我们仍然不大可能看到保守的本质论者或激进的社会建构论者公然或毫无保留地表明他们的立场。人们会在不同程度上认可两种解释方式当中的任何一种，有时还会对两者同时表示认可。（毕竟，坚持认同现实的社会建构是一种基本思想。）这两种可能用来思考人类状况的方式缺乏精确性和平衡性，尽管从表面上看可能并非如此。本质论者或那些有此类思想倾向的人不再同意普遍的、不可避免的生活事实，相比之下，他们的同行在从事这类研究时则确定了由社会因素决定的事物（哈金，2000）。本质论者所关注的究竟是记忆能力，还是使人类具有独特性的某种特殊记忆？他们所看到的究竟是我们从事建筑活动的"事实"，还是我们以某种方式从事该活动从而使自己有别于其他物种的"事实"？从各个方面来看，建筑话语当中究竟包含着怎样的哲学基本原理？这些原理所涉及的思想是否关系到特定类型的住所，或者人们在建造可居住的建筑时所采取的行动？在这两种可能的思维方式当中，哪一种更为重要且最终更有意义？前面所提到的"说服力"或"住所"是否具有普遍意义？它们是否一定关系到像古典风格这样的特殊形式或其他建筑风格？如果古典风格具有普遍性，那么它是否包括约翰·索恩、鲁琴斯或艾伯特·斯皮尔风格的新古典建筑？

与其将本质论和社会建构主义定义为对立的哲学立场，还不如将它们定义为两种相互矛盾的"伦理"需要。每一种都能够唤起不同的"伦理意识"，或者让特定类型的群体以不同的方式处理道德问题。它们能让我们带着整体性和一致性的概念去思考人生的全部意义——我们曾经拥有怎样的人生，或者可能会迎来怎样的人生。我们可以将这两种需要为参考，以便更持久地去反思建筑和伦理学，而不是在两者之间做出选择，或者由于其表面上的狭隘性而将其完全否定。此外，作为学说，它们不仅仅陈述了客观事实（无论是狭隘的还是错误的），而且还阐述了某个学者或学术团体所宣称的信仰。就像一个人可能会以或多或少的热情去拥抱宗教信仰那样，一位理论家可能也会在不同程度上信奉某种给定学说，并且带着这种信仰去见证（观察和书写）世界上各种各样的人类行为。根据有些人的描述，人类行为可能是反复或没有规律的，可能是常见或与众不同的，也可能是自决或以社会背景为依托的——或者兼备这些特征和其他可能性。

文化及其局限性

沿着前面的思路对建筑和伦理学进行了一番探讨之后，我们对这一主题有了一定程度的理解，从而能够在这一章中以更敏锐的眼光对其展开分析。与此相关的问题是：建筑理论的"本质"和"特征"是什么？它可能有着怎样的内容和方法？若要将建筑学与哲学或任何其他涉及建筑环境研究的学科联系起来，这似乎是一个必要步骤，也是预防性的第一步。似乎有必要去了解一下提出上述问题并为之赋予价值的人类主体。与其他学科尤其是许多自然科学相比，建筑学理论似乎在很大程度上以确立自身的主题为导向——即识别和控制不同类型的建筑、概念或理论范式之间的界限。即使对于那些欣然承认建筑学理论不严密的作者来说——与此同时，他们还承认该学科具有离散、混合或"糅杂"的特征（例如李，2000；莫廷斯，2000）——想要宣称建筑学具有统一性和自主性也并不容易。尽管这些界限在某种意义上尚未确定，而且有可能受到不精确或"模糊"的思维方式的影响，但有一点仍然非常清楚，那就是这些界限所引发的观念和思考模式能够使建筑学和相关设计学科以不同却又很少有人研究的方式对伦理学开放。

捍卫设计文化的独特性，同时鼓励人们以多种理论视角去看待建筑环境，这一直是《组合》的一个原则性目标，直到该刊物在几年前停止出版。与之类似的还有其他一些出版物，它们的目标在于对建筑学展开严谨而又多方面的研究。在这两种刊物当中，我们发现了一个事实，那就是当建筑话语以精妙的方式展现出来时，我们通常可以找出其中的区别。例如常见的术语区别存在于建筑的艺术和科学之间，或者建筑的审美价值和实用价值之间，更复杂的理论就是以此为中心的。我们可以看到，将这些区别分类的智力技能——我们需要从逻辑上协调一些问题，例如将理论与实践结合起来，设计出能够同时满足社会理想和经济需要的作品，或者将建筑学当成是一种兼具创造性和经验性的研究形式——如何能够取代人们对不同问题的关注。抽象的理论可能取代一些重要的问题，例如建筑学领域是否可能存在真正的进步？如果可能，那么这种进步是否可以通过任何可能与人类幸福有关的经验得到论证？或者，不公正的时代是否可能存在公正的建筑？在理论的影响下，建筑学的关键术语和主流价值观的历史渊源问题可能会变得模糊。从某种意义上讲，有人可能已经在其他学科领域提出了这样的问题，尽管这些问题在建筑话语中似乎并不多见。有时，价值问题会因某种理论所倡导的"神秘主义"或"唯我论"（麦克劳德，2000：51）而变得模糊，这种理论要么在自我批评方面力度不够，要么受到最刻板的专业伦理学的限制。在该领域内，设计实践必然会在很大程度上涉及一些单个的问题，例如可持续性或通用设计、使用后调查或办公室管理。

对建筑伦理学领域可能出现的新问题的兴趣，能让我们以谨慎的态度去看待一种可能的不利情况。在这种情况下，有人会漫不经心地使用"文化"一词，并认为这个术语通常能够使该领域的研究系统化。第二种可能的不利情况让我们对哲学研究的有效性提出质疑，而这种研究通常有助于我们理解建筑环境与道德价值的关系。"文化"一词能够引导我们对建筑展开丰富的联想，然而我们在很大程度上认为这是一件理所当然的事。大部分建筑理论仅仅是以一种独特的建筑物的意义为前提的，这种建筑物富有表现力且饱含审美情感，我们称其为"建筑"。许多理论家仅仅假定我们能够连贯地认识一系列具有文化意义的人为现象。这样的假设是值得怀疑的，因为它们通常不承认经典的形成过程，也不承认以下事实，即经典作品的意义会随着时间的推移而增加；同时，我们也需要区分这些作品并解答它们提出的问题。

有一种观点认为，建筑是某种文化的产物并且以该文化为导向，如果盲目强调这种观点，我们便难以理解建筑所具有的多种可能冲突的道德价值来源，以及我们居住在建筑当中的方式。同样，宣称或提及建筑或设计项目的文化价值足以强调其形式上和规划上的统一性，即使我们以一定的方式从该创作中体验到的连贯性可能也经不起更仔细的推敲。这样做有助于使一定的建筑形式具体化——鉴于设计作品过去、现在或将来可能具有的意义，这种建筑形式可以发挥怎样的功能（从表现力和审美方面来看）。这样做可以让我们从概念和修辞以及实用和政治的角度来理解建筑。鉴于这种做法可以将理论和权力联系起来，我们不应该忽视建筑的文化基础所具有的吸引力。

例如，关于文化遗产或保护价值的问题通常涉及一个包括权力和知识、理论和管理在内的领域。如此一来，历史建筑的保护就会支持某种令人向往的社会和政治秩序，尽管我们一开始并不能使其具体化。当我们评估一些建筑遗产并对其实施保护策略时，我们就需要涉足上述领域，同时，我们的这一做法也会强化该领域。这并不意味着某些历史建筑不应该得到保护。这一事实表明，这样做的理由可能并没有看上去那样简单。

当海斯在《组合》上发表公开言论时，他似乎承认一个问题，即有人将文化正当性

3.2
瓦尔特·格罗皮乌斯，德国阿尔费尔德的法古斯工厂（1911—1913）。
图像©瓦尼档案馆 / 考比斯。

的基础视为理所当然（1988：4）。他描述了建筑和批评文本的关系：两者是如何相互支持和相互加强的；这种关系又是如何使建筑对象的价值具体化的。在他的评论中，"文化"以多种形式出现。它似乎是一种可识别的"东西"、一种作用于建筑标准的实体或现象，人们认识到的有意义的建筑越多，它的内涵就会愈加丰富。我们可以将建筑视为审美对象，使其理论化并且用文字将其记录下来，这样一来，建筑就会成为文化的产物，与此同时，文化现象也会通过建筑以及与之类似的、包括其他艺术形式在内的人工制品展现出来。在海斯的评论中，文化描述了一种正当的实践来源，它起因于学术领域，但也发生在机构内部和机构之间。

只要对期刊稍加研究，我们便会在某种程度上了解到建筑话语的发展状况。在该话语中，"文化"指的是一切，但又什么也不是——在强调一些建筑的价值时，它的意义似乎是无限的；然而，正是出于同样的原因，我们很难理解它的确切含义。有些刊物中所引用的例子揭示了该术语及其衍生词描述不同事物的方式，并服务于不同的哲学目的。通常来讲，我们可以分别从两种语法角度来讨论这里的大多数例子，并将其纳入广泛的含义。"文化"通常暗示着一种能动作用，能够形成推动力或道德动机。它描述了一种特殊的思想或愿景，可以让我们看到一个由审美对象和城市形态组成的景观。例如在描述洛德•沙夫茨伯里的美学理论时，一位理论家（莫尔，2004：42）推断说，18世纪的审美家"拥有宽广的文化视野"，能够同样欣赏埃及和中世纪的艺术形式——尽管不是"中国的"艺术形式。同样地，在研究早期德国现代主义者的新古典主义审美倾向时，另一位名叫安德森的评论家也做出了"著名的"的断言：

> 德意志工艺联盟的一个主要派系试图将最先进的工业技术形式统一于他们的文化追求中，彼得•贝伦斯为通用电力公司设计的作品尤其体现了这一点。事实上，他们很容易招致批评，因为有人认为他们倒置了这一关系——将他们的文化愿景包含在所谓的现代工业资本主义的残酷现实中。
>
> （安德森，1991：68）

在观察了社会和经济历史对保护实践的影响后，另一位作家（施瓦泽，1994：5）发现了一件值得注意的事：旧金山的"市中心规划"（1985）要求保护整个地区，目的是为了使这里"保持视觉和功能上的统一性，与经济市场衔接，并与该城市及其居民维持社会关系"。这种开明的举动"象征着该城市的环境/文化愿景——我们可以将旧金山视为一个有机整体，通过考查建筑和历史的关联性来认识该城市——战胜了市场愿景"。

不论我们是否同意诸如此类的断言，有一点都很明显，那就是在有些人眼里，"文化"这一领域能够同时识别、整理和统一我们对建筑环境的体验。无论当我们像前面的例子所暗示的那样评价不同的建筑风格时，还是当我们谈及某个建筑细节或城市规划时，这种情况都会发生。尽管从表面上看有人已接受了这样的断言，但我们仍然无法冒险去想象历史上的这种体验，正如前辈们无法想象今天的哪种行为方式是可取的。由此看来，洛德•沙夫茨伯里是值得赞赏的，因为他采取了一种多元化的态度，对其他民族和时代的艺术表示尊重，在今天看来，任何人都应该如此……这是一种理想的情况，尽管我们很奇怪为什么没有那么多人重视"中国"文化的价值（无论沙夫茨伯里将他们想象成怎样的人）。在有些人看来，彼得•贝伦斯是值得称赞的，因为他欣然接受新技术，尽管其他人认为他的这种做法意味着对主导价值观的妥协——就像安德森所承认的那样。无论我们对他的成就表示赞扬（佩夫斯纳，1963：38~39）还是对他的做法表示怀疑（哈图尼安，1986：14），只要工艺联盟的活动在人们眼里具有一定的"文化"价值，我们都可以将其成员视为预见当代问题的典范。根据有些人的描述，彼得•贝伦斯与沙夫茨伯里和旧金山的规划者们一样，都必然会对一些看似普遍的问题做出预见。他们会强调设计作品的创意和伦理特征，并将设计看成一项长期实践。例如，他们可能会在特定时期的建筑风格与永恒真理之间以及建筑形式与特定的社会功能之间做出协调，或者在熙熙攘攘的纷乱城市中找到某种一致性。

在追求平静、秩序和协调的过程中，文化通过愿景、思考和设计的方式发挥作用。如果以这种方式书写历史，我们的历史就会被打上"时代错误"或"现代主义"的烙印。这说明我们不能持有以下看法，那就是过去的情况与现在相比有所不同（思维方式和生活方式），但以人们普遍对完整性的渴望为导向，这种状况来自健全的自我和良好的环境。[5]在建筑史上，根据我们对建筑环境的描述，一些建筑通常可以借助某种"文化机构"、"文化协调性"或"文化一致性"体现其自身的价值，同时还可以促进这三者的形成和发展（分别见：马丁，2000：49；帕桑蒂，1997：442；舒曼，1986：28）。对于人类改造世界的有意义的行动而言，这三种因素既是原因也是结果。根据有些人的解释，建筑和文化的关系是十分明确的。考虑到建筑学具有离散性或模糊性的特征，我们不能单单从理论或实践角度对其加以定义，这让我们感到困惑——该学科具有一定的"传统"色彩，但又能够容纳科学和技术创新——"与此同时，人们普遍忽视建筑史，认为它是一种复杂的、多层面的文化秩序[这正是我们的重点所在]，这就加剧了我们的困惑"（佩雷斯-戈麦斯，1999：75）。可能有人会持相反的观点，认为该学科的基本前提中所包含的矛盾和大部分难题更有可能源于我们的以下要求，即建筑能够从文化、认知或其他方面揭示某种秩序。

在关于建筑的文章中，我们通常会发现"文化"的第二种含义，它暗示着该术语的第一种含义。于是，"文化"（作为一个名词）可以用来表示需要学习的东西，类似于人文学科中的其他主题，如"社会"、"社区"或"经济"。前面所引用的例子显示，建筑师和设计师的作品是以文化为导向的（例如波特，1992：46）。文化是区分不同民族的标签，以至于建筑可以对埃及和中国的文化（想想沙夫茨伯里所关注的问题）起到促进作用。如前面的例子所示，文化可以根据中世纪或现代社会的艺术传统来识别充满创造力的历史时期。有人认为文化体现了一种可以辨识的逻辑，就像有些学者认为经济和资本主义问题可以通过分析方法来解决一样（詹姆逊，1991）。如果我们相信文化本身具有系统的自动调节秩序，那么这种信念对各种文化——不论是积极的还是消极的——都会起到促进作用。例如，它会促进消费文化和企业文化、流行音乐文化乃至抱怨文化。我们之所以反复引用"建筑文化"（弗兰普顿，1968：39；贝尔福，1987：3；利普斯塔特，1999：121），很少是因为建筑学背后的任何不言自明的逻辑或合理性，或者该学科中所包含的诸如自然科学等精确方法，而是因为我们渴望捍卫建筑学的独特性，使人们更好地认识该学科的自主性并最终理解其相关性。

很少有人将"文化"看作人文学科批评中的一个主要但又不精确的类别，伊恩·亨特则是一个明显的例外（1988 b，1992）。亨特针对"文化"这一概念的局限性和适用性提出疑问，同时要求我们关注其普遍性以及其最终的实用性。在建筑学和相关的设计学科中，有人认为文化机构能够指导决策，或者建筑师以设计启发性的作品为目标，在这种想法的促使下，许多学者围绕建筑和道德环境之间的关系问题展开了评述和争论。然而，"文化机构"及其衍生词被有些人很随意地使用。当我们在期刊中尤其是在建筑话语中大量引用"文化"和"文化产物"时，我们需要更加慎重。同时，我们还需要更加关注主体立场（包括观点和动机）以及这些术语预先假定的客体。海斯要求批评界关注这一问题：

> 更重要的是，审美对象和批评文本有所不同，两者之间往往是相互自立的关系。根据乔格·齐美尔的说法，它们与霸权文化"不断创造自身形式"的过程相呼应，这种形式一旦出现，就会"要求一种超越时刻的、从生命律动中解放出来的有效性"；或者，换句话说，这种形式脱离了物质生活和社会实践，以可知者为代价去强化被知者。如此一来，建筑客体就会通过批评文本得到验证，其形式上的抽象和理想化也会呈现为不可违反的前提条件，在这样的情况下，建筑作品会成为"高雅"文化的媒介物，其作者则会被描述成原创作品或真迹的创造者。建筑客体被孤立在一个纯粹抽象的理想化领域内，既摆脱了历史和环境的干扰，又远离了意外事件和大众文化形态的影响，从而再次证实了预言该客体的高雅文化所具有的独特性。这种文化反过来又会在一个循环证实的过程中验证评论家的观点，并维护严格定义的学科界限、主导机构和脱离实践的模式。
>
> （1988：4~5）

作为各种实践（设计建筑，就该主题建立理论和展开论述等）的正当来源，文化诉求经常要求我们以特定的视角去看待人类主体性；同时，这种诉求也会将某些类型的建筑提升为"高雅"艺术。例如我们要强调的观点是，一个人会以文化愿景为手段展开工

3.3
乔治·巴哈尔，德累斯顿的圣母教堂（1725—1742），曾因轰炸被毁，重建工程于2005年完成。图像©米哈尔·路易。

作，或者以文化完整性为目标而奋斗。与此相对应的观点是：作为一种道德生物，人类会重视"为艺术而艺术"的信条，或者同样也会对建筑和其他艺术形式起到促进作用，因为它们可能会帮助我们树立目标意识和发挥个人自主性，并为我们带来社会进步。我们可能很容易忽视所有这一切，并在很大程度上将其视为随意言谈。对任何学术领域而言，海斯关于"我们可以借助批评来强化现状"的看法也许是真的——对许多其他类型的尝试而言也是如此。尽管如此，在许多关于建筑和艺术文化价值的主张背后，我们仍然可以找到一种更深层次的、涉及利害问题的东西，即关于人性的一整套哲学，对很多人来讲，这是生活中普遍而又"不可侵犯"的一部分。如果这仅仅是一个学术问题，我们可能会将更多的注意力投向术语及其来源和内涵。然而，在超越任何可能的学术兴趣的界限和问题之后，文化诉求就会与许多领域展开对话，这样一来，我们就有机会"进入"一些领域并"评价"其中的问题（海斯，1988：4），同时退出其他领域。这种诉求不仅支持学术界的看法，而且还代表了多种类型的人群和社区的呼声。这就是为什么我们会把文化看成思考建筑伦理学的一个特别重要和有用的起点。

文化的概念通常被赋予一种类似于精神或神圣的价值，但其实际方面很少有人考虑。然而，经过进一步审视，我们便可发现，它们能让我们从历史、社会和政治角度去解释一些建筑的价值大于其他建筑的原因。其中最主要的是这个概念的特殊化和末世论方面。从第一个方面来讲，文化是一种手段，我们可以借助它来区分可能普遍而永恒的价值与社会（民族或国家）的特定价值。例如从总体上讲，我们通常需要普遍尊重历史建筑和古迹的价值，而不去考虑它们的由来。尽管如此，这样做并不会阻止我们承认它们的独特性——它们是在特定的时间或地点由特定的人群、种族或民族建造的。细想一下，全球舆论都在谴责塔利班，因为他们于2001年炸毁了阿富汗古老的巴米扬佛像；或者，对于发生在1945年的英美联军轰炸德累斯顿一事，尽管人们各抒己见，我们仍然可以听到持续不断的批评声。不管有人为这两种破坏行为提供怎样的理由，它们都会受到谴责，因为它们攻击了几乎普遍的人类价值，这些价值正是通过艺术、建筑和城市形态表现出来的。它们激起了不同人群的共同反感，而他们对佛教雕像或德国城市并没有直接的体验，不论对于他们个人还是对于集体而言，这些都是未知或陌生的。然而，无论是从人们的普遍诉求还是从本地化的形式来讲，"文化"的价值都不可能永远静止。在过去，很多西方大国关于维护普世文明的主张为无数破坏行为提供了理由，包括大规模地拆毁世界许多地区的佛教建筑和其他古迹并将其移入博物馆和私人收藏中心的行为。今天，在这种背景的驱使下，人们围绕帕特农神庙（埃尔金）大理石雕等文物的回归展开了争议。同样，有人可能并且已经为德累斯顿大轰炸提供了多种理由（报复性攻击，未来罢工者的先发制人手段，长期以来的冲突，等等）。我们并不认为摧毁巴米扬佛像的行为可以接受，德累斯顿大轰炸应当发生，或者帕特农神庙大理石雕应该被送回希腊。更确切地说，正是由于这些实物和场所与"文化"有着特殊的关联，这些事件才具有了一定的道德内涵。

如果从末世论方面来审视文化的"结束"点和最终目的，我们通常需要借助独特的视角来看待所有的人和社区共同拥有的人类身份，即人类所特有的本质或精神内核。我们普遍相信艺术和建筑能够对日常生活的大多数方面产生积极影响，为这种信念赋予意义的正是这种本质。在世俗意味不是很浓的年代，有人可能曾经将这种本质称为"灵魂"，可是现在，人们对这个概念有了更广泛的定义，认为它是"一个人的诸多方面的奇特组合，在某些时候，我们可以认为这些方面是内在的"（亨特，1995：5）。鉴于这种包含了认知、动机和道德因素的组合具有伦理特征，我们需要思考一个问题，即我们通常会把什么样的主体当成构建理论或设计的目标。有关建筑文化价值的主张提醒我们，除了直截了当和可以想象的二元对立法（见下文）——或许包括那些涉及我们的"内在"和"外在"生活的方式——我们还可以通过其他可能的方式清楚地思考自身。

进一步说，我们通常可以在批评界（与马克思主义有着最明显的关系，或者更广泛地说与文化物质主义有关）发现一种特别的、关于人类主体的存在主义解释，这其中大概包含着辩证思想的轮廓。正是因为考虑到了这种关于主体的解释，评论家才试图调和个体意识与社会存在之间的关系。他们试图接纳这样一种自我意识，即人们认识到自己对生活的渴望和体验是在不同类型的、与特定的时间和地点有关的社区内实现的。异化理论通常会预先假定这样的解释：第一种类型的意识（笛卡儿关于"我思故我在"的意识）与第二种类型的认识（例如对"我在他人的社会中发言并为之代言"的认识）是相互分离的，而文化的关键作用在于首先将这两者区分开来，然后再以理想的方式将它们结合在一起。在很大程度上，理论家的任务是把以下两种关于文化的认识统一起来：第一，文化是一门高雅艺术，具有自我反思和自我塑造的普遍功能；第二，文化是一种社会存在方式。关于艺术和建筑的心理分析理论通常会预先假定这一任务。

从这样的观点来看，一方面，巴米扬佛像或德累斯顿的历史建筑等作品——或者就此而言可以想象的任何其他"有意义的"设计作品——都会受到重视，因为它们对世界文明有所贡献。另一方面，将文化视为一种存在方式的观点表明，这样的古迹可以用来衡量一个民族的自我意识，以及他们观察自己所处的时间和地点并以新的艺术形式据此做出反应的能力。根据这样的解释，文化的作用在于通过一个人或一个民族的历史、地理和社会生活的"事实"来代表、区分和调和自我意识或民族意识。正如T•S•艾略特（1948：41）所说："文化不仅仅是多种活动的总和，而是一种生活方式。"然而，就这一点而论，我们仍然可以区分所有人类展现出的生活方式（通过思考、创造等）和不同民族所具有的特质。

从这种角度来看，文化描述了人类存在于世上的一种"正常"方式。正是因为这一点，再加上不同的批评传统，艺术和建筑作品的意义在于它们可以被阐释成人类对环境做出的适应性反应，就像动物适应环境的行为一样。通过这些适应行为，人与人之间、个人与社会之间或者整个社会与历史和地理之间的关系当中存在的潜在问题变得明显，然后通过可以想象的方式得到协调和解决。根据这种文化观，即使不是出于必要，我们所有的人也都值得去研究和重视艺术和建筑，以便从中获得关于自我的认识，不管是从过去还是从今天多元化社会的角度来看都是如此。也许，这样做可以让我们更好地发挥自身的创造能力。我们可以在这样一个不断变化和可能让人迷茫的世界中更容易地找到自己的位置。艺术作品是将个人和社会、时间和地理空间统一起来的手段和措施。批评家和理论家——比如T•S•艾略或任何其他公共知识分子（也有可能是艺术家或设计师）——被赋予了特殊的权利，他们可以观察、评论或创造性地回应这种人类现实。

到目前为止，我们所提到过的关于文化的解释——这只是一种观点，尽管它特别有影响力——既能促使我们从哲学角度反思现实生活，又能让我们拥有坚定的日常信念，包括"为艺术而艺术"的普遍信念，有些人满怀热情地坚持着这一信念。这种解释支持多种话语，支持一系列与遗产相关的政府实践和判断，支持公共和私人艺术教育的形式和预期结果，而且一般来讲，它也支持由文化繁荣带来的自我完善和社会进步。这种解释从根本上确立了艺术和建筑的重要位置，虽然它也可以模糊关于二者和其他创造性实践的主张的历史来源和实际结果。

我们的目的并不是把这种关于文化的解释搁在一边而采用另一种解释。我们还可以通过其他一些值得注意的方式来解释人类的主体性、完整性和自主性，例如基于神学或环境的方式（以极端的形式出现），它们势必会遵循更多的教条，因为它们暗示着某种精神或生态现状。更确切地说，我们的目的是密切注意文化的局限性。前面的解释预先假设了一些情况，我们试图从中分辨出建筑伦理学研究可能需要的附加、补充或选择的可能性。因此，在有关"文化"产物的常规研究中，我们不大可能找到一种普遍和不变的观点来证明人性。相反地，我们所看到的是权力和知识在生活中发挥作用的事实。我们可以看到这样的情形，即某些规范制度的实施会促进特定的情感、审美观念和价值判断的形成。

由此可见，我们应该明白一个事实，即洛德•沙夫茨伯里所关注的问题属于他那个时代，适合一个有学问的贵族。相比之下，我们今天关于所谓"文化多样性"的认识更有可能超乎18世纪审美家的想象，从"贵族"或开明人士到平民和大众，没有人能够对此进行设想。我们面临着两个极端：一方面，我们对民族身份及其完整性的尊重通过博物馆和学校、各种媒体以及那些寻求恢复和保护像旧金山唐人街这样的民族地区的措施充分体现出来；另一方面，在迪斯尼的未来世界主题公园里，我们可以看到仿制的"中国式"电话亭或自动化游戏设施。在那里，文化身份与娱乐和消费联系在一起，游客们可以在这个缩微版的世界里参观其他民族的著名建筑，品尝他们的美食（或美国版的民族菜系），参与电影"旅程"并观看纪录片和游记，从而对这些民族有一定程度的了解。"普世文化"的进步通常与技术领域的进步相关联，并且常常通过以下方式表现出来，那就是使人们更清楚地认识到新的材料、建筑结构和建筑系统在形式、空间和审美方面的可能性。我们之所以有可能重视大玻璃墙、宽阔的内部空间以及与德意志工艺联盟的建

3.4
玛丽莎·罗斯的摄影装置作品"见证真相",于65周年阵亡将士纪念日在洛杉矶宽容博物馆展出（拍摄于2010年）。
图像©泰德·索基／美国泰德·索基摄影室／考比斯。

筑相关的那种简洁装饰风格，部分是因为早些时候的卫生学用语有助于使采光充足、通风良好和容易维护的空间成为工作和生活的理想场所。

对工厂而言——例如由沃尔特·格罗皮乌斯设计的现代主义建筑德国法古斯工厂——规划中所体现出来的秩序和效率以及建筑的外观被认为是理想的品质，对住宅而言也是如此。这些看法以及与之类似的看法处在特定的时间和地点，它们本身并没有"正确"与"错误"之分，尽管它们显然能够为人类的决策、行动和自由提供可能性，或者对此加以限制。例如在西方人看来，某些形式上的创新主义（例如先锋主义）和抽象主义的价值可能明显大于其他类型的传统或具象艺术。艺术家和建筑师之所以会被人们抬高或贬低，通常是因为他们接受或拒绝了随之而来的标准。同样地，在某种意义上，艺术和建筑专业的学生连同他们的受益者、赞助人和评论者都是由特定的制度和教学实践"塑造"而成的，在它们的推动下，随后展开的创意工作得以传播。政府与文化艺术部门、政治家与选民之间的关系同样也会受到这些价值观、制度和实践的影响。这也许解释了为什么见多识广的专家会对如此多的"公共艺术"嗤之以鼻，在他们眼里，这些根本算不上真正的艺术——大部分公众（和政府官员）认为这些专家是势利者。

伊恩·亨特所关注的问题是，学者们将文化的历史、概念和实践维度纳入考虑范围并把这些直接称为哲学、社会和政治"机器"：

那么，正是通过这种机器，而不是通过"文化观念"，我们才可以想象人类特性的统一发展。这种发展的目标不是让"人"承载一种分裂的、等待审美调和的伦理实体，或者让"主体"承载一种无意识的、等待理论阐述的存在物，而是让个体成为以下群体中的一员。他们的健康、学识、犯罪倾向、私人情感和公共行为已经构成了政府关注的新对象。[6]

（1988a：ix）

在这里，政治进入了我们的视野；同时，批评者也承认有必要为普遍的文化诉求创造更广泛的社会和伦理语境。通过举例说明这个问题，温迪·布朗（2006 a）在解释洛杉矶西蒙·维森塔尔中心的建筑风格和展览品时承认了这些语境。从道德动机来看，这座建筑似乎完全不同于斯皮尔的建筑。然而，布朗认为，维森塔尔中心的文化推广仍然关系到知识和权力，以及某种明确而有害的政治目的。她仔细观察了该中心的走廊、公共空间和陈列品的策划特征，特别是该设施的两个主要部分即多媒体学习中心和宽容博物馆之间的平衡和说教关系，前者能让我们更好地了解大屠杀。通过操纵和宣传的方式，这两者致力于"仔细推敲和充分利用人们关于大屠杀的记忆，为的是对公众进行说教"（布朗，2006a：112）。维森塔尔中心说教的一个主要目标是美国的大众舆论，因此，游客和在线观众能够以独特的方式去体验和了解大屠杀。他们可以看到这样的情景：种族、民族、文化和宗教身份常常无限制地混杂在一起，目的在于呈现一个事实，即犹太人遭受苦难和种族灭绝的境况完全是因为纳粹分子等人对犹太民族的"差异性"怀有某种天然的敌意（布朗，2006a：109）。[7]这样的"普遍"事实促使犹太人长期支持文化，按照他们的理解，文化既是保护犹太人身份的方式，又是犹太人自身与其他民族之间求同存异的主要手段。同样，有人也对美国无条件支持以色列国的必要性提出了质疑。维森塔尔中心创建了一个物理和概念空间，在这里，"社会产物"及其历史背景有别于"文化产物"，后者能够为生活行为提供一种固定而神圣的普遍领域，有利于宽容做法的主要受益者。从该中心的情况中得到更广泛的教训之后，布朗补充道：

总之，在同一时期的宽容话语中，我们想要质疑、禁止或摈弃的实践必须被归为社会或政治实践，而我们希望保护的实践则必须被列为文化实践，或者更进一步被列为宗教实践。当然，这些类别的划分并没有名言警句那样固定。

（布朗，2006a：146）

通过证实文化是实践的集合而不是某种独特的伦理实体或人类存在的核心"精神"，评论家开始理解文化的"机制"、由文化形成的主体立场以及人们随后可能关注的对象。我们开始理解主体性的多个维度的意义，以及其个体和个体化、社会和社会化（包括政治）形态。[8]我们期望以一定的方式反思、回忆、创造和评价建筑，这些方式可能具有授权作用但又具有控制力，而且（或者）在某些方面让人放心却在其他方面使人疏远，同时，我们也明白社会如何能够加强和规范这种期望。鉴于这样的理解，有人开始怀疑我们是否有可能对建筑另有期待或者甚至降低了期待。建筑学既不是造成一系列伦理困境的单一原因，也不是解决这些困境的办法，尽管该领域的研究可能有助于澄清它们。如果遵循这一思路，我们就可以从多个层面更广泛、更细致地了解建筑的伦理维度——这就需要我们去考虑丰富多变的生活内容和多样化的生活节奏。

由此可见，我们所关注的对象应该不是这样一种关于建筑和文化的新理论，也不是在本质主义和社会建构论之间选择和确定价值来源的哲学原理。更确切地说，我们应该以更加开放的眼光去看待"审美伦理"实践领域，对于诸如此类的术语和学说而言，这一领域是必要的，但批评家很少对此进行考虑。该领域包括各种认知和鉴别实践（例如这些实践包含在我们的伦理倾向当中，我们可以用它们来区分审美因素和伦理因素或者社会产物和文化产物），它们可以使建筑环境成为我们思考、反思和行动的客体。通过这些鉴别实践，我们可以在其他愿望当中寻找人格完整性、心理趋合或新社区，或者与此相反，这些实践可以颠覆我们对这三者的热情和渴望。这些鉴别实践的主体拥有许多不同的立场，并且在不同程度上拥有各种类型的知识和权威。这些实践在多个相互交叉的社会和政治领域发挥作用。

哲学角色

"文化"这个术语既为建筑理论家提供了一种机遇，又让他们面临一种不为人知的危机。它让我们以一种接近本能的方式去审视建筑的道德价值，尽管这种方式在很大程度上是泛化的。当它同时把机遇和危机摆在我们面前时，它的惯用方法是为建筑赋予自我塑造的功能，并使其成为具有启发性和教育意义的客体。大部分建筑理论为哲学调查授予特权，并以此为手段对某种人类状况做出更全面、更有见地的分析，这个过程同样是以一种混合方式进行的。在第一种情况下，这可能意味着利用著名哲学家的作品或建构一项调查——这或多或少与哲学思想的历史有关——目的是为了强调建筑学原理，并且将其融入伟大的思想家和富有洞察力的设计师之间的持续对话当中。在第二种情况下，这可能意味着强调有关存在的问题而忽略关于道德价值的其他想法。我们只需要看看近年来流行的理论选集，就可以找到关于这两种倾向的证据（例如，利奇，1997；奈斯比特，1996）。与理论期刊以及类似的出版物一样，这些选集有时也会建立一种"表示尊敬"的哲学概念，以此来阐明实际道德问题并提供可能的解决方案。这些作品有助于推崇一种"哲学角色"——理论家自己——从而使其成为最有资格这样做的人。以这种方式支持哲学可以使思考建筑环境的多种方式具有不确定的来源，其原因在于，当我们围绕看似普遍而永恒的相关性问题展开争论时，这样做能够使所有可能用来理解建筑的方式成为这种争论史的组成部分。这样做可以掩盖各种学科——包括伦理学和道德哲学——通常预先假设其研究对象（如真理与正义）和具有理性思维的人类主体的方式。

在某些因素的促使下，我们已经开始了有关项目，并且提出了"建筑和设计可以成为伦理调查的独特形式"的命题。若要应对这样的挑战，我们不仅要卸下负载，将一些文化包袱抛在身后，我们还要限制哲学在研究价值和建筑环境方面的可用性，尤其是在有人认为这种调查最好由道德哲学家、美学家、形而上学家或现象学家来开展的情况下。我们必须为价值研究提供理论和历史背景，无论对于使用这种专业知识的人还是对于通过哲学家的思考构建出来的人类主体而言都是如此。

例如，当吉迪恩呼吁建筑师阐释他们时代的生活方式时，他的建议当中似乎包含了如此多的善意与合理性——以至于很难想象有任何建筑无法以一种或另一种方式反映其时代特征。我们可以通过许多想象得到的方式来实现这一目的（这种方式可以是社会或经济方面的，也可以是审美或功能方面的），尽管这些可能的方式之间并不总是一种连贯的关系。尽管（或者由于）这一点不够明确，吉迪恩的理论仍然可以促进一种典型思考模式的形成，我们在审视这种模式时应该考虑到其背景、起源和影响。尽管我们很难理解时代内涵或者认为这其中包含着神秘因素，或者尽管人们对建筑有多种不同的阐释，吉迪仍然将某种推理方式视为典型，通过这种方式，我们可以为现在赋予具体化的含义，可以识别和区分一些基本事实，也可以把注意力投向一个更主观的经验领域，而该领域正是建筑设计的来源。

因此，在吉迪恩看似直接的建议背后隐藏着我们的期望，即期望建筑师能够在某些方面理解自己；同时期望他们培养一种与时俱进的阐释能力——这或多或少体现了一种时代精神——并且在此基础上努力创造新的建筑形式。这种期望让他们成为了一种特殊的主体，这种主体受制于某种自我质问方式和某种伴随阐释行为而发生的定向行为。同样地，当斯坦·埃勒·拉斯穆森（1959）写道"建筑不能被解释而必须被体验"时，他正在以一种独特的方式思考"体验"，同时还期待他的读者、学生和其他设计师能够站在他的角度上去思考他们对建筑环境的体验。他提出了如下观点：

> 我们完全不可能以绝对的规则和标准去评价建筑，因为每一座有价值的建筑——像所有的艺术作品一样——都有其自身的标准。如果我们带着挑剔的心理和自称无所不知的态度去注视它，它将会把我们拒之门外，不告诉我们任何信息。然而，如果我们自己拥有开放的思想并富有同情心，它将会为我们敞开大门并显示出其真正的本质。

> （拉斯穆森，1959：237）

有人认为，这种关于"本质"的概念存在很多问题。同样地，关于建筑对象"有其自身的标准"的暗示表明根本不存在标准，而拉斯穆森恰恰试图弥补这种空缺（这一点并未得到评论家的承认）。他的贴切命名的著作《体验建筑》曾经是关于建筑和城市美学的流行入门书，它鼓励读者去认知和感应某些类型的建筑，进而在某些方面理解自己对它们的感受并采取相应的行动。这两个例子并不存在以下问题，即吉迪恩和拉斯穆森是不是狭义上的哲学家，是否受过专业训练以及是否精通于道德哲学或哲学美学或者某个类似的专门领域（他们对此并不熟悉）。关键在于，他们所关注的问题既不完全是实用性的也不是技术性的——甚至不太像日常建议。更确切地说，这些问题涉及哲学和伦理学，因为它们指向一些大问题，例如知识和经验，艺术的本质及其和谐性与完整性。换句话说，虽然从表面上看这些问题关系到描述和宣传"好"的建筑和设计，然而，经过仔细观察便可发现，它们揭示了关于人们表面上怎么生活或者应该怎么生活的假设。像所有形式的说教话语一样，这些假设也应该受到质疑。

当里克沃特（1954：123）这样的历史学家认为吉迪恩的思想与黑格尔的思想有共鸣时，或者当巴克-莫尔斯（1983：236）这样的理论家认为吉迪恩的思想与海德格尔的思想之间存在分歧时，他们（里克沃特和巴克-莫尔斯）都在利用哲学的权威来捍卫自己的论点。当卡斯滕•哈瑞斯（1997）与吉迪恩达成共识时，这种争论的范围进一步扩大，前者声称建筑伦理学在很大程度上要归功于某种潜在的阐释功能。哈瑞斯不仅就建筑形式的意义、作用和完整性补充了自己的观点（1983），而且还围绕黑格尔和海德格尔的思想展开了讨论，并顺便讨论了克尔凯郭尔和叔本华、约瑟夫•里克沃特、文图里和克里斯辰•诺柏-舒兹（等人）的思想。以这样的方式来书写建筑——书写一部关于建筑和人类居住方式的哲学思想史——理论家便可将过去的价值添加到自己的见解中，并为他们特别关注的事物赋予广泛而持久的意义。此外，他们通过以下方面来衡量自己的洞察力：有这样一种人类主体，他们按照理论家想象的方式居住在建筑环境中并对其进行阐释和思考。但情况并非如此——他们可能缺乏远见，他们的目的主要是为了使某种理论具体化。

当我们从哲学角度思考关于我们的经验和时代的"大问题"时，我们通常需要为建筑理论涂上一层智慧的光彩。本章旨在表明一个事实：我们应该谨慎采用这样一种思考模式，它初看上去接受建筑的价值，为的是在某种典型道德价值的基础上开展研究。还有一种思考模式也有可能使我们的思维出现盲点，它的作用是从建筑客体的多样性中归纳出一种引导我们从广义和普遍相关的角度来理解建筑的判断。这种模式可以用来区分理论家提出的各种问题，它们并不涉及人们对建筑的其他回应，这些回应看似较缺乏启迪意义，或者无法证明某种人类状况。例如有人接下来可能会片面强调关于建筑的阐释或建筑的意义（要想了解有关这种趋势的讨论，参见怀特，2006）、建筑的代表性价值观或美学或者建筑可能带给我们的独特体验。接下来，我们必须完成一项哲学任务，即协调建筑形式的不同意义及其带给我们的不同体验。这是通过抽象方式发生的，也就是说，考虑到文化物品和设计实践的统一范畴，现象学家可能会使用先验还原或悬置法。

我们现在识别出的第一种危害似乎非常接近于第二种。也许，理论家的哲学外表已经加剧了"文化"这一术语对于理解建筑和伦理学的限制。换句话说，有人坚信建筑环境应该提供"一种有说服力的住所"，允许一种"永恒的建筑方式"，或者表现一种最重要的"伦理功能"，这种信念凸显了一种关于人性的普遍哲学。这样的需求预示着以下情况的发生，即正如拉斯穆森所认为的那样，建筑将会不可避免地"为我们敞开大门并显示出其真正的本质"——对于那些有足够洞察力的人来说是这样。

考虑到大部分建筑理论会受到思维方式或重要思想家以及与哲学话语相关的术语的影响，有人可能会提出这样的疑问：将建筑视为其他类型的社会产物的对立面的想法究竟有什么特别之处。换句话说，在怎样的情况下——如果存在这种情况——我们会为了获得看似永恒的价值而去阐释建筑，却不会以同样的方式去阐释其他人类作品（像艺术或构成派雕塑）？所有用来描述其他学科（例如工程学或工料测量）特征的认知、修辞和技术实践似乎都不能满足康德所说的实践者对"哲学思维"的渴望。鉴于我们经常需要通过一系列的理论范式来描述建筑学并解决与之相关的不确定性问题，似乎有一种特别的主体——该主体通过某种阐释、推理和审美体验的手段开展工作——会在很大程度上影响该学科。

我们的重点并不是驱逐这种主体，并且为建筑理论的构建提供新的基础。更确切地说，考虑到我们需要借助现成话语的传统来理解建筑，该主体对于我们探究建筑环境与价值的关系而言似乎是必要和有用的。此外，关于建筑如何发挥作用以及我们应该如何在其中"工作"或生活的普遍假设可能同样有意义，这正是因为它们是在日常情况下被提出来的。对于建筑或空间应该具有怎样的形态，或者我们应该如何体验它们，我们是有所期待的。按照这种期待行事的倾向有一种更广泛的作用，即实现我们所有人——哲学家和普通人一样——很可能在一定程度上共同具有的自我修养。根据我们的日常观察，一座建筑可能"太现代"，或者另一座建筑可能"太老式"并因此"落伍"，自我塑造的机会就是随着这种观察而出现的。同样地，当人们观察一个空间时，如果他们询问这个空间给他们带来"什么样的感觉"，那么，这个空间留给他们的印象就会将他们与以下因素联系起来：他们所处的环境，他们自己的想法和感受，以及群体的情感和审美标准——他们可能觉得不得不与此保持一致。

前面的观察构成了一个简单的事实，那就是学者们会以某些方式思考，因为他们受过这方面的训练，而且他们的地位在很大程度上取决于他们是否能够以独特的方式锻炼他们的智力。同样的道理也适用于建筑理论家，他们支持一个或另一个哲学流派，或者叙述哲学思想的历史，以便将某种建筑标准置于背景中加以考虑并因此使其具有合理性。通过这样做，我们可能看到更多的问题，而不是解读哲学著作或纯粹的求知欲所带来的乐趣。对于那些不太精通哲学语言的人而言，专业权威人士的观点在很大程度上超出了他们的理解范围，在培养这种观点的过程，我们可能会觉得受到了操纵和强制。事实上，即使对于那些身为哲学家的人而言，这种强迫感可能也是存在的。批评家的权威性通过他们讲述和书写建筑与审美对象的方式体现出来。不论他们善于使用的术语是"温和道德主义"和"激进自治论"还是坚固、实用和美观，他们都是专业人士。然而，对于专业权威人士的观点来讲，其关键问题并不仅仅与学术学习有关。即使有些人不熟悉一系列特定的伦理学术语或维特鲁威的术语而是熟悉更常见的词汇，他们也拥有一种"特殊的"（受过指导和后天获得的）知识，对于这种知识，我们可以从其起源、传播和影响这几个方面来加以研究。在外行人看来，如果从道德角度来审视有些建筑，它们可能只会让人有一种不值得信任或"不健全"的感觉，例如看似"浪费"的空间，指向这些建筑的日常词汇就是以上述方式向我们传达信息的。也许，有些项目会通过威严的气势或可疑的来源表现出这些或其他令人怀疑的品质，它们可能会招来设计师的反对，因为他们认为这些项目给人一种傲慢的感觉，或者对过去、对建筑环境或者甚至对特定社区"缺乏敏感性"。

随着一系列紧迫问题的提出，建筑和伦理学表达了我们对"文化"和"伦理学"等词汇的不同理解，迫使我们注意本研究所强调的不同话语，以及主要权威人士分别关注的问题。我们应该同样意识到这样一些问题，它们起因于学科的历史，以及学科的语言和方法、内在逻辑和潜在矛盾的演化。当我们解读哲学及其分支学科的著作时，我们需要留意相关的问题，在这些学科当中，学术和高度演化的思维方式不过是一个更广泛的自我塑造机制领域的一个子集，在该领域中，思想和行为都是由某种正确性的概念指导的。例如哲学伦理学的发展部分是由一种难以达到的目标引导的，即实现系统的确定性；因此，人们在过去提到它时称它为"道德科学"。像建筑学这样的学科具有探求确定性知识的特征，这些学科可能曾经在"文化正当性的实际参数"范围内形成了更清晰的轮廓（这种情况也有可能继续下去）——正如海斯所认为的那样，"这些参数允许我们进入艺术世界并且对艺术品做出评价"。

一直以来，我们都在努力解释长期困扰建筑学的难题，而建筑理论家从哲学角度探讨问题的愿望恰恰在一定程度上有助于使我们的这种努力合理化——矛盾的是，此类难题正是由这些努力引起的。这种愿望在一定程度上有助于解释为什么建筑的艺术和科学之间的区别或者建筑的审美和实用价值之间的冲突有时会被视为长期存在的问题，而不是特定的观点和想法所造成的结果。换句话说，上述难题解释了建筑学的离散或混合特征，通常来讲，它们更多地起因于理论，而不是其他方面。有一种哲学角色准备解决这些问题，他们的持续存在让我们对哲学概念始终保持尊重并在使用这种概念的过程中为其赋予特权，同时还为我们指明了最正确的、实现完整自我的道路。然而，我们应该识别多个"角色"，因为这种形象以许多面貌出现，如道德哲学家或美学家，形而上学家和现象学家，等等。他们的思维方式所代表的知识和道德范例将一些建筑理论家（就像亨特下面所描述的哲学历史学家一样）描述为一种现代圣人：

> 他有一种典型的自我修养模式，我们可以用它来体现最高的伦理需求——通常的做法是把他的社群与一种更高层次的、具有救赎作用的现实联系在一起——他会在此基础上去实践道德和知识权威，有时也会实践政治权威。

（亨特，2007：599）

分析伦理学可能会成为一种能够以最佳方式解释这一现实的学科，这是可以理解的，但未必是正确的。在该学科中，我们对似乎是什么和应该是什么的知识进行协调，并准备在此基础上按照有效的道德方式行事。考虑到权威有时属于学术调查的范畴，有人可能会认为伦理学家比关注实际问题的建筑师拥有更广阔的视野，或者认为前者对道德难题有更高的意识。当伦理顾问向专业人士和政府机构推销他们的专业知识时，他们通常会采取这种思维方式，这些专家和机构想要做"正确的"事，或者试图说服他们的追随者和选民接受他们已有的观点。然而，如此重视这种特殊哲学分支的做法会带来一种知识还原论，这就意味着有人会以一种轻率的态度去接受任何学术话语，而他们这样做的依据仅仅是这些话语自身的特征。正如下一章中所描述的那样，对有些人准备接受超越现象学的事实来说情况就是如此，该学科试图描述人们对建筑的长期体验。通过把他们的"组织成员"训练成一种特殊的知识分子，道德哲学家（或现象学家）设想出了一个能够自主推理的主体，这是他们自己的化身，能够为人们展现他们的思维方式。这可能会把我们引向一种更严谨的分析，这种分析是围绕一个众所周知的、可以用哲学术语来解释的形象展开的。然而，这里所设想的主体未必是一个有创造力的主体——当然也不是完全如此。就像任何分析法一样，伦理学有其自身的设想，同时还对其话语允许范围内的问题和概念有所期待。

一些人抱怨说，就像其他创造性艺术一样，建筑的自主性往往被它们引来的批评性写作特别是哲学文本削弱，根据这些文本的描述，这些学科仅仅是关于哲学真理的例证，它们既不可能由其他重要事物（例如文化遗产、记忆和社区）产生，也不可能产生这些事物。为了能够提供一个更全面、更真实的解释，安德鲁•本杰明努力"思考建筑的特殊性"，并构想出了一门独特的"建筑哲学"（2000：vii）。本杰明的封闭式唯我论文本更多地证明了规则而不是例外，它们让不止一位评论家（布里顿•卡特林，2001；麦特勒佛，2002）迫切需要借助一两个例子去阐明作者的意图。

很明显，建筑环境不只是解释哲学和伦理学命题的一个来源。然而，相反的看法也未必更好。有人认为，建筑（或者这个意义上的其他艺术形式）本身具有某种特殊性——例如拉斯穆森坚持认为建筑"有其自身的标准"——可能明显不同于其他客体，或者比道德问题更重要，他们的这种看法与还原论相差无几。莱昂•克瑞尔之所以受到批评，那是因为他出版了一部代价高的、与艾伯特•斯皮尔的建筑有关的专著（1985），在这本书中，虽然克瑞尔承认纳粹的罪行，但他声称该书的唯一主题和唯一理由是"古典建筑和对建筑的热情"（由杰斯科特引用，2000：10）。哲学历史学家也许会得出这样的结论，即《艾伯特•斯皮尔：建筑，1932—1942》（克瑞尔，1985）的编辑是一位本质论者，因为他相信这种永恒的情感或"热情"（如果存在）是构成伦理建筑的首要因素。道德哲学家可能得出的结论是，这位编辑表达了一种类似于激进自治论的伦理立场。一些批评家可能会对此采取观望态度。然而，这些说法太过随意，而且无论如何都会给人造成假象。另外，杰斯科特总结说："尽管克瑞尔的意识形态和修辞停顿在建筑与政治之间，然而，从结构上讲，与纳粹党卫军的刑事责任能力相关的正是对建筑的热情，他们控制了强制劳动集中营，并在那里实行国家政策"（杰斯科特，2000：9～10）。对"真正的"建筑所具有的自主性、永恒性和普遍性的教条主义信仰，就像克瑞尔（据称还有斯皮尔）无条件"对建筑的热情"一样，是毫无根据的。

从对斯皮尔的建筑的正面评价到宽容博物馆的文化推广，本章探讨了一系列的主张，鉴于这一点，我们开始看到一个清晰的研究课题。确定文化和哲学角色的局限性——理性或怀疑、理论的真实性或欺骗性的界限——是研究建筑和伦理学的起点。下一章将对这项任务进行补充。我们将主要关注建筑话语的附加特征，尤其是旨在全面阐释我们如何"体验"建筑的理论。

下一章将展示一个有关哲学角色的范例。在这种角色的掩饰下，理论家根据先验现象学本身的情况对其进行支持，并运用胡塞尔和海德格尔的学说去描述现代建筑的道德沦丧和居住者之间的疏远。第4章将关注建筑话语中的这种原教旨主义。对这种批评的拒绝将为我们开辟道路，从而让我们以更广阔、更开放的视角去看待人类身份、道德价值观和建筑环境。

体验建筑

文化仅仅是用来思考建筑和伦理学的一种方式。另一种方式则是提出以下问题：建筑环境是否以及如何能够被体验；我们是否有可能共享这种体验并从道德角度对其进行解释。许多哲学家、建筑理论家和实践家理所当然地认为建筑（或者至少其中一些建筑）能够以这种方式被体验。更普遍的情况是，在范围更广的社区内，人们期望不同类型的建筑以及公共和私人空间能够以明显的方式与我们的认知和情感发生关联；他们还期望城市与人类行为模式能够起到相互塑造的作用。例如当建筑开发商推广他们的项目时，他们通常会告诉人们这些项目能够提供一种独特的"城市体验"，可能是一种充满活力和机遇且令人振奋的生活方式。时代广场的重建项目就是以这种方式得到宣传的；然而，该项目需要国家颁布土地征用权法令，即要求国家权力强制购买那些被指定为拆迁对象的私有财产，从而使该项目得以顺利开展。开发项目从建筑工地的强制收购开始，在损害该地区居民利益的情况下进行，当他们看到广告牌和工地围挡上的文字时，他们感到自己的生活方式被歪曲了。这是因为，摄影师和营销代理商试图将该地区的完美形象呈现给人们——以"公众"为名义，并以"振兴城市"为不切实际的目标（米勒，2007：45 ~ 69）。

与此颇为相似的是，政府和保护主义者以及规划师和设计师经常不遗余力地宣传某些类型的公共或纪念性建筑或"遗产"区域，因为他们旨在呈现一种鼓舞人心且有助于培养良好公民意识的独特历史经验。博物馆馆长和策划人也追求着相似的目标。想想"战壕体验"——伦敦帝国战争博物馆中第一次世界大战展览的一部分，或者殖民地威廉斯堡的"非洲裔美国人体验"，在那里，人们可以看到这样的格言，即"……未来可以向过去学习"。尽管历史能够引起人们的兴趣，然而有人几乎总是以一种局限的视角来看待过去。除了馆长的愿望以外，可能还有其他因素在起作用：例如政治利益，或者与商业利润和旅游收入相关联的经济问题。尽管有些人可能认为凡是有益于旅游业的都会有益于更广泛的社区，然而商业目的未必与公民的愿望相一致。同样地，尽管有些人通过精心规划来宣传"社区"体验，但是用来实现这一目标的手段会随着各种设计项目的主要受益人的变化而有所不同。其中包括投机性开发和"合作式"建房，前者以消费者社会为目标，向人们宣传可供选择的住所和生活方式，后者则鼓励人们在设计过程中注重包容性并减少建筑成本。

这些不同的"体验"能够生动地为我们呈现多种概念、社会和物理背景，并为某些人的利益服务。鉴于这一点，我们不大可能以某种单一的方式去理解以下问题，即人们对建筑形式和空间（不论是城市、遗产还是社区）可能会有怎样的体验。然而，考虑这些可能性有助于我们思考其他问题，例如建筑物、城市规划项目、博物馆或住宅大厦可能会对个人完善和公正社会做出怎样的贡献。诸如此类的伦理问题是由以下因素形成的，即我们对建筑环境的不同反应，我们对这些反应的认识和评价以及它们所要求的多元价值与责任。想想下面的例子：如果人们认识到拆毁建筑和驱逐居民的代价或紧随而来的社区规划时，工地围挡上宣传的那种城市生活方式就会让人觉得不够真实或不大值得称赞。

考虑到有可能通过多种方式体验建筑之后，我们或许也会认识到这样的情况，那就是有些方式似乎受到模糊推理或传统智慧的制约。人们可能会重视有些体验而忽略其他体验，因为前者能够吸引我们去探讨某些不确定的"人性"概念或某种值得商榷的现状。想想人们对自由市场、对仅仅是购物者的市民以及对消费者选择的绝对道德必要性（这三个相互联系的抽象概念值得重新考虑）的共同信念如何让设计师更多地考虑经济利益和建筑式样而不是文化遗产等其他问题。在这种情况下，对支付能力、公众可及性或环境可持续性等其他因素的考虑可能起着决定作用。建筑环境以不同的方式影响着人们，通常来讲，它可以同时确认和挑战他们的多重身份（作为城市居民、城市形态的消费者、城市历史的继承者或对可持续未来负责的市民）。这种身份还会受到建筑和空间的挑战，因为它们会促使我们重新考虑自己对任何一种非常有意义的体验的合理期望。

对道德哲学家而言，有一部分审美考虑特别强调建筑可能带来的"审美体验"——这似乎与之前的考虑相去甚远——并将其视为支持价值主张的一种手段。例如迈克尔·米迪亚斯认为，对建筑体验进行"充分的分析"是有可能的，这是合理认识和评价建筑以及从建筑美学中发现教育原则的"最安全手段"。他提出了如下问题：

在怎样的理论和知觉条件下，我们有可能从建筑自身的角度去体验、欣赏和评价一座建筑并将其视为建筑学上的整体，而不是求助于或依赖于某种外在的或不言而喻的哲学、意识形态、政治或社会目标？

（米迪亚斯，1999：61）

有人可能会提出这样的问题：如何能够进行"充分的分析"或者"将一座建筑视为建筑学上的整体"？米迪亚斯为什么认为这样的抽象条件会令人满意？换句话说，有人为什么想要把建筑体验与上面所说的其他考虑分开？后者在某种意义上不是也被包含在我们的体验当中吗？美学甚至有可能提醒我们注意这些方面的考虑。对于给定的建筑和空间来说，我们始终有必要在接触建筑环境的过程中有意识地考虑我们的认知和行为，这种意识可能具有多种哲学、意识形态、政治和社会维度。在可想象的范围内，有些条件对于独特的建筑审美体验是必要的，不论它们存在于学科的内部还是外部。"审美"和"体验"这两个术语似乎都不大可能让我们全面了解这些情况背后的伦理观。

我们早就有必要提议以独特的方式去体验建筑，包括从审美角度去感知一座建筑。例如，为了支持自己的说法，米迪亚斯引用了海德格尔和克里斯汀·诺伯格-舒尔茨的观点，在他们看来，建筑是一种"现象"——这一概念在西方思想中有着悠久的历史，充分体现了有些人对本体论和认识论的特殊专业兴趣。尽管这些观点可能揭示了一种从"建筑自身的角度"去理解建筑的方法（无论这些观点是什么）——我们仍然无法找到一条可遵循的路子或一种可靠的指导方法。

这一章探讨了人们对某种独特建筑体验的期望，特别探讨了以下两个问题：一些建筑理论家是如何通过求助于先验现象学来解释建筑的；根据这种推理方式，他们在怎样的情况下会认为建筑应该在道德方面发挥作用——不论这种作用实际上是"积极"还是"消极"的。本章首先就这种观点的推理模式、术语和修辞提出问题。在这里，我们对狭隘的历史诉求提出质疑，因为它支持这样一种主张，即从某种角度来讲，现代建筑尤其变得没有意义，人类也脱离了自身的环境。值得注意的是，我们这里所提到的主要理论家都是哲学家胡塞尔和海德格尔的忠诚拥护者，正因为如此，他们的思想具有一致性。他们努力以某种方式将建筑和伦理学联系起来，这种方式同样可以促进明确的社会和政治目的的实现，在这个过程中，他们以哲学原理作为基础，而且也愿意这样做。当他们针对建筑可能具有的性质提出疑问时，他们的认识盲点或许同样来自他们对哲学的忠实拥护。

例如，阿尔伯托·佩雷兹-戈麦兹的作品明显归功于胡塞尔，有时归功于梅洛-庞蒂，他认为，从根本上说，建筑是一项以自身"诗学"为基础的道德事业。该术语来自古希腊语的创制一词，表达了人们创造美丽世界并生活在其中的普遍愿望。通过这个概念，他把建筑转变成了一种很大程度上无法辨识且与我们居住的建筑环境迥然不同的客体。其他作者则追随着佩雷兹-戈麦兹的脚步，他们要么直接引用胡塞尔，要么引用他对胡塞尔的阐释。通过回顾这两种方式，他们让我们意识到了存在于建筑话语中的某种深层的意义危机，他们的观点正是以此为出发点得到确认和证实的。从总体上讲，这些理论家为我们提供了有用的参照，我们可以将自己对于建筑环境和道德价值的看法与他们的观点进行对比。我们主要关注这种现象学方法在研究建筑的过程中所体现出的原教旨主义，以及其通过所谓对形而上学和先验论的依赖而寻求的确定性。

通过将先验现象学当作从根本上充斥着理论的推理方式的一个例子，我们的目的在于培养一种用纯理论方式来思考体验和建筑环境的意识；这种方式通常会混淆不确定的价值判断。这些判断可能涉及学术或日常生活。因此，当一些学者在求助于先验哲学的过程中哀叹建筑意义的危机时，他们的这种做法会促使我们仔细考虑政治家或建筑环保主义者的利益。前者能够通过政治活动来扭转一座城市在物质上和"精神上的衰退"，因为他们可以颁布拆除法令并搬来推土机，后者则主张以"精确的方式"重建过去。

在本章的结尾部分，我们反驳了这些现象学家关于普遍和永恒情感的主张。这样的观点不仅充斥着理论，而且还强求一致性，因为它们经常试图通过单一的理论来解释所有的情况。我们需要的并不是这种观点，而是一种能够从哲学微妙性和历史协调性的角度更好地阐释人类的主体性和体验的观点——这种观点同样能够阐释建筑和伦理学的关系。通过这种观点进行审美感知和体验（"当事物出现在我们的体验中时"），我们就会有这样一种感觉，即个体是独特的道德生物，他们为自己的行为负责，而且在一定程度上也为他人的行为负责。从根本上讲，为建筑和自然环境负责的正是这样的个体（我们）。不同类型的观念和判断以及行为和责任恰恰出现在这些相互交叠的领域内。

本章始终注意对我们的体验的不同方式的推理和询问。这些方式包括考虑"理性"本身的可能性，以及针对我们与建筑环境的复杂关系展开多方面的思考。这其中包括哲学和实践思维，以及构成生活"事实"的生物、经济和其他类型的合理行动。

现象学和历史学的演进

在建筑学中，人们对于某种所谓的独特建筑体验的期望促进了某个主体的形成——从历史、哲学和伦理学的角度来讲，这个主体都是难以理解的。尽管如此，许多理论家和实践者仍然坚信一点，那就是当我们意识到建筑的形式、外观和材料细节并且在建筑当中发现乐趣和美感时，我们应当强调一种独特的理解。这种理解可能源自以下观点，即认为感性认识在根本上是一个整体，受到所谓的理论条件的制约，对感官知觉而言是有必要的。与此密切相关的观点认为，在不去考虑社会、经济和政治背景的情况下，我们可以找到理解、判断和设计建筑的最好方法。有一种观点认为，由于建筑本身的独特性和不可简化性，它们以特有的方式影响着人们（这种方式和我们有可能对待艺术品、食物或爱情的方式截然相反），这种观点很少成为明确的主题或精确方法的来源，因此，它既支持我们从实践角度去理解建筑环境，也支持我们从哲学角度去思考建筑环境的存在维度。这种观点完全不同于那种抽象和局部的理解，前者为建筑形式和空间赋予了一种完全感性的、完整而综合的特性，后者则来自对建筑形式和空间的描述、测量或绘制等其他手段。"建筑体验"在很大程度上具有时间特征，而相比之下，这里所说的其他手段则表现了另一种秩序，它似乎与所有的时间和地点概念保持着距离。例如，按照这样的逻辑，测量实践可以代替心理和表征、工具和技术操作的领域，这些操作本身是没有意义的，但是据说可以把建筑转变成空的载体，从而容纳更多受限制的"哲学、意识形态、政治或社会"问题。例如拉斯穆森写道：

> 建筑并不仅仅是通过在立面图上添加平面和剖面而形成的，而是包含着其他更多的东西。我们不可能准确地解释建筑是什么——我们对此并没有明确的界定。从总体上讲，艺术不应该被解释，而是应该被体验。然而，我们有可能凭借话语来帮助其他人体验艺术，这就是我在这里尝试要做的事。

（1959：9）

一种不精确的感觉——准确解释"建筑"是什么的难度——困扰着拉斯穆森，也提醒我们注意一种隐晦的风格。也许，道德哲学家和建筑理论家都会受到这个问题的困扰，它体现了建筑体验所具有的"不可言说性"，或者关于恰当解释"建筑是什么"的构想。或许，用于想象建筑或建筑体验可能是什么的其他手段会让我们相信有一种代表"其他更多东西"的主体——这些东西重要而有意义，我们无法（容易地）表达和计量它们——例如我们肯定无法单单通过测量或绘制建筑的方式来表现它们。

对于哲学家、建筑理论家和实践者而言，关于建筑体验可能是什么的想法可以在现象学语境中获得更严谨的概念。建筑体验既可以被理解为哲学的一个学科领域——与本体论和认识论、逻辑学和伦理学等其他研究领域并存——也可以被理解为哲学思想史上的一次更具体的运动。胡塞尔和海德格尔、梅洛-庞蒂、巴什拉和诺伯格-舒尔茨等哲学家为这次运动赋予了活力。现象学研究"事物的表面现象，或者事物在我们的体验中所呈现出来的样子，或者我们体验事物的方式，[并且]因此研究事物在我们的体验中所具有的意义"（史密斯，2003）。现象学的实践者强调主体以及主观或第一人称视角，认为这是自觉意识的一个条件。

在胡塞尔和海德格尔的著作中，现象学构想了一个生活体验的世界，其存在先于（从历史和前概念的角度来讲）经验理性的世界，以及与数学和几何学相关并受逻辑和演绎规则支配的思维方式。在《欧洲科学和先验现象学的危机》（1970，1954）一书中，胡塞尔把前一个领域称作"生活世界"，并提出了如下观点，即人类与这个前概念的生活体验世界的疏远是现代生活的一个特点。[1]胡塞尔的生活世界需要我们以一种特殊的视角去看待人类的独特性以及与之相关的道德基础。植物和动物等其他物种无法像人类那样体验这个世界的时间和空间形式。首先，它们无法以自觉的方式去考虑自己的知觉、想法和愿望。"生活世界"的概念被描述成"关于所有可能的感性世界的实质结构的原则"，我们可以通过这种结构来设想这样一种"存在"——它结束之时正是"关于连续性和极限的数学开始之时，同时还是我们用几何或数学形式来描述自然之时"（莫汉蒂，1996：21）。"生活世界"的秩序将形式和价值赋予人类体验——赋予"事物在我们的体验中所具有的意义"——以及那些被认为在某种程度上削弱生活重要性的理性认识和工具性思维。

这种思路的封闭性以及存在主义和解释学的特点在很大程度上归功于海德格尔（恩布里，1998）。对公众特别有吸引力的是，他声称永恒和自我塑造的建筑行为涉及人们对真正的"住所"的想法。第二次世界大战不久之后，海德格尔在写作时（相对忽视尾随而来的欧洲难民的困境）强调说：

真正的居住困境并不仅仅在于房屋的缺乏。事实上，较之两次世界大战带来的破坏、地球人口的增加和产业工人的状况，这种困境的存在是一个更加古老的话题。真正的居住困境在于，人类一直在重新探寻居住的本质，同时必须学会居住。对有些人而言，即便出现真正的困境，他们仍然不会将其视为困境，如果他们的无家可归是由这种想法造成的会怎样？然而，一旦人们对自己无家可归的状况进行思考，这就不再是一种痛苦。正确思考这种状况并将其铭记心中，这是鼓励人们寻找居所的唯一动因。

（海德格尔，1951：161）

如果这篇文章不是由海德格尔这样的权威人士而是由其他任何人所写，那么它就有可能不会受到重视，因为有人认为这其中包含着一种模糊或者甚至傲慢的想法。作为一种包罗万象的理解世界的模式，生活世界以及可能与之相关的概念——例如"真正的住所"——是值得怀疑的。我们可以想象一个包罗万象的自由市场或"社区"，在这里，某种体验会像我们料想的那样发生，同时，人们也有可能产生一种被疏远或不自在的感觉，同样，生活世界也是一种虚构的理念。生活世界会让我们产生一种同样含糊不清和值得怀疑的想法，那就是集体记忆可以帮助我们理解某种过去，从而保证历史建筑、纪念碑和纪念馆的意义、功能和价值。这些想法都需要一种世界观，并且都会提供可能从历史、哲学和伦理学等多种视角引起争议的道德判断。

现象学是建筑理论史上的一次有影响力的运动，尽管它的解释和应用还远远不具备明确的意义。现象学的支持者们对该领域的关键术语和思想家有着不同的见解，并且常常以不同的方式阐释该领域的应用和意义（像先验论和存在主义这样的倾向）。研究建筑的现象学家有一个共同的信念，那就是要想真正了解"建筑"（真正有意义的建筑）的全部含义，唯一的途径就是体验建筑，在他们看来，这是一种自发的、具有深刻意义的行为——尽管他们对建筑的"全部含义"持有完全不同的观点。这是一种源于知觉和"建筑体验"本身的行为；据说这种行为可以让我们了解一个人的内心动机和道德观。

阿尔伯托·佩雷兹-戈麦兹在自己的著作中始终努力支持胡塞尔的现象学，在他看来，这是判断建筑的基本意义和内在价值的手段。他一直在思考以下问题，那就是我们应该提倡真正的住所，而不是其他一些可能令人疏远的生活方式。他认为，只有通过先验现象学，"对理性乌托邦不抱幻想"的建筑才能发现"超越实证主义偏见的方式，从而在人类世界找到一种形而上学的新理由：它的出发点仍然是知觉领域，即存在论意义的最终根源"（佩雷兹-戈麦兹，1983：325）。和卡斯滕·哈瑞斯一样，他也担心"理性无法提供人类生活所要求的那种取向"（哈瑞斯，1992：19）。他和达利博尔·维塞利都相信"建筑具有协调不同层面的现实的潜力，这在建筑史上是一个非常清楚的现象"（维塞利，2004：7～8）。由于这个原因，建筑似乎需要这种形而上学的支持，从而使其自身获得更加确定的意义，并且能够更好地满足根本、永恒和普遍的人类需求。其他作家同样也有这样的信念和担忧，尽管他们可能没有引用哲学思想来对此进行解释。同样地，他们也会像变戏法似地构想出一种疏远的概念。他们当中的有些人承认"人们普遍相信自己无法为建筑赋予意义"，因此有人认为我们同样无法为自己的生活赋予目标（麦克格瑞斯和纳温，1992：171）。

这种想法的一致性在很大程度上来自某种特殊的历史阐释。长期以来，建筑理论一直在试图以不同的方式将某种时间顺序强加给它的主体，最明显的结果是出现了一个看似更加连贯的、可以通过哲学思维进行修正的学科。这种趋势在一定程度上解释了以下问题，即建筑学校为什么会经常把关于重要建筑及其设计师的历史调查与建筑思想史结合在一起，从而将其整合为关于"历史和理论"的教育课程。通常来讲，关于建筑的传统、类型和风格以及先例和创新的调查与伟大哲学家的经典之作以及一系列理论范式是并存的。对于那些有兴趣研究"理论"的人而言，必须具备的一个条件就是对哲学的普遍尊重。说明以下问题的书籍和大学课程并不太常见，即与建筑环境相关的伦理问题同样也有一段历史——它们既不是普遍的也不是永恒的，而是来自有关人性的哲学命题，以及建筑所留下来的有关生活方式的物证。

与现象学一样，范式本身通常也暗含着关于某种与人类状况相关的真理和价值的主张。关于先验现象学和建筑的研究吸收了胡塞尔的学说以及源于康德哲学的问题。黑格尔和他的追随者们为后人留下了这样一种观点（在很大程度上归功于康德）：从根本上讲，人类主体是分裂或辩证的，处在精神世界所赋予的动机和物质世界所强加的约束之间。在这样的情况下，人类永远被驱使着去改造自然，从而通过创造性手段更好地理解自身。这些手段包括像建筑这样的艺术形式。

在本章中，有一种叙述特别让人感兴趣，即人性在本质上是分裂的，就好像人们经常感觉自己处在困境当中。他们为自己而生活的愿望与社会、经济或其他压力之间形成冲突，后者似乎超出了他们的直接经验和控制。我们所要讲述的是一个关于疏远的故事（与自然或社会疏远，但是最终与自身疏远），它描述了人类存在状况的支离破碎性，关于这一点，我们可以通过某种类型的建筑找到原因和解决办法。在第3章中，我们可以找到关于这个故事的暗示：通常来讲，建筑可以被描述为一项独特的"文化"事业，与此同时，有一种观点认为人类身上存在着一种分裂的伦理本性，这种本性可以借助"文化"作品得以恢复。这种辩证观远非容易受到质疑，但即便如此，它仍然太过笼统，不能作为可接受的整体性伦理方法或建筑环境阐释的基础。我们所能知道的是：无论是好是坏，我们的生活都经常会呈现出一种支离破碎的状态，因此，我们不得不把各种事物划分开来——使事物"分解"——这就为自我塑造确立了一个重要的领域。这是一个由不同类型的识别和选择行为构成的实践和道德领域。该领域可以为我们的推断提供依据，却在很大程度上被教条主义思想所忽略，这种思想将建筑局限在哲学领域内去审视，而不是将其视为促使我们理解建筑环境的复杂性和不确定性的动因。伴随着对这种复杂性的认识，我们意识到了一系列可能的体验，它们引发和迫使我们重新考虑我们的身份和愿望，以及我们的社会和我们自身可能具有的意义。

在以先验现象学为依据的建筑理论当中，人们普遍有一种疏远的感觉，他们感到自己的兴趣是分裂的，感到自己需要在可能是什么和"应该是什么"之间做出分别，尽管这一点在其他建筑理论中也很明显。例如，吉迪恩在《空间、时间和建筑》中指出，建筑师有可能对某种当代的生活方式存在误解。他们可能创造出不合时宜的建筑。关于现代主义建筑的批评也会出现相似的可能性，对于学者和大众而言都是如此。"疏远"这一概念在肯尼斯·弗兰普顿的《现代建筑：一部批评史》（1980）中有所暗示，根据作者的观点，"批判地域主义"和建筑可以用来协调地方性和全球性问题，以及人们对过去和现在的各种感觉。总的来说，这样的解释为建筑、居住者和他们的生活方式赋予了二元论的意义。建筑、居住者和他们的生活方式往往呈现出一种非此即彼的状态，要么是正当的要么是不正当的，要么是地方性的要么是全球性的。这些对立面可能具有一种方便的说教功能，能够在建筑与人类之间建立起某种普遍的联系；然而，当它们把推理思维强加于人类主体（并且要求它们的读者具有这种思维）时，我们面临的问题就会比答案多。

胡塞尔的"生活世界"显然是一个哲学概念，尽管我们就"存在"的价值或理性的疏离效果做出的道德声明也会在某种程度上提出历史问题。人们想知道的恰恰是如下问题：这个生活体验的世界是如何以及何时盛行起来的，它是如何消失的，它的回归又是如何将人类从更深的绝望中拯救出来的。同样，人们也可以问这样的问题：如果从哲学角度出发去考虑人类身份而为其赋予二元和辩证的特征，那么这种思维是否会造成疏远。或者，疏远是否取决于可以通过其他一些手段——可能是社会、经济或政治因素——来解释的物质环境？考虑到人与环境之间、人与自身之间以及人与人之间接触的多种方式和人类在这个过程中产生的各种疏离感——以及可能解释这种疏离感的各种因素——疏远的哲学概念是否具有任何实质性的意义？

这些问题可以问佩雷斯-戈麦斯和其他信奉现象学的人，他们的观点强化了对人性的狭隘理解，因而同样描述了体验建筑的有限选择。当他们回顾过去时，他们所看到的并不是一种理想的建筑风格（尽管古典风格颇受好评）。相反，他们看到的是这样一种人类主体，他能够实践有意义的居住行为，却处于无家可归的境地，徘徊在主观和客观的价值来源之间，不知该选择哪一条道路。在他们看来，疏远是由以下几种因素造成的：人类拥有使建筑合理化的强烈愿望；建筑仅仅被视为技术工具，从而服务于不确定的价值标准和短期利益；对建筑形式起决定作用的并不是长期价值，而是样式和风格，建筑的常规性能或功能、经济或成本效益成了唯一的决定因素。在讲述这个故事时，佩雷斯-戈麦斯注意到，在19世纪的前几十年：

> 对于关注意义的建筑师而言，如何协调形式和内容之间的关系是一个典型的问题。任何一种风格的绝对有效性都受到了质疑，人们只注重建筑的实用功能，也就是建筑成为物质商品的过程。如此一来，建筑师不得不在艺术和科学之间以及绝对客观性的错误极端（普遍的数学理性）和绝对主观性的错误极端（个人的诗性神话）之间做出选择。在过去的两百年里，西方建筑史描述了建筑师如何试图接受这个问题。

（1982：5）

注意这一说法中所包含的辩证关系和由此产生的建筑形式与内容、功能与其他一些特征（拉斯穆森所说的"其他更多的东西"）、艺术与科学以及数学理性与诗性神话之间的区别。在阐释建筑话语特别是与理论史相关的主要思想家、术语和观点的过程中，这些现象学家所获得的证据就是以这种方式呈现出来的。例如在引用让-尼古拉•杜朗（1760—1834）的观点时，佩雷斯-戈麦斯认为这位建筑师和学者的思想特别具有变革作用，他慨叹道：

> 在杜朗的理论中，算术和几何学最终丢弃了它们的象征内涵。从现在开始，比例系统将拥有技术工具的特点，应用于设计的几何学将仅仅充当用以确保效率的工具。几何形式丧失了在宇宙哲学中的反响；它们彻底失去了在生活世界和传统价值观中的位置。包豪斯建筑学派、国际风格和现代运动的几何学就是在这种背景下产生的，从本质上讲，这三者并没有差别，都是某种技术世界观的产物。

（1983：311）

这种"技术世界观"解释了建筑形式应当遵循其功能的现代主义规则。佩雷斯-戈麦斯认为，这种观点证实我们丧失了真正的住所（1983：256；302；324）。很难想象这里所说的其他生活方式是什么以及功能性为什么会在某种程度上削减它的价值（以熟悉的方式回应这种深思式的推理），因为它的反对者是以一种间接的方式提到它的。佩雷斯-戈麦斯认为，当人们普遍明确强调今天的功能性建筑时，社会历史现象的疏离作用就会得到证实，例如人们从经济角度出发对建筑形式实行合理化，建筑设计师向普遍流行的科学、经济或管理价值观让步。这些现象（不同于现象学家所强调的"出现在我们体验中的事物",这类事物的范围更广)要求人们首先从精神层面体验建筑;例如通过建筑的外观和审美特征推断出它们的形式逻辑和可能的用途。这种间接的方法阻碍了一种更加直接和自然、更加注重感觉和诗性的方法。[2]

对维塞利而言,之所以存在这种障碍,那是因为建筑话语陷入了某种"冲突"或某个"分裂的时期"(1985;2004),这种状况源于支离破碎的人类经验。这是一场斗争,我们不可能借助它来达到"创建秩序"的目的,因为目前存在着多种不同的、可以通过建筑来表现秩序和传达意义的方式。当人们选择抽象的理论和用来描述经济和舒适等短期目标的规则时,他们就很少有机会获得真正的住宅。不仅如此,当出现以下情况时,这种机会将会受到更普遍的限制,即通过图纸和模型等二维或三维的表现方式将建筑客观化——据我们所知,这是现代性的一个显著特征,更新的计算机模拟手段会使这种情况变得更糟。如果有人在"解读"规划方案时觉得有困难,或者建筑师因客户未能理解图纸和模型所代表的现实含义而产生一种挫败感,那么他们就有可能对这些媒体感到不满。维塞利对这些情况的存在主义维度更感兴趣,因为它们涉及人类的本性和遭遇,而不是学者或普通实践者所关心的任何实际问题。

关于伦理学和建筑环境的任何实践认识都不可能源自这样一个故事——相信这个故事的人也认为佩雷斯-戈麦斯的观点不具备充足的理论条件。建筑师要求人们做出各种各样的区分和选择(在形式和功能、艺术和科学以及不同类型的表象之间),我们认为它们构成了伦理和自我理解的一个重要组成部分,但有些人却认为它们全都反映了一种潜在的弊病,因而将它们视为违背常理的做法。就像先知用自己的纯粹愿景预测出基本真理一样,佩雷斯-戈麦斯和维塞利以建筑环境的思想史为基础区分出了"推理"机制,却脱离了历史本身。因此,他们并没有承认自己的思维方式在一定程度上造成了他们识别并寻求解决的危机。

为了构想出关于疏远的故事,佩雷斯-戈麦斯和维塞利努力钻研建筑历史和理论的术语和思想,他们长期以来进行着修辞实践,不断推进自己的哲学目标。他们对建筑的起源进行思考,将建筑的基础与人类的基本需求和永恒情感联系在一起。这种书写和论证方式在启蒙运动时期非常明显,有人很可能会在此基础上构想出人类与环境之间疏远的观点。实践进一步推动了建筑形式演化的观点,对功能必要性或永恒原则、环境或社会压力做出了回应。它一直持续到了20世纪,尤其是在勒•柯布西耶的作品中得到了明显的体现,它为建筑理论的主题注入了一种类似于人类学的元素,而在当时,人类学只不过是一门新兴学科。尽管在一定程度上为启蒙时期的哲学发展找到了理由并以此来谴责现代主义美学和功能主义的疏离作用,但现象学家仍然不明白自己的推理和修辞模式是如何继承启蒙思想遗产的。

4.2
火地岛土著人，罗伯
特·菲茨罗伊的《"冒
险号"和"猎犬号"探
险船勘测航海记事》的
卷首插图（1839）。
图像©考比斯。

　　马克-安东尼•劳吉尔（1713—1769）在描述原始小屋时的修辞风格类似于让-雅克•卢梭在描述高尚野蛮人时的风格（卢梭与劳吉尔是同时代的人）。劳吉尔的作品通过历史（尽管是虚构的）叙述的方式描述了理想建筑类型的必要特征及其基本功能，从而详细阐述了关于人性的哲学和价值主张（劳吉尔，1977，1753：11～12）。对劳吉尔和卢梭而言，假定一种自然（或建筑）状态是：

> 一种抽象的练习，在这个过程中，人类剥离了与社会关系相关的所有特征。自然人是本能和欲望的生物，没有语言和自我意识。他是孤独和野蛮的，他生活在永恒的现在，没有思想，服从于自身的直接需求。
>
> （赫斯特和伍利，1985：154）

在做这项练习的同时，我们需要对自然和人类这样的概念和事物进行区分和配对。同样，我们对人类也有着不同的观点，要么将其视为其他任何生物的同类，要么将其视为一种独特的社会存在。在原始小屋的故事中，我们找到了类似的观点，即（a）原始人对需求的看法（为了寻求庇护和温暖）与（b）满足这些需求的建筑物（四个支撑物、一个屋顶和四堵墙）之间的对立。还有一种二分法是由以下对立关系形成的：（c）在很大程度上呈现出敌对性或威胁性的环境；（d）原始人的感官和身体——它们能够感觉到不适并找出应对办法。根据劳吉尔关于人类居住的寓言，原始人的环境中总是缺少某些东西，于是，"当人们越来越多地意识到缺失的意义以及由此产生的感觉和思维方式时，建筑就会出现"（泰勒，2004：31～32）。根据这一解释，建筑从根本上源于人类经验的分裂（从心理学角度来讲，这可能类似于人格分裂）。人类是这样一种生物，他们的行为指向环境，同时又受到环境的影响。更重要的是，他们还可以对环境刺激做出所有可能的自发反应，因此，他们至少在一定程度上独立于自然环境。

同样地，胡塞尔以一种反复和辩证的方式来描述人类体验，因此，对佩雷斯-戈麦斯（遵循胡塞尔的思想）而言，建筑可以起到自适应作用，从而帮助人们"理解自己在世界当中的位置"（2006：109）。对佩雷斯-戈麦斯和维塞利而言，先验现象学可以让人联想到一个特殊的人类主体。这个主体拥有体验建筑环境的独特潜力，却要在这样做的过程中面对特定的选择。"定义人性的复杂愿望"不仅使人类对自我有了一定认识，而且还允许我们"选择多种建筑形式"（佩雷斯-戈麦斯，2006：2），其中包括"物质性和技术性"选择，奢华建筑或当前流行的"高科技"设计就是这样的例子。通过寻找真正的住所，我们可以对所有这些选择加以突出和平衡。在这种情况下，建筑设计主要体现了一些无形的概念，如"效率、经济、商品和娱乐价值"。它们助长了敷衍了事（尽管有利可图）和注重成本效益（尽管带有娱乐性）的行为，却无法通过"对美的跨文化追求"来提高生活质量（佩雷斯-戈麦斯，2006：5）。根据这种狭隘的观点，它们不能满足我们所假定的永恒和普遍的愿望。

先验现象学家能够领悟建筑话语的言外之意，却对他们的发现不满意。他们看到的是"危机"、"冲突"和"分裂"，以及对可量化的要素即建筑"类型"和"功能"的更为狭隘的强调——所有术语都成了缺乏创意的现代性的同义词。他们的理论源自建筑环境的思想史，源自他们对以下两点的认知：一是现代性的理性主义倾向，二是对科学和技术的客观性和确定性的看似反常的渴望。佩雷斯-戈麦斯反对从感官上体验建筑，在他看来，这种是一种先验的（永恒和普遍的）体验，根据他的描述，现代主义美学对人类本性是有敌意的，它仅仅是抽象和操作性思维的工具。由于这种很不合理的原因，他认为，从总体上讲，现代建筑不具备根本的道德特征。他还对哲学美学进行了指责。在他看来，用18世纪前几十年的哲学学科来统一人们对艺术、美和品味的多种反思的做法为人类的以下行为提供了另一种证据，即人类退出生活体验的世界而进入思想上的自我吸收和自我陶醉状态。[3]

《建筑与现代科学的危机》一书的评论者对佩雷斯-戈麦斯后来的作品进行了批评。他们注意到了一个现象，那就是该书以一种近乎于百科全书式的手法叙述了历史和理论来源，从而让人对其权威有了更加深刻的印象。然而，本书缺乏令人信服的、关于形而上学主张的重要物证，这一点并不能通过学识来弥补，而且学识也无法证实关于疏远的描述（肖恩，1985；斯蒂尔曼，1985）。维本森强调了该书的封闭性和阐释性，他写道：

该书加强了我们的以下印象，即建筑理论的发展是一个自发的过程，没有受到外部因素的影响。这不仅仅因为该书省略了外在于建筑理论的物质特征，而且还因为它将抽象概念指定为促成改变的积极因素。

（1987：155）

有人可能认为吉迪恩和哈瑞斯的叙述中明显包含着类似的立场和抽象实践。根据这两位学者的观点，建筑学的任务是"阐释一种对我们的时代有效的生活方式"，因此，他们要求建筑成为他们的时代和环境的产物。他们关于建筑和人类的理论同样省略了与建筑环境的复杂性和物质持久性以及历史和当地环境的偶然性相关的所有因素。从某种程度上讲，他们划分偶然事件是为了调解它们。他们划分了两种偶然事件：一种似乎是建筑有序演化过程中的一部分（让我们相信建筑源于长期需求），另一种则是通常与建筑密切相关的细节（解释了建筑风格和装饰的差异性）。这就形成了一类独特的建筑，在吉迪恩和哈瑞斯看来，它们体现了建筑的伦理功能。然而，有人可能会提出一个问题，即我们是否很容易用夸张的方式来描述建筑。考虑到建筑环境相对于任何一个时代或环境的持久性（有些持续很多代），建筑不可能成为任何一个时代和环境的产物——即使是新建筑也是多个时代和环境的产物。出于这个原因，某种单一的开发并不能为我们提供"城市体验"，因为城市生活的所有形式都离不开创新。同样，如果我们通过保存一些建筑形式而忽略另一些建筑形式的方法来寻求一种更全面、更有意义的历史体验，那么结果只会让我们以一种不合时宜的观点来看待过去。

传教者的立场

在他最近的作品《以爱为基础：建筑的伦理学渴望》（2006）中，佩雷斯-戈麦斯表达了自己对以下现象的不满：在最近一段时间内，由于出现了太多认识和评价建筑的方式，我们对建筑的体验变得更加支离破碎。现在，我们对建筑提出了更高的要求：它们不仅要符合自身的形式和功能的逻辑性，而且还要符合杜朗和他的启蒙运动时期的前辈们无法想象的要求，例如它们需要遵循成本效益，或者对环境做出反应。鉴于这种日益复杂的情况，我们需要借助另一些可能矛盾的论据来寻找建筑环境的价值。

在他的作品的引言部分，佩雷斯-戈麦斯同样表达了对建筑学现状的不满，在他看来，该学科丧失了明确的目标，与时代格格不入。他写道：

本书认为，建筑的物质性和技术性选择——尽管从历史性失败的角度来讲是复杂和合理的——无法针对定义人性的复杂愿望给出满意的答案。作为人类，我们最好的礼物是爱，世界总是呼唤我们对它做出反应。尽管我们对此抱有怀疑的态度，建筑仍然是以爱为基础创造出来的，而且这种情况必须持续下去。本书将试图说明这个基础是如何具有合理性的；如果建筑的基础源自规范学科或抽象逻辑系统的前提，那么这个基础就会与建筑环境不相称。虽然我们也能认识到传统宗教、道德教条和意识形态的弊端，然而，真正的建筑所涉及的远不止时尚的样式、价格实惠的住房和可持续性发展；它能够回应我们对于有说服力的住所的渴望，这样的住所能够让我们感受到爱，并且为我们呈现一种符合我们梦想的秩序感，这份礼物能够帮助我们人类在这个世界里实现自我认识。

（2006：2～4）

我们很容易想象到的情形是，佩雷斯-戈麦斯可能至少会把"时尚的样式"当成谴责对象，特别是对美学和风格的执迷会在其他方面降低建筑的品质。然而，我们还可以想象到其他情形，那就是时尚的建筑形式也可能具有很高的美学和伦理价值。此外，根据任何其他方面的解释（特别是沃里克•福克斯的解释或者任何其他有关环境的解释），至少作者所说的另外两个难题即"价格实惠的住房和可持续性发展"应该保证我们对建筑的伦理学思考。通常来讲，当我们从美学和伦理学角度去构思当代建筑时，经济和环境方面的考虑应当成为关键因素。

另一种选择是什么？理论家如何看待一种更好或更有意义的建筑体验？"爱"和"这种体验"特别是和对好的或公正的建筑的体验有什么关系？对佩雷斯-戈麦斯而言，他的学术兴趣和现象学的目标是"定义人性的复杂愿望"（2006：3～4），由于提到了普遍和永恒的真理，他的主张完全是形而上学的。爱并不是一件简单的事，它依赖于古代哲学和古希腊词源学的权威。一位评论家阐明了佩雷斯-戈麦斯所说的爱的含义：

> 爱描述了一种更加有益的创造和体验建筑的取向。根据这种描述，令人振奋的美的体验是灵感的源泉。体现爱的建筑还描述了一种伦理倾向，并暗示了一种实现连接和提供意义的手段。爱代表着身体上的吸引和充分体验被爱者的愿望，因而是暂时的，是一个延迟和满足的过程。最后，爱意味着从肉体和情欲方面去认识以下两个问题：第一，身体是如何体验环境的；第二，身体如何能够让我们更深入地理解自己在世界中的位置和目标。

> （巴里，2007：51）

我们也可以在其他作品中找到相似之处，例如莱昂·克里尔为自己寻找"对建筑的热情"的做法辩白。我们还可以想到的例子是，许多建筑理论当中隐含着"视觉文化"，这种力量似乎迫使我们承认和坚持一种观点，即建筑学的主要任务与美学和伦理学相关。当有些人考虑到最终无法对这些任务做出解释时，他们也许很容易在建筑学与这些学科的关系当中插入其他情感。就像爱一样，贪婪、虚荣和放纵的利己主义也可以用来定义人性——有时还会帮助我们创造出启发灵感的建筑。然而，这些情感会让我们以积极或公正的方式去体验建筑环境吗？在《以爱为基础》中，"爱"是一种令人振奋的、以道德为基础的审美体验，与之对立的是"实用主义的乌托邦[现代性的代名词]，在这里，所有的愿望都是通过物质手段得到满足的"（佩雷斯-戈麦斯，2006：4～5）。根据这一观点，现代性的作用体现在"排除所有的刺激物，并且总是以更经济和更舒适的原则为目标：在最大程度上强调效率、经济、商品和娱乐价值"。相反，就像柏拉图在《会饮篇》中的设想一样，作者认为爱是无处不在的——尽管现在明显受到压制——它"不仅存在于人类的灵魂当中，而且还普遍存在于宇宙之中"。只有当"以爱为基础"时，"建筑才能使居民成为世界的真正参与者"，而不是"现代主义艺术作品的远程观众或时尚的图像建筑的消费者"（佩雷斯-戈麦斯，2006：5）。然而，如果一个人忽略多种经济条件（包括照顾自己和他人的经济条件）以及人类活动和交流发生的环境，他又如何能够成为这个

4.3
斯蒂文·霍尔，挪威哈
马罗伊克努特·汉姆生
中心（2009）。
图像©克里斯汀·里克特/
视野图片社/考比斯。

世界的"真正参与者"？

　　我们还可以找到关于这种想法的其他实例，例如从现象学角度研究建筑的可能性为斯蒂文•霍尔的写作和设计实践带来了启发。通过集中探讨他所谓的"对于人类在宇宙空间中的独特存在的意识"——这种认识无疑为志趣相投的设计师赋予了特权，从而让他们以一种特别的、类似于传教士的眼光去洞察我们的内心体验。霍尔写道：

　　我们的体验和情感可以通过反思式和沉默式分析得以演化。为了让自己敞开心扉去感知世界，我们必须超越"有紧急的事情要做"的世俗想法。我们必须尝试去触及内心体验，因为它可以启发我们认识这个世界。只有通过独处，我们才可以开始看透自己周围的秘密。在知觉意识的发展过程中，对于人类在宇宙空间中的独特存在的意识是至关重要的。

（霍尔等人，1994：40）

正如我们在本书中所指出的，如果有人认为我们的环境可以鼓励自省并且让我们更深入地认识自我，那么他们的想法可能很容易脱离这种反思式的、可以说是模糊的思维基础。当我们反思和直接认识人类的"内心体验"、孤独处境和"知觉意识"并将其视为永恒价值的来源时，我们不需要区分和排斥那些更有可能引起争议的、众所周知和可以解释的伦理问题。从表面上来看，霍尔的评论简化和掩盖了建筑形式和城市空间影响人类的复杂方式。[4]顺便一提的是，这种情况并不会降低他所说的建筑的品质。

理论家和实践者假设了无懈可击的二分法——理性和感性体验之间的辩证关系，他们认为，在对建筑进行评价的过程中，"体验"高于理性抽象，永恒的愿望高于短期利益和"要做的事情"——他们都认为自己的认识高于日常生活的常识。通过这种方式，先验现象学并没有被当作一种运动来推广，而是被当成了一种能够揭示普遍、形而上学和先验真理的独特叙述。它是一门理论学科，它将建筑学的主题和"真理"视为一种独特的物质对象，并将现象学家提升为一种典型的思想家。[5]有一种假设认为，我们可以通过这种方式获得关于建筑"现象"的知识——我们可以在自我意识和建筑学的历史当中发现该学科的基本"真理"——这就引发了一个问题：如果维特鲁威、杜朗或劳吉尔等历史人物曾经对自己的观念或自己"在宇宙空间中的独特存在"更加确信，他们是否也有可能获得这样的知识。同样，有人可能会问：当艾伯特•斯皮尔设计建筑并利用奴工来完成其修建时，或者当齐奥塞斯库建造他的宫殿时，他们是以爱为目标的吗？

在这种世界观的背后，有一种源自西方思想的熟悉的动因。自文艺复兴以来，人们不时地会产生一种远离理性和精神生活并满足于直接体验的愿望。如果一个人始终保持着对建筑的永恒愿望和热情，那么他就过着一种活在当下的生活。这也意味着从公民和政治社会中退出。在关于建筑缺乏时代性的解释背后，也可能隐藏着一种对于某件事物的怀旧情绪（几乎类似于所有的怀旧情绪）：它从来不是一种虚构的存在方式，而且这种方式也从来不可能只存在于理论当中。除了这种怀旧情绪以外，我们前面提到的作家还与其他类型的原教旨主义者（宗教狂热者、经济理性主义者、"歇斯底里的"保护主义者和极端的环保主义者，等等）拥有同样的热情。这种热情不仅能够让他们以简单明了的方式解释并迅速确立自己的观点，而且还能够促使他们"恢复和重申"（楚埃里，1998）自己的兴趣目标及其与现代世界的关联。

还有其他一些人以同样狭隘的方式去理解建筑环境与伦理学的关系。所以，当我们了解到先验现象学具有一种不妥协的特征之后，我们就可以转而去质疑由经济因素构成的"生活世界"以及由社会因素形成的其他现实。例如许多新自由主义经济思想是通过把自由市场和消费者选择描述成永恒事实的方法来权衡这些现象的——它们看似与人类行为和社会关系有关，就像"丛林法则"与其他物种的生命有关联一样。

根据这种推理，建筑和城市形态是达到目的的手段，它们为消费本能和愿望以及供求关系的持久推动力提供了背景。事实证明，纽约时代广场的发展是合理的，因为人们期望使该地区在一定程度上恢复之前的活力，具体做法是去除历史上沉积下来的"破坏因素以及造成物质、经济和社会衰退的因素"（雷克尔，由米勒引用，2007：48），它们（在某种程度上）使该地区变成了一个不受欢迎的地方，使人们无法在这里居住、工作和娱乐。拆除工作进行着，好像这个特别的地区在重新发现自身——好像公众将会不可避免地在高层酒店和写字楼、商店和更加"明亮的"白色大道娱乐区重新行使其购买力。前市长鲁迪•朱利安尼努力控制该城市的分区条例，目的是为了限制色情产品的销售和其他"不良的"现场活动。在这之后，一位长期生活在纽约的记者发现这里有：

> 耐克城、盖璞、星巴克、香蕉共和国和美体小铺——这些店面现在都在健康成长，它们日益为这座城市的发展奠定了基调。这些商店在即将焕然一新的纽约繁荣兴旺，尽管它们与这个城市没有必要的联系，尽管它们正好全都销售相同的设计，这些设计出现在美国的所有购物中心，从人口统计学的角度来讲它们是合理的，从科学的角度来讲它们处于试销阶段。
>
> （科尔伯特，1998）

人口统计学和市场营销是强有力的工具，它们能够证明以下看法的合理性，即我们可以通过理性的方式来认识公众，可以预测他们的行为、消费习惯和可能的城市体验，并且使这些方面与企业利润的逻辑保持一致。

与开发商和支持他们的政客类似，营销代理商的做法形成了这样一种现状，它可以抹杀地方的特色和历史，还可以将人们使用公共空间、住房和其他城市生活资源的不均等现象制度化。自由市场的理念在很大程度上推动了企业发展并使其合法化，它显然不属于哲学意义上的生活世界，然而，根据佩雷斯-戈麦斯的描述，它可能是一种"建筑的物质性和技术性选择"。无论如何，现象学家和经济理性主义者的生活世界都假定了一个竞技场，在这里，不同的意义来回循环，价值标准取决于竞赛规则。对历史事实的关注可以表明，这个竞技场并不一定是"平坦"和畅通无阻的，竞赛规则也不一定是无懈可击或公平的。有人可能会问，是否曾经有一个时期建筑的意义是自然产生的，权力和知识、抽象理论和规则的关系并不能协调我们对建筑形式和空间的体验。同样，有人可能还会像许多批评家和当前经济危机的受害者一样提出以下问题，即自由市场是否远不止一个适应性强的神话，它是否最终服务于狭隘的个人或企业利益。

以经济为出发点的世界观有着明显的道德局限性。有人将许多建筑"按计划出售"，并将其中一些再次出售（还有可能再次对其进行销售），而这些建筑从未有人居住过。"转售"的价值往往超过了任何真实个人的需要。自由市场的理念可能会受到支配我们生活的其他抽象经济规则的挑战。如果只有那些可以盈利的建筑才能受到重视，那么可以想象到的情形是，这些建筑根本不需要为人们提供庇护，也不允许生命的必要条件——就像新鲜的空气、光和良好的卫生环境——拥有某种价值。距离纽约时代广场不远处是移民公寓博物馆，在那里，人们可以看到早前给资本主义带来坏名声的那种环境，而在很久以后，人们才第一次谴责购物中心的无处不在和千篇一律。在这栋19世纪的公寓里，人们住着狭窄、封闭和没有窗户的房间，在这里，我们可以观察到一个不公正的经济体系的影响。我们可以想象一个叫作"贫民窟"的地方，然后将其客观化，并对其进行技术和可能的社会改良。如果有人试图对公寓房间和贫民窟进行现象学研究，那么该研究将说明这些建筑如何——和任何其他结构一样，它们构成了"事物的表象"，特别是不可忽视的"经济"实体的表象——使经济生活成为人类经验的一部分；不仅如此，它还将说明它们如何在社会、政治和道德批评史上发挥重要作用。

当有人意识到促进有意义的城市经验的多种主张和表征具有流动性且最终缺乏依据时，由人口学家和营销专家所强化的经济确定性就会受到进一步挑战。或许由于时代广场的悠久历史、发展和更新史（包括最近的重建）以及标志性地位，我们可以对其进行不同类型的模仿和评价，其中包括从正反两方面判断该广场（就像"城市更新"之后的许多市中心建筑和街区一样）成为购物中心的现状。各式各样的评价几乎无法让我们清晰、持久和明确地理解一个问题，即什么样的建筑可能会给我们带来独特的城市经验。作为一种充满活力和令人振奋的生活方式的象征，作为城市机遇的专用标语，时代广场超越了多年前的曼哈顿——通过一系列的营销活动，该地区已被岛外的人所知。例如，远在南部的休斯敦郊区无规则地延伸，在那里，非常有用的建筑被拆除，取而代之的是时尚的高楼大厦。它们以"曼哈顿岛"和"哥谭镇"等地名命名，以带有坡度的砖立面、混凝土地板和高天花板为特征，这让人想起了纽约的阁楼公寓。这些建筑有着自己的标签，如"阿斯托里亚"、"布鲁克林"和"时代广场"，它们被称为"人造阁楼"，并且被一位评论家嘲笑为"缺乏想象力和充满机会主义色彩的权宜之计"（罗梅罗，2003）。在边境北部，加拿大国家资本委员会宣布了一项计划：将渥太华的一个重要十字路口改造成"纪念碑广场，人们可以在那里漫步、休息和放松"，同时欣赏宽敞的人行道和新种植的树木——该机构认为，对于一种世界性的生活方式而言，所有特征都是必要的，它们在一定程度上构成了加拿大民族认同的要素。委员会的报告不仅提到了曼哈顿的中心，而且还提到了伦敦的皮卡迪利广场和特拉法加广场，这份报告概述了这样一个愿景，即"将这个有历史意义的空间改造成一种城市体验并将其转换为民族标志"。这样做是为了选定一个地方，"它将向世界传达首都的重要意义，并代表加拿大人的价值观和思想以及这个国家在世界舞台上所扮演的角色"（由库克引用，2009）。

没有什么能够确保休斯顿新建的阁楼公寓或渥太华翻新的十字路口会提供它们的发起人、开发者和规划者所设想的城市体验。我们在这些城市生活的表征之间几乎找不到共同点，除了有人期望它们会提高各自的使用者、投资者或社区的声望。即使这些项目能够成功实现这一目标——如果人们了解与之相关的建筑环境和城市空间——也没有什么可以确保以下情况的发生，即如果有经济条件，休斯顿人甚至希望拥有自己的一片"曼哈顿"；或者，渥太华的市民发现他们自己的"时代广场"会成为一个难忘、方便和舒适的地方。相反，尽管这些项目体现了过多的人为特征或政治强制性，一些居民可能仍然觉得它们会为自己提供一个"有说服力的住所"，虽然它们并不是佩雷斯-戈麦斯所构想的那种真正的建筑（2006：2～4）。先验现象学只会提供一种有限的观点来质疑这样的项目——如果它的支持者果真对这些项目感兴趣的话。鉴于有人以这种整体性和普遍性的方式思考建筑和伦理学，并倾向于以约束和分类的视角看待建筑的道德价值，无论是胡塞尔还是海德格尔的追随者都不大可能在休斯顿阁楼或加拿大交叉路口的建造中找到一种"符合我们梦想的秩序感"（佩雷斯-戈麦斯，2006：2～4）。

事物的顺序问题

正如本章之前所叙述的，先验现象学将建筑和伦理学连接在一起——也可以说是将二者强行合并在一起。根据本章的描述，我们面临着这样一种危机：当我们接触世界和理解我们在世界中所处的位置时，这些真正有意义的行为已被抽象理论、科学公式和其他工具理性的表征所取代。先验现象学可以补救这种情况的前景取决于以下信念：哲学家能够在回顾过去时看到人类经验中存在的这种剧变，并且以令人信服的方式找到相应的补救措施；我们能够将诗性体验与理性抽象概念、"爱"的强制力与"规范学科"和"技术性世界观"的阻力区分开来。这种关于人类状况的辩证性的观点几乎是不言而喻的，然而，在关于人性的思想的历史演化过程中，它也有着自身的起源。

自启蒙运动和笛卡儿创作时期起，一个反复出现的、被称为"主客体二元论"的问题经常在哲学话语中起着重要作用，并开始对这种类型的现象学做出阐释。这就形成了以下对立关系：一方面是来源于人类理性（人类主体）的、可以用来理解体验的先验基础；另一方面则是对于人类构建社会现实的经验证据（理性的对象，很大程度上是其效果）的需要。根据这个哲学问题，认识世界（自己和其他"对象"）的动力受到以下问题的困扰，即我们如何以确定的方式了解事物。在这之前，我们已经意识到了一个问题：从客观上讲，我们所获得的大部分知识不会像事物本身那样以先验的方式呈现给我们，而是还要向前走一步——推理主体通过分类理解的方式将其过滤。换句话说，人类主体是一种自我反思的生物，因此，他所获得的知识源自他的思考内容和思维方式。这种二分法是由胡塞尔观察到的，他提出了一个著名的问题，即"理性和存在[由客体构成的外部世界]是否可以被分离，作为获得知识的方式，理性在什么情况下对存在起决定作用[?]"（1970：11）。通过这样做，他想要问这样一个问题：我们是否能够真正了解一些事物——例如真正的建筑作品具有哪些品质——而不需要使用相关的术语和解释来表达它们。

对了解建筑环境而言，这意味着建筑及其类型、形式和功能，包括可能被认为是"时尚"、"价格实惠"或"可持续"的特征——所有这些都描述了一种客体——都依赖于阐释模式。这些术语正是在这种模式内部循环和获得意义的。这些模式可能是文化分析、经济或环境模式或者其他一些推理方式。由此可以断定，可能被描述为"高雅艺术"的建筑、"低成本"的住房或者"绿色"和环保方面可持续（以及具备其他品质）的建筑技术几乎不具备这些标签上所说的明显特征，它们几乎不是价值中立的客体。相反，这些术语预示着我们对建筑环境可能代表的意义和我们接触建筑环境的方式的理解。

在先验现象学的引导下，人们开始寻找一种能够克服这些模式的局限性的分析手段，以便获得一种更直接的、有更少片面性和离散性的生活世界体验。相比之下，我们的观点是，在承认这些术语的影响的情况下，我们不必将它们（它们的表象和多样性）视为引发某种生存危机的原因。也许，主客体二元论的"问题"在很大程度上是哲学家自己构想出来的？无论如何，我们仍然可以提出这样一个问题：建筑和伦理学的研究领域是如何由多种了解建筑环境的方式以及区分这些方式的需要形成的。通过这样做，我们可以在某种程度上理解自己在该领域中的位置。

在他早期的作品中，米歇尔·福柯试图将以前的思考方式历史化，根据他的描述，像现象学这样的哲学运动能够让我们通过多种方式去想象生命可能具有的含义。在《事物的顺序》（1973，1966）中，他将现象学的起源与西方话语结构或"知识"的深刻变化联系起来，从而为这场运动提供了历史语境。通常，关于本体论和认识论的学科可以为现象学或类似的分析任务提供方法，但福柯却采取了更为激进的方法；毕竟，本体论和认识论本身就是哲学调查的形式，它们有着自己的历史，并且已经联合起来对现象学家关于真理的主张进行了支持。[6]他们（本体论者和认识论者）几乎不可能挑战这些主张和我们对真理知识的必要语境的理解，而这样做正是福柯的本意。他与哲学保持着一定距离，目的是为了看到该领域最深层的运作机制，他的思想讲述了符号与用符号表示的事物之间的动态关系。与其说这是一部思想史，不如说是一部思想模式的演化史，它使某些想法具有了可能性与合理性并最终通过实践活动得以修正。这是一部新旧知识客体更替的历史。它允许"生活"、"劳动"和"语言"等概念出现，从而为即将形成的科学提供新的基础，并且对人类状况进行描述。这些术语有助于形成一种明显具有现代性的、用于理解人性的"知识"——它将有助于我们理解建筑和伦理学。

福柯认为，现象学是努力解决主客体二元论问题的最后手段。现象学家试图通过直接求助于体验的办法来超越理性的限制，他们只是用关于人类体验状况（"事物的表象、我们体验中的事物或者我们体验事物的方式"[史密斯，2003]）的哲学思考替代了其他类型的思考。在福柯看来，修辞即使没有佩雷斯-戈麦斯所说的补救作用，也有预言作用，众所周知，他把可能消失的人类主体描述为"画在海边沙地上的一张脸"（1973：387），即使这个过程并没有这么简单，也是确信无疑的。对先验现象学家而言，由于现代化的影响，人类主体已经失去了方向和创造力，其价值已被削减，然而，对于福柯而言，"人"的死亡预示着一种新的自我思考方式，能够为我们创造一种自由（不仅包括思想的自由，而且还包括社会和政治行为的自由）。我们只能想象人的死亡对以后的建筑和伦理学产生的影响。如果发生这样的灾难性转变，"建筑"这个名称和我们对它所具有的意义的期望还能够存在吗？如果"生活"、"劳动"和"语言"这些概念性标志被去除，我们对于"自己体验中的"建筑以及自身的认识可能会如何演化？在描述建筑的过程中，哪些新概念可能会取代建筑话语中的对应术语即"功能"、"经济"和"意义"，这些概念如何影响我们，又如何为建筑的道德价值提供基础？这些新的想法是否有可能更适合描述和应对我们现在所面临的多种社会、政治和环境挑战？

不论这些问题的答案是什么，我们都可以从福柯对现象学的看法中得出一个结论，那就是试图通过进一步的哲学思考来解决哲学家提出的某些问题是徒劳的。同样，经济理性主义者或其他类型的原教旨主义思想家也不大可能会为自己的推理方式找到一种确定性的解释。例如自由市场理念的背后并不存在一种永恒的、可供经济理性主义者或新自由主义者用来支持自己立场的东西。如果不依赖于以这种方式审视现实并相应地塑造人类生活的思想，建筑就没有"从不同层面协调现实的潜力"（维塞利，2004：7～8）。关于人性，不可能存在一种单一的形式，不论其源自普遍的心理能力、永恒的思考客体和对建筑的持久热情还是源自爱。胡塞尔对理性和"存在"的界限的质疑让我们有理由怀疑一个问题，即建筑是否能够像人类的主体性一样被称为一种可以明确定义的事物；我们能否以确定的方式去认识建筑，就像我们了解动物或植物、它们的栖息地或自然环境一样。我们所提出的一系列哲学主张涉及以下方面：建筑美学；建筑的形式、材料和细节所具有的潜在道德或文化价值；建筑体验；创造建筑的诗性动力。鉴于这些说法的

4.4
赫尔佐格和德梅隆，
旧金山德杨博物馆
（2005）。
照片©米哈尔·路易。

存在性和多元性，我们有理由怀疑一件事，即在书写关于建筑的作品时，我们前面所引
用的大多数人物是否也在考虑同样的问题。

　　我们的怀疑并不意味着应该在一个日益纷乱和不确定的世界面前为"真正"建筑的
消亡而悲痛。相反，前面的观察让我们质疑一件事，那就是作为一种具有维特鲁威所
说的"实用、坚固和美观"等基本特征的独特客体，建筑是否曾经满足了人们对它的意
义、科学性或艺术性的所有期望。如果独立于历史的变幻无常以及我们在回顾过去时思
考和书写建筑的方式，"建筑"这个标签是否会理所当然地成为一种具体的知识主体或人
类体验领域？证据表明，按照哲学家的严格说法，特别是在内容广泛的、关于道德哲学
和哲学美学的作品中并不存在这样的情况，它们首先试图确定的是"建筑是什么"这一
问题（米迪亚斯，1999）。

　　因此，现在看来，建筑理论家最好能够接受建筑学的概念来源，尽管它们具有多样
性和历史偶然性。这个建议让我们重新具有了伦理倾向，并且渴望建筑和伦理学成为一
个开放的领域，从而能够容纳关于建筑环境的不同概念或观点，以及对于"生活"本身
的不同看法。它引导我们反思以下问题，即阐释建筑的行为如何获得多种形式并且帮助

我们以不同的方式理解自己。它还让我们思考另一个问题，即对于建筑环境和道德价值观的研究而言"学科性"意味着什么。要理解建筑和伦理学，首先要认识建筑与其他调查形式之间的关系。这也许是建筑学的唯一基本问题。

我们已经强调了其中的一些关系。根据福柯的解释，某些推理形式显然以生物性概念和原则为特征。根据这种理解，建筑环境为一种有关人类身份的特殊观点提供了实验性证据。建筑展现了人类的生存状况，以及我们思考建筑和伦理学的生物基础。在这里，限制体验的因素包括感知刺激和人类的反射性反应、进化以及适应特定环境的能力。在一系列可能的生物需求当中，住所显然是建筑存在的一个理由，因为它可以调解环境因素对人的影响。这一点通过劳吉尔的原始小屋和类似的解释得到了说明。不论建筑的形成是否出于为其居住者遮挡阳光和风雨，建筑作品都是一个长期存在的问题，我们只能在关于"建筑是什么"的假设中找到答案——这个问题很可能无法回答。然而，通过这种方式得到证明并通过其他需要和思考建筑的方式得到平衡后，住所的理念正好突出了这个问题。生物概念的作用恰恰在于定义——尽管并不明确——建筑现在是什么、曾经是什么或者可能是什么。

胡塞尔认为，知识在很大程度上决定了生活"是什么"。如果他的观点有一部分是正确的（我们认为他……只说对了一部分），那么，通过提供住所或帮助人类适应其周围的环境，建筑环境体现和代表了这些生物概念和过程，并且使其变得很自然。在某种程度上，建筑在三维空间内重建创造了室内实验和科学教材的叙述。处理空间变成了我们适应环境的一类技术。通过运用这种技术，我们可以识别一个功能"正常"的房间或城市可能具有的意义，或者一个"正常"人占用、体验、通过、感受和理解这样一个地方的方式。随着时间的推移，建筑环境的研究一直致力于将这些规范和功能转化为设计的系统规则或一阶原则。通过表现一系列的建筑类型以及它们的形式和功能，建筑历史已经为这些原则提供了证据。一种建筑理论可以描述一种行为框架，从而将建筑形式与人类的生理和神经特性联系起来。同样地，以这种方式识别生物需求是一种想象社会需求的手段。劳吉尔的做法或多或少与此类似，他将原始小屋想象成建筑的最初形式。根据他的进一步推理，我们可以将原始人对环境的适应性反应与任何可能的社会影响力区分开来。后者可能会对后来的建筑附加物特别是式样和装饰起到塑造作用。

经济学代表了另一种理解建筑环境及其影响下的人类的方式。它包含了一系列抽象的定理和逻辑，其中一些构成了经济学学科本身，其他则指向会计学和金融学乃至工料测量等学科。通过它们所提供的基本原理，城市的建筑结构或多或少呈现出了一定的连贯性，并且具有了一种特定的效用。除了需要可供成长的特定环境条件以外，人类还作为一种有劳动力的生物而存在，他们可以制作、买卖或者只是计数物品。人们所表现出来的需求和愿望与其他个体或团体的利益相冲突。他们受制于社会关系领域的规则，所以，除了满足生物需求以外，建筑也是一种商品，如此一来，它们就能够确定某一特定时期为人们所知（以及所争议）的经济规律事实。鉴于知识对个人和集体具有塑造作用，建筑不仅可以通过回应经济流程来表现这些判断，而且还可以通过空间形式对其进行创造。建筑是一种构建资本流动渠道的技术，是一种用来交换的商品，也是一种以有序的方式分配交换媒介的手段。管理建筑环境成为了一种管理冲突和执行法规的手段；这样做可以实现对财产所有权、私人投资和公共利益、土地使用、住房和就业的管理。交易是通过房地产和开发知识以及城市规划和生活周期来规定的。在这个过程中，建筑形态、结构设计和细节设计受制于由初始投资和最终回报构成的经济体系。

语言学是理解建筑以及私人和公共空间的另一种方法。作为有社会组织的存在，人类的交际是由不同的象征或符号系统促进的。正如卡曾斯和胡赛因所描述的那样：

> 作为一种会说话的生物，他（福柯所说的"人"）涉及符号化的行为。这个符号化过程体现在语言、仪式和神话当中，具有系统性的特点，与很多系统一样，事物现在和过去所具有的无限意义是可以被理解的。

（1984：63）

尽管心存疑问，但人们长期以来仍然通过语言来思考建筑——这种语言允许建筑学产生于个人和社会团体之间的动态关系，并允许其促进这种关系的发展。特别是在过去的几十年里，人们对于建筑意义的兴趣以及与纪念性和文化遗产等意义相关的问题为我们从语言学角度研究建筑环境提供了证据。从这种视角来看，建筑形式涉及某种符号化过程。这种观点将建筑及其形式和外观与事物的符号化系统联系起来，例如民族价值观，或者像真与美这样的抽象概念。当然，我们可以描述这样一个期望，那就是从语言认识论、记号语言学或符号学的角度来看，建筑具有一定的意义。然而，这里的关键问题是，认知方法和知识系统以某种方式——以符号化和表征系统的可能性为前提——支持一系列的审美规范和建筑风格。例如时代广场的标志性地位以这样一种观念为基础，即该建筑的城市特征能够被人们"解读"，而一些特定元素（以广告牌和霓虹灯为代表）恰恰构成了可解读的视觉符号系统的一部分。这些认识方式可能会提出历史性建筑保护的问题，让我们觉得有必要对历史街区的开发进行限制。它们可能会促进文化和民族认同，并证明纪念碑和纪念馆建设（包括与之配套的交叉路口的更新，这类似于渥太华的公共广场建造计划）的合理性。与之伴随而来的可能是我们控制街区建筑特征和社区身份的努力，这是通过决定住宅开发或居住区风格的规划措施来实现的。

有人认为，建筑仅仅是对生物、经济或心理需求（在某种程度上也许是其他或所有这些需求）的理性回应。在质疑这种最坚定的观念的同时，我们仍然可以看到一些逻辑框架和术语，它们将这些不同的理性特征合并为各种"体验"。我们还可以看到一些论证方式，它们允许我们将某种建筑形式与一种或另一种潜在的推动力或基本原理联系起来。这些因素必须被纳入我们的考虑范围以内，因为它们同样是人类存在的一个方面，其重要性不逊于我们对其他形式的感官体验的感知以及我们的"动物"本能、欲望和不安全感。

例如，根据来自生物科学的论证，生物体可以通过环境和遗传获得"适应性优势"，这种论证可以解释以下问题，即建筑如何能够对居住者的生存——从长远来看，对整个人类的生存——起到促进作用。这种关联性是一个由来已久的概念，就像劳吉尔和勒•柯布西耶所想象的历史叙述一样，他们认为这种叙述可以解释以下问题，即原始人类是如何通过修建房屋和创造建筑的方式使自己适应环境的。同样，另一种论证也支持建筑这种人造结构的"效能"，这种想法源自物理学，它运用机器的语言来描述经济系统以及功能正常的建筑。例如根据这种原理，当一栋公寓大楼的规划和使用以居住、内部循环和其他用途为目的时，它可能会被认为是有效的。然而，开发商也有可能会为了追求最大利润而对其进行合理或不合理的规划。这栋建筑的造价可能会被证明太昂贵，以至于其建造过程无法以快速或经济的方式进行，或者其操作过程中的具体能源利用率会出现最小化的情况——即使这些目标是其规划方案的一部分。建筑效能的理念（不论其表达形式如何多样化）有一段承载着价值的历史。该理念的来源以及对建筑话语的影响不应该——不能——被完全否定，这与佩雷斯-戈麦斯等人的观点相反。

这些论证不会对一些"既成事实"进行描述，它们不会从进化的角度去描述一个或另一个建筑的价值，也不会描述某个建筑所带来的便捷性及其所提供的建筑设备或成本效益。相反，这些理念反映了许多推理模式的影响，通过这些模式，建筑环境向我们阐释了以下问题：我们人类究竟是谁，我们可能来自何方，以及我们有着怎样的行为。这些可能性涉及福柯的知识，或者（按照吉迪恩的想法）我们生活的"时代"——从某种程度上讲，这些"时代"是由前面所说的理性因素塑造而成的。通过从生物学或经济学（或者其他学科）的角度进行类比推理，我们可以将建筑话语和跨人文学科的思维方式连接起来。

正如我们将在第5章中看到的，有人认为纪念碑和纪念馆的审美通常可以起到一种自适应作用。它们可以促进精神宣泄，使个人和团体得到康复——它们本身服务于公共利益。这种观点掩盖了纪念性建筑的政治性，这种建筑可以为我们呈现一种具有选择性和普遍争议性的、关于过去的观点。在第6章中，我们将质疑新自由主义者对城市规划、特别是对新城市主义的态度的合理性。我们可以看穿支持某些"社区"的论据，这些社区基于以下选择，即临近地段、步行或开车、有门廊或栅栏或具有其他风格的建筑。然而，至少有些新城市规划项目会履行——可能以不经意的方式——新保守主义者的愿望及其说教倾向。在这些社区中，我们唯一的选择就是不去"选择"。

在建筑和伦理学领域中，部分知识兴趣和争议性批评取决于以下事实，即尽管我们可能会根据自己以多种方式居住、工作和表达自身的需求（以及其他一些责任）去划分生活，但这些需求从未被完全实现过。我们以不同的方式思考存在，这些方式的基本原理可能相互重叠，也可能相互冲突，所以，我们的生活具有很强的动态性——其确定因素不太明显——这一点超出了有些人的想象。在生物学、经济学和语言学认识的决定因素之间，显然存在着相当程度的重叠。我们同样有相当大的空间去实践这些认识，并通过建筑的手段将它们表现出来。一栋住宅可以是一个有机体（一种生物学隐喻），也可以是一台用于居住的机器（一种物理学隐喻），就像勒·柯布西耶所认为的那样。这两种表征都要求一栋建筑的各个部分相一致（尽管一栋有机的住宅可以在想象范围内扩展）。同样，它们进一步推动了以下假设，即正如一栋建筑应该是一个有机整体，它的居住者也应该组成一个有机整体。它们应该是切合实际的，而不是无意义的，应该是公正和井然有序的。换句话说，这种反复出现的类比有一个显著的特征，那就是它们能够引导我们去认识人类的性格、行为和价值观的多种形式，并为其提供合理的解释。

第 5 章

写在"墙"上:
记忆、纪念碑和纪念馆

纪念性很少成为让回忆变得有意义的小型社会团体的语言。

杰伊•温特（1999：5）

一座纪念碑的建造及其意义的生成都是在特定的时间和地点完
成的，这个过程取决于当时的政治、历史和审美现实。

詹姆斯•E•扬（1993：3）

　　在今天值得反思的建筑类型当中，纪念碑和纪念馆阐释了建筑
环境如何为伦理问题制定框架，尽管这个过程有时并不明显。在本
章中，我们的兴趣点在于这些建筑所具有的不确定的功能和用途，
尤其是它们传达意义的方式，不论这种意义可能是什么。似乎有一
种模糊的功能性，其前提条件是纪念性建筑的审美，以及人们的以
下愿望，即希望它们能够同时引起特定"社会团体"的兴趣并促进
某种体验。这种体验的性质和功能无疑具有争议性，当我们对此进
行阐释时，我们需要考虑纪念的概念及其与过去和现在的关系。

　　人们通常认为，作为空间和视觉领域内的元素，纪念碑和纪念
馆具有论证和记忆的作用。它们代表或象征着某种通过图形或文字看
待过去的视角——尽管我们在这个过程中所选择的形式可能是抽象或
开放的。与此同时，它们的设计旨在让我们拥有一种看待过去的特定
倾向，即认为过去能够为我们今天的生活提供经验来源，并成为某种
个人或团体宣泄的组成部分。对于历史的阐释以及我们在理解过去的
过程中所形成的价值观而言（对于过去的真实性或"经验"而言），
纪念性建筑并不是完全透明的。这正是我们所要期望的，因为没有任
何人会以一种单一或完全客观的倾向去看待过去及其表征。普遍存在

的情况是，价值观本身及其所坚持的关于历史的理解是各种争论的焦点。这表明，设计这些建筑并按照我们的愿望为其设定功能的问题至少部分地——而且明显地——存在于其他地方。也就是说，它不仅仅存在于建筑工作室内和设计师的图纸上。

本章将向读者说明纪念碑和纪念馆的两个显著方面，并暗示其第三个方面。第一，我们的城市当中有许多纪念性建筑。不论是已经建成还是刚刚构思好，不论是带有传统特征还是具有抽象的现代性，这样的建筑都构成了引人注目的建筑遗产。使这些类型的建筑具有模糊性的一个影响因素是其物质持久性——事实上，它们通常一直是城市和公共领域的突出客体，在文化遗产的表征中起着重要作用。因此，它们不仅为自身审美特征的多种阐释提供了一种方法；纪念性建筑还涉及道德相关性以及民主（当然还有其他）理想和体系的连续性，这些因素可以定义一个民族及其价值观和传统。纪念碑和纪念馆不仅让我们有机会探究不同设计的审美优点，而且更重要的是，它还让我们有机会探究建造和保护这些建筑的社区的完整性以及公正社会秩序的基础。

第二，在学术界和其他领域中，人们就这些建筑展开了广泛的评论。有许多出版物涉及它们的历史、美学及其背后的理论，这种知名度加强了它们与其他类型的建筑之间的关联性。换句话说，人们期望纪念碑和纪念馆具有一定的意义、持久性和激励作用，这也是他们对建筑的一般要求。人们以不同的视角看待社会、纪念的本质和功能以及关于过去的"事实"，有些理论家的作品恰恰为此提供了证据，因此，纪念性建筑尤其受他们的欢迎也不足为奇。例如，亚瑟•丹托区分纪念碑和悼念碑的基础是它们与记忆的关系，根据他的观点，前者有助于记住某些事件，而后者则会引起遗忘（丹托，1987：112）。[1]在这里，丹托的分类似乎太过简单和绝对，仿佛有意将太多的问题摆在我们面前。这是一种强求一致的做法，如果粗略地考虑一下每种类型的一些著名的例子，我们就会发现，丹托为每一种类别所指定的功能是相互重叠的，它们之间可以相互转换。[2]尽管如此，他的理论仍然强化了一种普遍看法，即纪念性建筑能够让人们了解并在一定程度上改变过去的痛苦体验，减轻悲痛或者治愈社区分裂的创伤。通常来讲，纪念碑和纪念馆的纪念性允许个人或社会"享受生活"或"继续前进"，然而，可以想象的是，它们也有可能或多或少无法有效地实现这一目标。它们甚至有可能阻止人们继续前进——例如，它们可能会支持关于过去的错误观点及有害信息，将一个非英雄人物塑造成英雄，或者突出一个事件，也就是说，使它变得比想象中的更重要或不那么重要。

与这些类型的建筑之间的区别本身相比，我们更关心纪念性建筑如何能够让人们以一种更为广阔的视角去看待记忆。伊恩•哈金（1995）描述了19世纪的知识和自我认识如何与记忆发生关联，以及人们以怎样的原则来纪念当时的人格概念，通过这种原则，个人和集体身份开始根植于人们对过去的理解。通过各种途径，建筑环境加强了个人和集体对身份的理解，而特定类型的建筑也获得了独特的记忆或"纪念"功能。我们对记忆的观点包含了我们对以下问题的关注，即人类拥有独特的回忆能力；我们可以通过"历史记忆"的思想对这种能力进行政治化，根据这种思想，过去在很大程度上是一种社会建构，但它参与了定义"我们"是谁的过程。我们感兴趣的问题是，人们对纪念碑或纪念馆的审美的反应如何作用于过去，从而有助于在心理和社会生活的各个方面之间找到共性，或者有时混淆和忽视这些方面。

"现代纪念碑"或"反纪念碑"的实例在许多批判性的评论中起着重要作用，有助于突出我们的关注点。对一些人来说，这种趋势以激进的方式替代了反映传统、英雄事迹和现实主义的设计，因为据称这些设计不再为受到创痛的个人和团体提供心理需要。有人以这种方式描述了一些大屠杀纪念碑，尤其是林璎设计的华盛顿越战纪念碑（VVM）。仿佛它们所纪念的事件的重要性和意义已经穷尽了传统形式的纪念碑所具有的象征能力，像新古典主义纪念碑、方尖碑和含义广泛的英雄雕像。像许多其他人一样，丹尼尔·艾布拉姆森也对林璎设计的"墙"表示称赞，并举例说明了其所谓的功能和心理效应。他说：

[该建筑]的非凡成功在很大程度上取决于它和现代主义记忆、传统历史以及一个关键创新点的结合。按照记忆的基本原则，越战纪念碑突出和强调了没有等级或层次结构的普通命名。它回避启蒙主义而支持主观情感和直观性。镜子般的墙体、有实体感的碑文以及拓印名字和留下回忆的自发行为能够创造一个场所，从而使意义深远的个人事务和创伤治疗得以开展。从形式上来讲，这个建筑似乎是一种现代主义的"反纪念碑"——抽象、水平和黑色的——它当然使早期的批评者感到不安……林更新了许多传统纪念性建筑的形式和概念主题……越战纪念碑是一个直观、统一和清晰的文本。它为冥想式解读提供了一个场所。通过将墙体指向林肯纪念堂和华盛顿纪念碑，它在过去与现在之间建立了直接联系。在这里，人们将得到关于惨重损失的警示性教训。林的创意在于按照年代顺序排列死者的名字：从顶点开始延伸到东面墙，再从西面墙开始……她创造了一条时间线——20世纪的课堂经典记忆技术——进而创造出了一种关于战争发展轨迹的理想化编史学，它在这条线的对称性和闭合性叙述中得到完善。地面的起伏代表了一种宣泄。这条时间线的循环性象征着我们在思考这次特殊战争时所期望的解脱感。

（艾布拉姆森，1999：80；参见艾布拉姆森，1996）

艾布拉姆森似乎认为，在VVM的设计中，林成功地将表现方式变成了信息。他声称，这座纪念碑能够提供许多功能，美学成就则能够在同一时间使它们变为可能。然

5.1
林璎，华盛顿越战纪念
碑（1982）。
图像©威廉·泰勒。

而，无论这座建筑的审美优势可能是什么，它们怎么能够单独提供让一座真正的纪念碑发挥功能的必要条件？VVM的审美效果甚至可能减损它以非常有意义的方式发挥作用的能力，因为它被视为英雄纪念碑——这恰恰是许多人所选择的视角。艾布拉姆森声称，这座建筑能够唤起"主观情感和直观性"，那么它们是以什么为对象的？留下回忆应该证明什么，选择以没有等级的时间顺序列出阵亡将士的名字究竟有何意义？该建筑的形式如何表明它在形式上是一座反纪念碑？如果它没有更清楚和更具说教意味的表象特征，它是否可能成为一座反纪念碑或反悼念的悼念碑？艾布拉姆森认为"意义深远的个人事务"被包含在越战纪念碑中，即使是真的，这种说法也有可能会使该建筑对一些人（也许对很多人）而言有意义，但这是否会使该建筑大获成功呢？此外，我们可以针对纪念性建筑问一个更普遍的问题，那就是，如果有的话，是什么因素会对一个项目的成功有重要价值？即使有可能引起争议，真理是否也有可能在这种关系中起到重要作用？

从VVM所传达的信息来看，它的模糊性并不亚于附近的其他纪念碑。艾布拉姆森的评论为我们的担忧提供了支持。和其他建筑批评一样，他的评论很快将审美描述与哲学主张混淆起来，而后者则在很大程度上与存在有关且缺乏证据。这就产生了许多纪念馆和纪念碑所共有的一种叙述，它从历史角度来讲是天真的，从伦理角度来讲则是沉思式的。艾布拉姆森曾说"这条时间线的循环性象征着我们在思考这次特殊战争时所期望的解脱感"，这种说法对于挑起战端和反对战争的人而言都是可以接受的。那么"解脱感"究竟意味着什么？

批评性作品讲述了纪念性建筑的第三个方面及以下事实，即当涉及这种建筑的风格和理论时，我们可以在其狭隘的学术史上看到中断时期。考虑到人们对纪念性建筑的多种需求——它们源于这种建筑本身，但也从属于政治审查以及象征性意图和阐释之间的普遍差距——有人可能会承认纪念碑的时代已经结束的观点。这种观点几乎不是孤立的，它是我们思考纪念性建筑的审美和伦理维度的起始论点。布罗扎特、克劳斯和许森认为，基于间接证据以及概念性和诠释性证据，我们可以得出以下结论，即公共纪念碑无法以帮助我们治愈和安抚焦虑和恐惧的方式与记忆、历史和真理很好地结合起来。它们无法像我们通常期望的那样为我们传授宝贵的经验以及一些类似的东西（布罗扎特，1990；克劳斯，1985；许森，1993）。

无论坚持怎样的观点，我们都不需要以哲学家或历史学家以及艺术或文化评论家的视角去看问题，而他们至少在一定程度上承认以下论点，即我们想象中的有效的纪念性几乎是不可能的。只需要读读报纸就可以知道，纪念碑的解读是一个经常出现且得到普遍重视的问题。目前出现了一股建造纪念碑的热潮，这种现象本身似乎是某种纪念病的症状，尽管如此，人们争论更多的似乎仍然是这些建筑的形式或外观以及规划或造价，而不是最近的设计是否有能力对个人或社区起到治愈作用。事实上，在以社区为导向且通常无明显效果的设计流程的困扰下，我们似乎已经忘记了巨大的建筑成本和其他问题，按照我们的观点，许多项目恰恰反映了这一点。这种情况在波拖马可河畔以及近年来一些广为人知的项目中最为明显，后者包括用来取代倒塌的世贸中心（WTC）双塔的设计。从概念和物质层面来讲，由林设计的抛光和雕刻的黑色花岗岩墙是一种"地下连续墙"，这种建筑以前支撑着世贸中心大楼，现在则支撑着由丹尼尔•利伯斯金总体规划

的纪念 "9•11" 死难者的遗址。迈克尔•阿拉德在他的名为 "反省缺失" 的项目（2004）中也设计了这种墙，并因此赢得了国际竞争。伴随这些项目而来的是持续不断的争论，这就使我们对以下问题感到疑惑，即纪念碑或纪念馆的审美特征会在何种程度上使其成功或失败——如果这两种情况确实会发生，那么其中的缘由又是什么？

我们应该对这些情况进行更仔细的推敲，它们可以使当代事件的纪念性及其表征成为争论和冲突的来源。其他情况则较少有人了解——就像最近对一些历史悠久的纪念碑的整修——它们会引发展馆的扩建，从而向公众解释那些似乎已被他们遗忘的灾难性事件（泰勒，2005），这些情况表明，"历史悠久" 这种说法在很大程度上是不合时宜的。在墨尔本和堪萨斯城，著名纪念碑的建筑结构的扩建项目分别于2003年和2006年开展——这些改建工作似乎曾经是不敬的行为——这意味着这些建筑的原有象征意义发生了显著变化。从表面上看，作为公民生活的一部分，这些建筑必须被改造，从而愉悦我们，或者让我们体验一段本身不能再被思考的往事。有些事件似乎是有意义的——因为像第一次世界大战这样的事件对当代人和前代人的意义似乎不大可能相同。然而，当 "真理和现实" 似乎 "被常规性地颠覆" 时（莱文，2006），有人可能确实想知道一件事，即是否连源自普遍或寻常的回忆、沉思或感恩对象的个人记忆——与集体或公共记忆一样——也是有效的。如果这些主张要得到支持，它们必须依赖于可支持的证据，这样的证据本身被认为是有争议的。事实上，我们可以问这样一个问题：如果一个时代的纪念碑和纪念馆是有效的，那么它是否比一部小说更有意义？也许，人们渴望的是这样一个时期：城市建筑可以确保社会美德，就像一对夫妻和一栋城郊住宅可以确保所谓的 "家庭价值" 一样（20世纪50年代的某个时候？）。

弗朗索瓦丝•萧伊声称，要了解纪念碑的性质和功能，就有必要以心理学为基础去阐释这种建筑的功能和意义。因此，在试图解释纪念碑及其功能的过程中，我们会求助于精神分析、普通心理学和常识性的观点（例如哀伤和悲痛的教育意义应该体现在帮助一个人继续前进）。精神分析可以用来支持这样一种观点，即有效的纪念性不仅是可能的，而且还具有伦理效应；根据这种方法，纪念碑的有意义的功能是以人类的记忆需要为 "基础" 的。然而，精神分析也告诉我们，完整和完全准确的记忆是不可能的。它进一步增加了以下情况的可能性，即当评论家为真正的纪念碑的消失而感到哀叹时，他可能是在表达一种怀旧情感。这种情感要求有一种真正的 "记忆环境"（诺拉，1989：7），并因此区分——我们认为以一种错误的方式——记忆（代表真理）和政治（代表谎言）。在本章所涉及的大部分文献当中，我们明显提到了事情应该怎样以及它们应该如何被记住，这两个问题强调了纪念碑和纪念馆与更广泛的建筑和伦理学研究之间的相关性。

一个健忘的时代？

从最近的文献中可以推出使公共纪念性有意义的先决条件，经过一番思考，有人怀疑这些条件可能不会得到满足。从广义上讲，人们对被纪念的事件有一定程度的共识，这也是其中的一个条件（麦金泰尔，1981）。[3]很明显，情况通常并非如此，如果我们考虑一下前面提到的有些项目（像VVM和世贸中心纪念碑）在哪些方面出现了问题——个人和情感，社会和政治，最重要的是审美。[4]有人渴望纪念碑允许（如果不包括）我们对值得纪念的事件所做出的争议性解释，甚至这种愿望——无论有些观点可能多么狭隘、偏颇或完全错误——也能提醒我们注意有效纪念任何事件的困难（如果并非不可能）。[5]对有些人而言，这种困难是我们这个时代的征兆。迪迪埃·马略厄夫写道：

> 每件事都值得纪念，意味着我们将现实看作一种已经被遗忘的东西。真正的事物本身变成了一种文化遗产——关于不再有很大可能变为现实的事物的回忆。实业家文化几乎不相信自身的记忆能力，就像神经过敏者将自己的一举一动乱写在记事本上一样，它将每件事都纳入纪念储存库，包括其自身……因此，纪念碑纪念的是大量不能被人们完全记住的往事，这些事件不能还原，也不能以另一种形式表现出来。纪念碑是历史的客体，因为它们无法与现在相结合，也无法参与历史的进程。时代错误是历史客体的历史性的本质。为了发挥纪念性，纪念碑必须首先展现那些与过去和现在都不同步的事件。
>
> （马略厄夫，1999：59）

有人可能想知道为什么会出现这种情况。对马略厄夫而言，纪念碑是"无法与现在相结合"的"历史客体"，这一想法决定了其有效性；这种现状可能还意味着一种文化压迫，它源自以下情况，即如果时代错误不那么明显，纪念碑可能意味着什么。造成这种时代错误的与其说是纪念碑的实质，不如说是当今社会没有能力或没有意愿记住往事的现状。但是问题仍然停留在为什么会出现这种情况，如果社会或"文化"（像人一样）确实能够压抑或记住任何东西的话。詹姆斯·扬对马略厄夫的问题进行了补充：

> 已故德国历史学家马丁·布罗扎特（1990：129）认为，纪念碑可能无法记住历史事件，而是更倾向于将它们完全掩埋在层叠的民族神话和阐释之下。根据这种观点，作为具体的文化现象，纪念碑既可以促进我们对历史的认识，又可以限制这种认识，或者像布罗扎特所说的那样使其"变粗糙"……罗莎琳德·克劳斯（1985：280）发现，产生于现代主义时期的纪念碑无法将超出自身的任何东西称为纯粹的标

记或基础……其他人则争辩说，纪念碑不会保存公共记忆，而是会将其完全取代，用社区自身的物质形态去替换其记忆系统……安德里亚斯·许森（1993：249～260）甚至认为，在大量生产和消耗记忆的当代，在记忆过去与思考和研究过去之间似乎存在着一种反比例关系。

（扬，1993：2）

尽管马略厄夫和扬可能允许有些纪念碑或纪念馆产生一定程度的历史认识，但在通常情况下，他们和他们所引用的作者仍然怀疑纪念性建筑总体上是否能够像以前一样发挥功能。他们的评论是对时代的控告，也是对纪念性建筑本身的谴责。[6]

5.2
彼得·艾森曼，柏林欧洲被害犹太人纪念碑，又称大屠杀纪念碑（2005）。图像©威廉·泰勒。

关于这个论点，我们可以得出一些有趣的推论。

（1）首先，据说今天使纪念性出现问题的条件暗示了过去的纪念碑所具有的完整性，并且颠覆了它们所引发的记忆行为。就这一点而言，大屠杀纪念碑的特定情况是值得注意的。总的来说，由于这些建筑的设计体现了审美创造性，它们通常被引用于讨论当代纪念性建筑的作品中。有些人认为，其中一些纪念碑否定和颠覆了一种叫作"英雄现实主义"的美学，与之相关的是一些在很大程度上体现新古典主义的传统建筑，以及它们的思想基础和所谓的保守主义。大屠杀纪念碑通常被认为是最具挑战性和最发人深省的纪念碑，其中一些为它们的设计师赢得了名声，尤其像丹尼尔•利伯斯金这样的纪念"企业家"。

有一个重要的背景可以用来理解纪念碑和纪念馆的起源以及持久意义——大屠杀纪念碑也是如此——那就是正如马略厄夫所说的那样，它们可以参与"历史的进程"。有人认为，这其中应该包括它们对民族文化遗产的贡献，这是通过它们的特定价值（包括曾被称为其"信条"的一整套道德价值）体现出来的。例如我们会因此认为大屠杀纪念碑——包括耶路撒冷的大屠杀纪念馆，这也是最重要的例子——已经受到了以色列对巴勒斯坦人所采取的行动的威胁，而且这种状况正在持续。这些纪念碑不仅能够鲜活地呈现大屠杀的记忆并因此纪念死者，而且还能够教育我们尊重人类生命和自由的普遍价值，然而，这种能力却受到了以下因素的破坏：有人力图将以色列与其他民族区分开来；不论是来自以色列还是其他人对待以色列的态度和行为都带有普遍的犹太主义色彩。这样的纪念碑不能再像人们以前所希望的那样发挥纪念和教化功能——无论如何，对很多人来说都是如此。大屠杀以来所发生的事件将这些建筑置于一个与众不同的独特环境中——不仅在以色列，而且还在其他地方的看似无关的事件中，例如许多国家对卢旺达、波斯尼亚和苏丹的种族灭绝采取了一种相对冷漠的态度。与此相似的是华盛顿的美国大屠杀纪念馆，由于近年来美国政府的政策、该国对以色列的支持以及偶然对中东和平进程的支持，这座建筑的完整性同样遭到了破坏。[7]

我们的第一个推论表明，将公共纪念活动看作仅仅与特殊情况或历史事件相关的行为是一件困难的事，尽管纪念碑可以通过思考、写作和争论的方式实现这个目的。事件作为已经形成的叙述进入意识，这个过程通常需要多条错综复杂的因果链，随后，我们以此为出发点来讨论这些事件的历史意义。同样，当我们体验过去时，我们显然面临着一种独特的叙述（例如伦敦帝国战争博物馆中的叙述可以提供关于第一次世界大战的"战壕体验"），我们通过对其他事物的体验来协调自己对过去的体验，诸如电视和电影、主题公园和购物中心等。鉴于纪念碑的持久性，建筑环境以及在某种程度上包含纪念性建筑的城市领域可以促进、维持和扩展这些叙述，这个过程是伴随着后续事件的发展而进行的。同样，我们也很难将遗忘仅仅视为一种看待过去的普遍态度——这是我们时代的一个特征，类似于一种时代精神。杰伊•温特写道："在索姆河和凡尔登战役之后，寻找'意义'成了一件足够困难的事；在奥斯维辛集中营大屠杀和日本广岛原子弹爆炸之后，这件事变成了无限的烦恼。"（1999：5）这些灾难性事件以后紧接着发生的事件以其特殊的方式继续增加这种烦恼——从性质上和程度上来讲都是如此。考虑到任何灾难可能具有的复杂性，我们不需要费力就能找到支持这个论断的事件。即使有人可能希望讨论一个或另一个事件的相对严重性，在曼哈顿下城规划一座纪念碑来纪念"9•11"事件也比纪念奥斯维辛或广岛事件更容易实现吗？同样，与这些早期的事件相比，像新奥尔良卡特里娜飓风死难者纪念碑这样一个假想项目的大纲的争议性是否没那么大——特别是考虑到该城市有失体面的重建速度？

（2）关于我们论点的第二个推论暗示了对那些承担纪念碑和纪念馆设计的人的权威、角色和能力的认识。换句话说，对建筑和设计而言，关于纪念性建筑不能再传达社会意义的命题并没有多大价值。正如我们在设计纪念碑时有必要将审美和设计方面的考虑结合起来一样，纪念性建筑的意义可能在很大程度上取决于其是否能够表现或传达特定的信息，并且能够像多数建筑那样执行某些必要的心理任务。在理想的情况下，决定纪念碑成功与否的因素包括它们的意义，或者它们与某种符号形式的语言发生关联的方式以及人们阐释它们的方式。

然而，声称与纪念碑的审美优势相关的讨论通常会掩盖其他道德和政治问题，这些问题往往涉及私人利益。或者，设计师努力解决的纪念碑的审美和伦理问题是如此错综复杂，以至于很难将它们区分开来（见拉各，2004）。[8]因此，由林璎设计的VVM或者由迈克尔•阿拉德设计的世贸中心纪念遗址（2002）的审美问题往往并不涉及它们的形式或视觉特征，而是与其他方面有关，其中包括：这些建筑表现和阐释了哪些具体的东西；它们传达、批评或支持怎样的价值观；或者，它们的成本是如何以及根据什么被合理化的。有人就VVM的设计者选择按时间顺序排列名字一事展开争论，阿拉德计划保存倒塌的世贸中心双塔的遗址，甚至利伯斯金也将自由塔设计成1776英尺的高度，这些例子说明了审美和其他道德或政治判断通常是如何相互交织在一起的。

建筑理论家和评论家的言论可以明确表达、强化或模糊纪念活动的审美、个人和社会（也就是政治）方面的关系。甚至像设计大纲这样一个看似平凡的文件也可以包含一系列关于纪念碑应该如何发挥功能的预设。例如由美国国家公园管理局为VVM准备的宣传材料对该机构筹备委员会（纪念碑基金受托人）的任务作了如下描述："通过将那些在越南服役的人的问题与美国的战争政策问题分开，该团体希望民族和谐的过程能够就此开始"（国家公园管理局）。因此，受托人为纪念碑设立的四个基本标准之一是，"这种建筑不能就战争做出政治声明"。正因为有了这样的要求，有人怀疑纪念碑从一开始就注定有缺陷。（可以说，越南战争的分裂性仍在继续，这种特征明显地体现在人们对政府的怀疑以及华盛顿和其他地区激烈的政治冲突当中）。这样的纪念碑怎么可能没有政治意义？如果拒绝记住和承认过去的错误和罪行——试图把不能分开的东西（记忆和政治）分开，又怎么可能出现和谐的局面？在某种程度上，约翰•卡特•布朗恰恰持有这样的观点。作为美国国家美术馆主任和艺术委员会主席，他批准了VVM的设计。他是林的设计的众多称赞者之一，他认为"林肯纪念堂和华盛顿纪念碑……似乎通过这项设计合成了一个整体，从而成为了在越南作战的人们为之奋斗的伟大理想和传统的象征"9（布朗，2006a：257）。

用他的话说，遗忘是存在的，尽管也许不是丹托所想象的那样。那些在越南光荣作战的人（还有一些没有参加这场战争的人）并不一定是在争取"伟大理想和传统"，假设越战纪念碑是这场战争的意义所在的任何解读都是对历史的公然篡改（参见布罗扎特等人）。有一种观点认为，那些参与自己认为不公正的战争的人是英雄，这是一种不合理的宣传。这种观点在德国人参加第二次世界大战的情况中遭到（美国人的）普遍拒绝，却往往在美国人参加越南战争的情况中得到支持。越南战争退伍军人不会仅仅因为参加这场战争而成为英雄，正如以色列士兵不会因为参加加沙战争而成为英雄，或者日本士兵不会因为参加硫磺岛战役而成为英雄。在成为英雄之前，他们是受害者。有些以色列士兵拒绝被派到加沙或反对被调往伊拉克，就像其他地区和其他时代的有些士兵在面对奇耻大辱和巨大的个人代价时拒绝参战一样，他们的行为比那些遵守命令并且做自己认为或应该认为错误的事情的士兵更令人钦佩。10与普遍观念相反，"政治正确性"来源于政治右派而不是左派，大约可以追溯到越南战争时期。有一种观点认为，不支持越南大屠杀的行为是不爱国的，这种观点曾经是而且仍然是一种典型的、来自政治右派的政治正确性。具有讽刺意味的是，右派使用这个术语来表示反对和蔑视，并成功地将它完全指向他们的"自由主义"或左翼政治对手。正是在这种独特"倾向"的引导下，设计师和他们的批评者达成了共识，认为越战纪念碑代表了对人们通常所说的英雄的纪念，而不是（或等同于）对特定的时代和政治环境的受害者的悼念。

所有这些都说明了一点，那就是在纪念性建筑中，艺术和政治是以独特和不确定的方式连接起来的。通常来讲，这在公共空间和公共艺术中也一样。此外，纪念馆和纪念碑及其所处的位置为人们提供了一个竞技场，在这里，他们争论和抗议的事件往往大大偏离了他们最初纪念的事件。这种情况适用于"现代纪念碑"或"反纪念碑"，也同样适用于它们要取代的传统、英雄主义和现实主义设计。有人声称，VVM和像世贸中心遗址纪念碑这样的其他建筑应该向多重阐释开放。有些人认为，这些建筑与个人密切相关，但也代表了集体对悲剧（比如石刻版的艾滋病纪念拼布）的回应，它们与现在形成了统一的整体，而不是以任何确定的方式反映过去。人们在这些项目的设计和物质元素中寻找着不同的意义——可能包括对历史事件的矛盾阐释；然而，只有当某些叙述将多样性和阐释、自发性和参与变成认识的条件和对象时，这些意义才会变得明显。这些叙述所涉及的方面包括设计和竞赛方案，以及针对已完成项目的批判性评论。VVM之所以在美学方面是成功的，很大程度上是因为克劳斯和许多其他人从这个角度来理解它。因此，仅仅通过审美手段，我们并不能真正了解所谓的反纪念碑通常如何避免人们对其时代错误和遗忘的指责。

试想一下为澳大利亚"被偷走的一代"建造纪念碑的情形——为了促进这些土著儿童的社会"同化"，政府将他们从家人身边强行带走，从而使他们成为了受害者。[11]我们可以为澳大利亚的这段历史建造一座现代纪念碑，其竞赛方案包含如下内容：

> 这种竞赛所寻求的创新方法挑战了关于纪念碑的传统观念——也就是说，纪念碑是一种永久性的、通常带有英雄主义色彩的客体，它可以提供一种独特的历史观。相反，这种竞赛所寻求的纪念碑方案有助于人们从多重角度去理解"被偷走的一代"，无论是政治、文化、社会还是物质。这种方法可以被视为"反纪念碑"或现代纪念碑设计。

> （墨尔本皇家理工大学和墨尔本博物馆，2001）

有人恰恰想知道这种"多重解读"应该意味着什么，或者究竟是什么因素会使纪念碑"具有现代意义"。是否应该有一种辩白式的解读，即当时开始实施这个政策的"好心的"澳大利亚人认为他们是在做正确的事情？这种解读似乎远不能让人满意；它几乎不允许人们从过去中吸取任何教训，也不允许这些教训向人们反复灌输任何持久的相关性——尽管许多澳大利亚人和政府官员都对这条路线表示支持。这是一种错误的观念，与此类似的是，那些支持南非种族隔离、美国奴隶制度或全世界的英国帝国主义的人认为，他们的做法有利于他们所伤害的人。关于历史事件的多重阐释本身并没有错，然而，就纪念性建筑而言，接受以一种多元化态度去看待过去的做法不应该排除以下责任，即探究有关特定视图或设计的真实性和道德权威的主张。

在有些人声称自己相信这些理念（"他们认为他们是在做正确的事情"）的情况下，这些自私自利的理念很可能源自根深蒂固的偏见（见莱文和纽曼，2006）。在第一次看到VVM之后，专栏作家和政治保守主义者詹姆斯·J·基尔帕特里克写道：

我们漫步着……纪念碑的长长的墙体逐渐进入了我们的视野。我听说或书写过的任何东西都无法形容此刻的感受。我无法表达自己的心情。我流下了眼泪。那里刻着密密麻麻的名字。没错，是名字！20年以来，我一直认为这些人是为一项崇高的事业而牺牲的，就像人们曾经为之奋战的任何光荣事业一样。其他人则一直认为并且总是会认为，这些人的牺牲是无益的，因为他们参加了一场根本不应该发生的必败战争。没关系……

（转引自哈伯德，1984：17）

如果持有一种宽容态度（也许，这位专栏作家认为自己正是如此），有人可能会认为，基尔帕特里克的评论反映了我们时代的症状以及一种普遍遗忘的状态。他的这番话似乎有一定的用意（按照丹托的观点），既加强了引用战争事件并要求我们记住这些事件的叙述，又强化了我们现在忘记这些事件的必要性。然而，基尔帕特里克的"没关系"——意思是说，通过观看这些名字，反对这场战争的人和认为这场战争崇高的人可以团结在一起——不仅涉及私人利益，而且是毫无根据的。这种说法展示了基尔帕特里克自己关于战争及其后果和意义的故事，尽管这个故事很难为他曾经（很可能仍然）持有的不怎么开放或开明的观点开脱。从精神分析的角度来讲，基尔帕特里克的同情抑制了他一次又一次鼓吹越南战争的罪恶感；他的同情需要一些人付出代价——这一次是他们的记忆——他在冲突中利用了他们。

玛丽•麦克劳德也对VVM表示称赞，认为这是一件完美的成功之作。她评论道：

据说，这是一座成功的"现代纪念碑"。今天，在这个国家的首都，它是最受欢迎的纪念碑……自二战以来，没有哪一座建筑能够对美国公众的态度产生更大的影响。这座纪念碑的建造为国民提供了一种宣泄的途径，同时解决了更加激烈的分裂国家的争端。

（麦克劳德，2004：381）

麦克劳德的评价同样令人不安。因此，如果纪念碑受到人们的欢迎，那将会是怎样一种情形？成功的标准是什么？麦克劳德的评论充其量只是衡量知识傲慢的一种手段，他通过现代主义美学将传闻（"据说"）合理化，同时将社会心理学的含义叠加在这种美学之上，而前者正是以"国民的宣泄"为先决条件的。就像基尔帕特里克的观点一样，在最坏的情况下，她的观点（尽管两者似乎没有什么区别）可能也源自一种实现愿望的幻想，它可以引导我们重塑现实，从而使之符合具有时代特征的欲望和愿望。幻想不一定是假的，但这种幻想却是如此。认为VVM解决了"更加激烈的分裂国家的争端"的看法并不是一种曲解，而是一个谎言。它服务于那些像基尔帕特里克一样的人，他们需要抑制，那是因为他们无法忘记；他们对战争的记忆具有免疫力，那是因为他们对战争起到了推波助澜的作用。和从一开始就抗议越南战争的所谓合理性的人相比，VVM对于在越南服役的人而言可能更加具有攻击性。对于抗议越南战争及其参与者的罪恶行径的人而言，这座建筑同样具有攻击性；例如美国曾实行大规模的国家恐怖主义（见莱文和纽曼，2006）。麦克劳德所提到的旧有的"更加激烈的争端"仍然未得到解决与缓和——现在，其中一些争端已将关注点重新瞄准了伊拉克和所谓的反恐战争。

VVM是否应该允许一种暗示着公正和正义战争的解读存在呢？[12]这样就会使该建筑具有进步意义了吗？相反，如果有人声称这座纪念碑具有开放性（人们可以按照自己选择的方式去"解读"）且缺乏人们认为支持或反对战争的审美特征、符号或铭文，并且试图通过这种主张将这样一种解读合理化，那么任何明显的助记或启迪效果都会遭到破坏。越战纪念碑的确允许这样一种解读存在的情况——那些参战的人、牺牲的人以及杀死对手的人，他们都在通过这种解读为某项正义事业服务——连同它起初被政治化的方式一起，在一定程度上解释了它为何不能按照设计师和建议者的意愿发挥功能。相反的观点是以这样一种思想为依据的，即这些不同的、可能相互对立的解读（包括同时引用战争的正义性和非正义性的解读）仍然允许个人宣泄和"解脱感"的存在，如果人们对事件的共同理解不否认纪念碑及其所纪念事件的公共特征的话。这种理解否认的是纪念碑对某种国家遗产以及以特定价值为特征的历史和文化遗产形式的贡献。

这并不是说这座纪念碑本身是失败的，或者由VVM的评论者兼支持者提出的以审美为主的论点不准确。无论是好是坏，它的设计都有可能非常符合"实业家文化"的要求，并因而充分体现吉迪恩的主张，那就是：该建筑代表了"一种对我们的时代有效的生活方式"，尽管我们可能对它不满意或者将它遗忘；它可以为个人提供一种宣泄途径，虽然公众的生活可能是贫乏的。它可以很好地满足一座"现代纪念碑"的审美要求，就像麦克劳德所认为的那样。它甚至可能是"受欢迎的"，大批的参观者就是见证。

然而，就这座纪念碑能够参与记忆、提升历史意识并且为个人和集体提供宣泄途径而言，它的成功或失败体现在许多方面，而且从一开始就不在林璎的掌握之中。一座建筑几乎不可能成为人们共同理解过去、个人宣泄或国家复兴的唯一基础。对于允许一座纪念碑象征或代表人们对越南战争的共识的条件，林并没有太大的把握；相比之下，她更有把握的是，有些人试图从一开始就要求她改变越战纪念碑的极简抽象派艺术风格，从而破坏她的意图，同时，他们还提出了关于正义战争和英雄的对立观点。

（3）让我们来考虑一下第三个推论。如果我们确实曾经体验过真正的纪念碑和有效的纪念活动，那么这种观点就要求我们在某种程度上解释人们当前对纪念碑的热情、这种建筑日益向我们提出的要求以及它们不断增长的数量。用马略厄夫的话来说，今天为什么一切都值得纪念？我们可以通过各种方式来支持这个推论以及其他推论。例如，考虑对一些有争议性的纪念碑进行详细的案例研究似乎是有用的。然而，以下做法似乎是不恰当的，即开始的时候观察一些细节，如VVM明显受欢迎的现象、参观者的数量或者关于支持性关键评论的记录，然后从总体上推导出有效纪念活动的必要审美条件。我们最初的论点及其推论包含了重要的实证主张和间接证据，然而，它们所体现的观点在很大程度上是概念性的。除了阐释不言自明的争论领域以外，实证研究不太可能发挥更多的作用。有人认为纪念碑的时代已经结束，认为不可能存在有意义的公共纪念碑，或者认为这种建筑的象征效用已经降低——甚至认为需要借助新术语来重塑纪念性建筑的伦理维度——我们可以通过观察纪念碑可能"失败"的方式来审视这种观点。[13]

与其他纪念碑相比，VVM的参观者为数众多，而且人们也常说这座建筑有能力吸引人们以近距离的方式独自注视墙体；然而，这两点都不能有效地为这座纪念碑的成功提供经验证据。同样，我们也可以认为时代广场或迪斯尼世界的参观者人数证明了该广场或该主题公园所固有的历史和文化价值。为什么要认为触摸墙体上名字和对着纪念碑哭泣（无论是否真诚）或者留下纪念物或照片就是这座纪念碑成功的标志？为什么衡量该建筑成功的标准至多是游客购买和穿上印有"我在零地带"字样的T恤的事实？这一事实表明任何可能建造在此地的纪念碑最终都将仅仅成为另一个旅游景点。[14]这种情况可能表明人们采用了一种自适应的仪式，或者试图通过某种意义和方式（也许是自恋的）去支持"有名的"纪念物或有意义的地方，以及人们眼中的"伟大时刻"所代表的含义。

在这里，我们的问题主要涉及理论，并针对关于有效纪念活动的主张进行了分析。这样做是因为考虑到了这些主张所依赖的有关记忆和历史记忆的规范性观点。这样一种理解关系到我们是否生活在一个特别健忘的时代，以及建筑师是否会对这样一种事态负责，尽管他们只能尽到部分责任。就这些问题而言，我们至少暂时值得采用心理或精神分析的视角，因为有人在提出这些问题时通常会描述记忆的运作机制，预先假设纪念碑的功能或者为纪念活动赋予某种伦理维度。马略厄夫就提出了这样一种视角，他写道：

历史是过去的东西，我们可以通过现在的记忆让历史停止出现在当下：我们无法在当下复制历史。历史记忆的真正基础并不是被记住的东西，而是仍然没有被记住的东西——无法追忆的事物。自相矛盾的是，我们所说的历史只是那些进入记忆而没有被完全记住的过去的元素。如果有什么东西实际上被记住和纪念，那就意味着它们与记忆之间的关系是不确定的。纪念碑是由遗忘雕刻而成的，只有遗忘的文化才能产生纪念碑。像现代性这样一种遗忘的文化需要创建为数众多的博物馆来纪念一切，并在最大程度上纪念过去。正如历史学家皮埃尔•诺拉所指出的，我们之所以建造"记忆的场所"（记忆的地点），那是因为没有更多"记忆的情境"（真实的记忆环境）……这句话无疑表明了一种怀旧的错觉，即曾经有一种普遍存在的记忆形式。然而，它的确指向现代记忆的疏离状态，这种状态具体反映在纪念碑、博物馆和"记忆的场所"当中……纪念碑告诉我们，通过远离被记住的事物，我们的记忆可以发挥作用；当记忆不再控制我们的时候，我们便可以记住一些东西了。纪念碑会记忆一些东西，但同样也会抗拒记忆。因为真正和完全被记住的东西并不需要一直被记起：作为现实的基础，它们存在于最小的事物当中。[15]

（马略厄夫，1999：59~60；参见诺拉，1989：7）

如果马略厄夫和诺拉是正确的，那么不仅每一座纪念碑都会迫使我们去忘记而不是去记住一些东西（根据丹托的解释，建造纪念碑正是出于这个目的），而且纪念某些事件和修建纪念碑的热潮也表明了记忆的缺失和遗忘过去的迹象。在这里，弗洛伊德有话要说，因为他认为我们最强烈的肯定态度往往意味着否定。有人声称，在纪念碑的例子中，人们对这种建筑的前所未有的需求肯定了他们关注和接触过去的愿望，但情况可能恰恰相反。纪念碑可能暗示着拒绝记住、哀悼或接近过去。纪念碑什么时候会失去其功能？按照诺拉的描述，可能是当真实的"记忆环境"不复存在的时候。

也许，当前建造纪念碑的热潮证实了人们在某种程度上对更有效的记忆客体的基本需要，这些客体可能更加"开放"或者更加有益于多种个人记忆和目的。也许，我们恰恰需要更多的反纪念碑，它们能够区分或者至少可以明确——并因此根据国民行为——使公共纪念碑的含义变得特别模糊的美学和政治、艺术和意识形态之间的联系（见哈斯金斯和德罗斯，2003；柯蒂斯，2004）。或许，我们可以因此为建筑和设计寻找到一些新的可能性，它们将帮助我们唤起回忆、治愈心灵创伤和实现民主。

当注意到心理学和精神分析理论带给我们的启示之后，有人可能会问，在记住或纪念的需要和忘记的需要之间是否存在着某种联系。就像弗洛伊德在解释忧郁症时所说的哀伤那样（1922），纪念碑也会试图缓解内疚感吗？如果是这样，那么当前建造纪念碑的热潮不是一方面暗示着内疚感和自我惩罚的必要性，同时还承认了纪念碑无法按照人们的意愿和需要发挥功能吗？在这股纪念热潮当中，还有什么因素不仅在心理上而且在政治上和道德上起作用？在记忆对个人普遍起作用的机制和纪念碑可能从总体上对各种团体起作用的机制之间是否有相似之处？通过援引诺拉的观点，柯克•萨维奇描述了一种已失去的本能记忆，与此相比，今天的记忆行为似乎不那么真实：

> [我们所要强调的是]，[当]我们停止从内部自发地体验记忆时，我们就会开始"设计"记忆并创建其外部符号和迹象，如纪念碑和历史建筑……在当代建筑环境中，记忆的外部符号不断增加，这标志着一种更加有机的文化记忆的死亡，这种记忆可能存在于现代化之前，即过去的一段不确定的时期。
>
> （萨维奇，2002：14；诺拉，1989）

我们值得去考虑解释记忆机制的心理学及相关观点，因为它们让我们有理由去评估纪念碑唤起记忆的能力。我们还值得去思考政治因素是如何被包含在这个过程中的——纪念碑的审美是否以及如何涉及对历史的理解，即认为历史不仅源于一种本能的记忆能力，而且还源于形成我们的社会存在的张力。或许，记忆的对立来源之间的张力可以解释为什么现代纪念碑或反纪念碑会如此吸引评论家和纪念性建筑的赞助者。它们的审美无疑以一种更加亲密的、象征或说教意味不那么明显的方式去接触有记忆的公众——这种方式更接近于"体验"，在这种状态下，记忆可能不会受到一种或另一种建筑风格的约束。令人质疑的是，极简抽象派纪念碑的前景是否不仅仅是一个神话，其概念是否具有自欺意味，以及其政治影响是否不亚于反映英雄色彩和现实主义的具象设计。

心理现实和不朽神话

鉴于对记忆的规范化理解，关于纪念馆和纪念碑的解释通常描述了它们如何发挥功能——记忆应该如何或者如何理想地运作，即从某些类型的建筑中归纳出关于过去的想法。哈斯金斯和德罗斯写道，"根据定义，纪念碑从物质上表达了对失去的生命和机会的哀悼，但它可能不仅仅意味着沉溺在悲伤当中。它可能是宣泄的解脱感和批评性清算的一个阶段"（2003：378）。在他们看来，纪念性建筑提供了一个将过去符号化的元素系统，它类似于一张助记字母表，可以让我们以特定的方式"解读"纪念碑和建筑细节。不仅如此，纪念性建筑也是一种心理现象，可以起到治愈情感创伤和团结公众的作用。弗朗索瓦丝•萧伊强调了我们与建筑的接触如何能够帮助我们回忆过去并为我们带来一种心理上的益处。[16]萧伊写道：

> 在法语中，"纪念碑"一词的本义与拉丁词"monumentum"的意思相同，这个词本身来源于"monere"（提醒，回想起），它要求我们拥有记忆能力。纪念碑用途的情感本质是至关重要的；这个问题不仅仅意味着让人们知道或记起一些中立的信

息，而是意味着通过情感激起一段鲜活的回忆。根据这个本义，我们可以将纪念碑定义为由社区建造的、旨在让后人纪念或回忆人物、事件、牺牲、实践和信仰的任何建筑。因此，纪念碑的独特之处在于它可以直接作用于记忆。它可以通过情感的调解作用来唤起和参与记忆，通过这样的方式，它可以让我们回忆过去，同时将过去带入我们的生活，让我们感觉过去就是现在。不仅如此，一旦我们以一种类似于场景重现的方式将过去唤回，过去就不仅仅具有任何曾经的含义：我们对过去进行了批评性的定位和选择，这样一来，它就能够直接有助于维护和保存一个种族、宗教、民族、部落或家族社区的身份。无论对于纪念碑的建造者还是对于从它那里获得信息的人而言，纪念碑都是一种安全措施，我们可以用它来抵御生活中的精神创伤。它为我们的起源提供了保证，可以减轻由我们诞生之初的不确定因素引发的焦虑感。我们可以用它来抵消宇宙中能量与物质的减退，以及时间对一切自然和人造之物的消解作用。它试图平息我们对于死亡和毁灭的恐惧。

（萧伊，2001：6~7）

在这里，关于纪念馆或纪念碑在发挥萧伊所说的一系列功能时所需要的心理机制，我们很少看到详尽而合理的说明。不过，如果她是正确的，那么她的观点就在一定程度上解释了人们对记忆行为的动机和深层需要。她的观点还表明，有些人从个人或国家那里剥夺了使纪念活动至少成为可能的条件，不论他们是有意还是无意的，他们的做法都对人们造成了伤害，并使他们承担了一定责任。例如萧伊讨论了人们纪念和过度纪念某些事件的需要的意义，这和我们的做法几乎如出一辙（转引自马略厄夫，1999：59~60）。"我们为每一部分现实创建博物馆（所谓的生态博物馆收集了当地的人工制品并对其进行了纪实性的描述：农业工具、采矿设备、汽车、家用器具）……这一事实表明，我们的自偿性文化当中的每件事物现在都受到了遗忘的威胁"（萧伊，转引自马略厄夫，1999：59）。萧伊的"自偿性文化"的概念虽然颠倒但也加强了人们对"文化"的普遍理解，即认为文化能够提供一种完整和综合化的社会环境。她的观点将问题的重心从一种理想的前现代文化所具有的融合性转向了一种现代文化中明显存在的功能异常。[17]像这样一些以心理学为基础来解释文化功能的方式，无论其细节是什么，都有助于我们理解纪念碑在主观和社会两个层面所具有的含义。如果简单地说纪念碑与记忆、尊敬等行为有关，我们就会失去获得更多信息的机会。

我们可以通过多种不同的方式来理解纪念活动的心理学或精神分析阐释。尼尔·柯蒂斯为我们展现了他的观点：

[弗洛伊德在《超越快乐原则》（1922 b：299）中声称]，在意识和感知之间必须有一层"防护屏"，从而能够转移或者有可能清除对另一个场景而言痛苦的东西。通过纪念碑，我们可以从创伤中得到启发，从而限制伤痛对我们的影响。我们记忆的目的是为了忘却，或者，正如利奥塔尔[1990：8]所说的，"我们消耗的目的是为了尽量减少和控制绝对消耗，如液化作用的威胁（洪水）和社会联系的毁灭。"这里所说的防护屏……具有政治含义，因为其收益是社区的恢复。我们可能选择将有些东西称为纪念政治，这种政治只会记住那些可能促进身份意识的差异。它记住对抗是为了促成共识。它记住沉默是为了拓展交流。作为一种救赎性政治，纪念碑将总是拒绝威胁主体的任何事物并将其排除在合理范围以外。它总是拒绝不幸和灾难，总是亲自迎接死亡的挑战。对纪念政治而言，记住是为了忘却，消耗是为了最大限度地减少所消耗的东西。

（柯蒂斯，2004：306～307）

根据拉康的说法，我们也可以将这里所包含的有些意思中肯地推断为我们想成为他者的欲望。比如，我们渴望成为英雄，因为我们知道自己不具备这种身份。萧伊和柯蒂斯的观点不同，却能够相互兼容，我们没有理由在二者之间做出选择。重要的是，这些说法和类似的说法解释了纪念碑和纪念活动的必要性，它们表明人们通常对这些活动（它们可以帮助我们"继续前进"等）的理解以及为之寻找的理由是肤浅的，或者甚至是错误的。此外，以上说法还提供了一个理论背景，我们既可以用它来解释最近公众对纪念活动的痴迷以及开展这种活动的需要，也可以用它来解释以下事实，那就是即使并非不可能，我们也难以充分纪念那些需要被铭记的事物。

如果"通过纪念碑，我们可以从创伤中得到启发，从而限制伤痛对我们的影响"是真的，那么我们可以认为，今天看似普遍的建造纪念碑的需要证实了世界上出现了一段前所未有的焦虑时期——这个世界里有许多受过精神创伤和痛苦的人。赞同拉康观点的人可能会认为，许多人在某些时期会感到无助或无能为力并因此需要英雄，而纪念碑恰恰是对这些时期的回应。根据这种说法，在波拖马可河畔建造纪念碑的热潮可能代表了美国民主的失败而不是成功，因为我们可以得出这样一个结论，即许多人在民主程序中似乎没有任何发言权。另外，如果纪念碑真的不再能够帮助人们从创伤中得到启发——也许是因为仅凭纪念性建筑并不能实现这一目标——那么创伤和痛苦将会依然存在，社会联系将依然无法建立，社区也将无法得到恢复。当然，纪念碑和纪念馆的"问题"可能既不取决于痴迷的公众，也不取决于纪念性建筑（从精神分析的角度而言）。这种失败可能源自一个功能失调的政治体和谎言,也可能源自以下因素,即有人混淆了与需要记住的事件相关的问题。这种可能性在前面的解释中已有所暗示,即可以想象的是,只有"好的"政治才能产生一个健康社区所必须的防护屏,而"坏的"政治则无法做到这一点。

纪念碑的精神分析可以体现一种独特的"政治"视角(在某种意义上体现了柯蒂斯的"救赎性政治"),或者暗示这种或另一种与"真正的"记忆行为没有差别的政治——在这种情况下,有些政治会告诉我们记忆是如何运作的,另一些政治则会告诉我们记忆

5.3
华盛顿国家二战纪念碑,根据弗里德里希·圣·弗洛里安的初始设计而建(2004)。图像©威康·泰勒。

可能如何被滥用。从这个意义上讲，纪念碑的功能性可以通过什么得到解释？任何能够对个人或社会起到恢复作用的好处都要求建造纪念碑的政治环境正确且具有"救赎性"——这种环境必须"拒绝威胁主体的任何事物并将其排除在合理范围以外"。如果继续沿着这种推理思路走下去，我们就会以一种独特的视角来看待纪念性建筑的伦理学。通过以一种错误的或者与意识形态相关的观点来反驳记忆具有积极参与性的观点，一种精神分析框架成为了批评的基础，在这种情况下，我们以一种关于人类主体及其心理需求的独特概念来审视政治体。正是一个沉思式的人物形象有意识和无意识地努力减少着悲伤和痛苦，并寻找着完整的自我。他同样也是社会性动物，因为化解悲伤涉及一种更完整和更具创造性的公共生活的前景。然而，在与救赎性政治的前景和记忆所带来的真正启发相对立的领域当中，权力和权威以实现控制为最终目的，它们只会促进、维持和保护一个社区中的某个特定群体的利益，或者提倡一种局部的历史观——也许，它们甚至会维护一个"市场"的利益——它们不一定具有"民主"特征。根据这种推理，我们可以通过几种方式来解释纪念活动的明显困难，这样一来，我们就可以从正反两个方面来评价一座纪念碑的道德价值、成功或者其他维度。

有一种解释方式描述了如下情形：某个社区或某些政治选区的一些成员删选和破坏了纪念碑或纪念符号的某些用途，这些用途是司空见惯的，或者经由人的意识得到清楚表达的。例如有人强烈反对为二战中的日本战争死难者建造纪念碑，因为他们进行了一场侵略战争并犯下了暴行，却很少有人以同样的理由反对VVM。这暗示了一种道德上的不一致性，它可能会使一个社区的某些成员（可能是有些日裔美国人）无法哀悼失去的亲人。这种反对的态度还会威胁到像国家二战纪念碑（2004）这样的纪念性建筑的完整性，因为它确保了牺牲及其所引起的悲伤的形式（正如谚语所说，就像历史一样）是由战争的胜利者书写的。出于类似和不同的原因，那些把VVM视为失败的人同样也会把国家二战纪念碑视为失败。首先（许多二战的退伍军人可能持有这样的观点），有人可能会认为这座建筑明显损害了退伍军人本身的利益，同时还损害了他们为之奋斗的事业、他们自己的经历以及他们的即时和长期反应。通过进一步比较可以看出，朝鲜战争老兵纪念碑（1995）似乎更具有真正的保守和反动意味，通过使用具象元素、透视法和唤起回忆的照明设备，它的目的在于讲述一个"普通的"、名为"自由不是免费的"的说教故事。对于这两座纪念碑而言，历史记录是容易改变的东西，象征意义也很容易获得，它们的设计师和赞助人总是依赖于（这个过程总是短暂的）共享的记忆。

如果进一步综合考虑相关问题，关于纪念活动能够对人的精神起到恢复作用的不同的理解——它能够平息伤痛、掩饰内疚感，或两者兼而有之——就会促使我们去比较人们对服务于不同社区的纪念碑的辩护和批评。与德国和日本相比，美国还没有认真对待自己的战争罪行——包括在二战中的罪行，以及过去以官方认可的种族主义和性别主义为代表的其他暴力行径，这一点是很有道理的（扬，1993）。[18]如果纪念历史事件的活动仅仅以纪念死者和减轻悲伤的共同愿望为目标，那么近年来出现的一些纪念碑似乎是没有必要的，诸如为了纪念非裔美国人或女性退伍军人以及二战失败等事件的纪念碑。相反，这些后来书写的多种多样的脚本讲述了同一个"故事"，它们提醒我们注意一个事实，即我们生活中存在着不同类型的悲伤、过去和现在。

例如，有很多人认为，从情感、智力和美学方面来讲，林的项目是绝对成功的，大多数越南退伍军人和VVM的评论员似乎都持有这样的观点。正如我们所看到的，关于这一点，最常提到的一个原因是这项设计允许我们对其建筑和景观形式进行多种阐释——就好像各种多样的解释总是一件好事，能够让每个人用自己的方式治愈自己并且参与健康的民主活动。考虑一下哈斯金斯和德罗斯的观点以及他们所引用的观点：

> 在华盛顿特区，林璎的越战纪念碑……不仅成为了民众朝圣的场所，而且还吸引人们对越南战争做出了不同的判断……林的刻有名字的黑色花岗岩墙体的作用在于让公众表达哀悼和怀念之情。越战纪念碑不同于传统的战争纪念碑，它并没有提供一种可识别的战争叙述，而是创建了一个场景，在这里，不同的公众可能会接受相互矛盾的战争遗产。根据米切尔[1993：37]的看法，这座纪念碑的"可识别性并不意味着一种叙述的可识别性：它并没有纪念像在硫磺岛插上美国国旗这样的英雄事迹，有的只是刻在黑色大理石墙体上的58000个名字，它们以单调乏味的形式记录着暴力和死亡的历史"。这是"一座反英雄式的纪念碑，它所纪念的这场战争中可能并没有英雄"，它"从一开始就是由普通人刻写的，他们能够根据自己的目的重新阐释主导意识形态话语"。[布瓦姆，1998：309]。

> （哈斯金斯和德罗斯，2003：380）

然而，从林璎最初提议设计越战纪念碑到该建筑最终在林荫大道落成，这段期间出现了一些特别善于发言和有影响力的公众。对他们而言，立即引起纷争的在很大程度上正是该项目的最初提议的符号语言所具有的陌生性和模糊性。对于有些人来讲，这项设计的下行通道使它看起来像一个"黑洞"，而黑色花岗岩则覆盖着象征耻辱和哀悼的"哭墙"。在这项设计定案之前，沿其中一条通道建造前面提到的美国士兵雕像的想法被包含了进来，这样做主要是为了回应这些解读（柯蒂斯，2004）。[19]后来增加的这一部分——从形式上来讲，它与VVM的极简主义美学不一致——可以说不仅破坏了林的意图，而且对于认为这场战争不公和悲惨的很多人而言，它还破坏了原设计本身的意义和完整性。

现在，它似乎以一种基于爱国的方式来纪念死者，与其他更古老和更传统的纪念碑相比，尽管这种方式同样具有英雄色彩，却没有那么重要。对于相当一部分愤愤不平的公众而言，现在似乎很少有机会记得这些死者是越共的受害者，但同样也是对越战负责的政府的受害者——这场战争是由美国制造的。

如果哈斯金斯和德罗斯所引用的那些学者（像米切尔和布瓦姆）是正确的，那么越战纪念碑不能也不该仅凭对越战本身的一次解读而"吸引人们做出不同的判断"，而是只能对这场战争做出批评；唯一可能的多样性解读需要不同程度的反战情绪。如果哈斯金斯和德罗斯是正确的，即VVM确实能够"让公众表达哀悼和怀念之情"，那么就会出现一个疑问：从广义或狭义的角度来讲，这座建筑的意义是如何支持这种恢复作用的。它所哀悼和纪念的对象是什么？是美莱村大屠杀、柬埔寨圣诞入侵还是出于某种目的而对美国人和越南人展开的大规模杀害……究竟是什么？同样，除非纪念碑以谨慎和意义明确的方式来表示它们可能纪念的事件——除非我们无条件地接纳扬的观点，即它们完全取决于特定的时刻——那么VVM现在不是也关系到更新的暴力和战争罪行吗？难道它没有涉及阿布•格拉西事件、哈迪塞事件和美国发起的飞地拘留和拷问事件吗？难道它也没有涉及美国的军事、司法和政治集团拒绝充分起诉这些罪犯的事实吗？

哈斯金斯和德罗斯以及许多其他学者认为，VVM有能力支持不同的判断和多种叙述，他们的这些积极主张并不完全是决定性的。鉴于纪念性建筑会以某种特定的方式让人们产生共同预期，这些主张同时强调了纪念碑和反纪念碑的不确定状态（尽管也许并没有一种单一的方法）。前面的问题源自对以下问题的心理学和规范性理解，即纪念碑和纪念馆应该如何发挥作用。这些问题在一定程度上与逻辑有关，但也涉及一个重要的历史维度，它依赖于我们理解历史的程度。如果将这种理解应用于我们最初的论点，我们很可能得出这样一个结论：纪念性建筑的时代已经结束，仅仅因为我们通过记忆和意义、悲伤和宣泄（或类似的概念）以及语言来提出论点，语言通过一种特别的功能、因果或有效的方式把这些概念整合在一起。

我们可以看到一个时代的前景，哀叹一个时代的终结，或者可能通过运用理论的灵活性和精神分析的专门知识来测量当前这个时代的神经官能症。我们也可以想象一种新的纪念碑或纪念馆，它们又一次在我们的个人和集体生活中找到了位置。然而，这些反应以及可以想象到的其他反应都在某种程度上与历史有关。遗憾的是，根据我们目前所引用的一些关键性评论可知，随着时间的推移，它们可以在接触历史的过程中忽略大部分构成纪念碑生命的历史记录。历史调查形式（包括哲学历史、美学和设计历史以及与纪念性建筑的"事实"相关的文献报道）提供了一种手段，从而让我们对以下观点背后的假设提出质疑，即有意义的纪念活动的时代已经结束；现在，这些形式还促使我们去问这样一个问题，即纪念碑和纪念馆是否曾经按照它们应有的方式发挥作用。如果不是，而且问题也不大可能涉及纪念性建筑本身的美学，那么也许我们会提出另一个更加重要的问题：是什么构成了"社会团结"，从而确保我们的记忆和愿望得以在建筑环境以及城市和公共领域中找到位置？

纪念性建筑的伦理学

我们之前明确做出的大部分评论表明，对一种记忆和回忆的生活而言，客观和审美、主观和心理方面的条件都是必要的。然而，大部分文献仅仅探讨了这样一种生活的伦理维度。总的来说，对于像艾布拉姆森和麦克劳德（以及基尔帕特里克）这样的评论家而言，有些人关注纪念性建筑的美学并将其视为纪念碑"成功"的关键的做法不能全面地阐释这种建筑与历史或社会之间的密切关系。同样，如果将理论公式和看待过去的狭隘观点结合在一起，我们就会把像VVM这样的项目过度工具化，从而使它们的形式、规划和审美变成某种记忆碾压机上的齿轮（如艾布拉姆森的"记忆技术"）。这样做的结果更多地意味着理论上的局限性，而不是纪念碑和纪念馆的复杂的社会现实。

尽管越战纪念碑的墙体可能以抽象的形式为反纪念碑提供了审美条件，但是这些并不能让林璎的设计成为一座反对越南战争的纪念碑——而且这最终成了其道德失败的理由。单凭这些墙体并不能使该建筑充分而如实地肯定历史记录，也无法使其成为宣传真理和正义的工具——即起到确保国内和平的作用。像艾布拉姆森一样，有人声称VVM是一个"治疗创伤"的地方，却没有对此作进一步的解释——例如他们并没有理解VVM是对越南战争的谴责（如果是这样的话）——他们的做法意味着以另一种方式屈服于那些引起、延长（亨利•基辛格）或得益于这场战争的人。我们可以问一个问题，即针对越战纪念碑这样的建筑，什么样的解决方案会更好。然而，这样做意味着忽略我们在这一章中所要讨论的关键问题，因为VVM本身并没有错，除了其未能做到以下几点，即满足其设计大纲的条件、区分"在越南服役的士兵的问题和美国在这场战争中的政策问题"以及"开始一个民族和解的过程"。这座建筑的失败和它的审美无关，从美学的角度来讲，我们对越战纪念碑或任何其他可能与之类似的纪念碑所做的任何事情都无法使问题得到改善。我们不能对这座纪念碑进行改善，只要它已被包含在美国的"高尚"牺牲的悠久历史当中并继续颠覆林所预期的反战意义——只要关于罪行的历史记录目前还没有得到公认。换句话说，手段绝不可能成为信息。[20]

到目前为止我们的看法似乎较少涉及任何抽象意义上的记忆，而是更多地涉及探讨过去和现在的纪念活动的历史和社会背景，以及赞助这些活动的个人、机构和政府的动机（和完整性）。我们的观点较少涉及纪念碑或反纪念碑的审美，除了指出以下事实，即两者之间的区别在很大程度上具有模棱两可的修辞特征。针对知识探索的局限性，我们现在必须提出自己的论点，与其说这个论点看起来与本章所提出的问题关系密切，不如说它似乎是一个次要问题。倘若要问一个"有效纪念的时代"是否已经结束，那么这个问题可能过于狭窄，而且在很大程度上与我们这本书的目标无关。可能还会有其他一些问题，它们更有可能映射纪念性建筑的伦理学背后的问题。

让我们进一步考虑一下本章开篇所引用的艾布拉姆森的评论以及他对于VVM的称赞。带着我们在引言部分所提出的关于伦理倾向的观点再解读一遍，看看这位评论家如何表现出一种摇摆不定的道德立场。为了支持自己的评价，艾布拉姆森区分了许多概念，这些区分强调了他关于该项目成功的观点。例如，他将VVM的审美规划与其他现代设计和反纪念碑同日而语，认为这些设计不同于附近纪念林肯和华盛顿的新古典主义设计。VVM与形成建筑传统的其他设计相关联，我们可以通过这种对比来衡量它的创新性，也就是说，它可以为我们提供一种用来实现长期记忆功能的新手段，而这种功能恰恰描述了纪念碑和纪念馆的历史。在很大程度上讲，帮助我们回忆往事和宣泄情感的正是这项设计的物理和审美特性，它们为个人提供了解脱感并促进了社区的恢复。这种密不可分的关联性强调了关于这座纪念碑具有文化价值的观点，即认为它表现了心理更新和社会复兴重叠的现象，又促进了这种现象的发生。

艾布拉姆森所指的解脱感并不是"忘记"，但有可能是遗忘所产生的一个结果。鉴于现在有一种东西读起来像历史修正主义（根据艾布拉姆森和其他学者的看法），VVM并不会像有些人所期望的那样去颠覆传统的"说教式"纪念碑既有的信息，而是会抹去它们以及与它们相关的任何由来已久的冲突。与其说艾布拉姆森、麦克劳德和基尔帕特里克"在对立的观念或我们生活的不同方面之间确定和商定了一种方法"并将其作为一种自我质疑的模式（我们的第一种伦理倾向），不如说他们采取了一种更为简单的途径，通过这种途径，这些对立观念之间的张力以及它们所引发的道德选择在在很大程度上被忽略了。他们消除了价值的心理和社会来源之间以及设计意图和历史事实记录之间的差异。

例如，批评家们并没有强调受托人的最初目标和VVM后来所具有的政治功能之间的明显冲突，而是放弃更深入地探讨这座纪念碑的持续的争议史及其可能对政治行动主义的促进作用。我们应该将"这面墙"放在这样一个至关重要的语境中来审视，事实上，近年来反伊拉克战争的抗议也暗示了这一点。这个语境中包含着多种共时和历时的维度，通过这些维度，这座纪念碑的生命以复杂的方式与过去和现在发生关联，这样一来，我们就会怀疑任何涉及以下方面的主张，即认为我们能够对过去的事件达成共识，或者认为纪念碑的审美特征本身能够以直接或开放的方式获得这样一种共识，从而发挥其重要作用。相反，我们所引用的那些评论家升华了所有这些来源以及关于国家康复的叙述中可能出现的冲突。当然，他们的修正主义本身是一种政治行为。然而，这并不是一种可取的行为，它无法让我们更深入地理解记忆如何塑造我们的生活——要么出于某种深层次的需要自发或强制地，要么更有可能两者都有。

当注意到我们的第二种伦理倾向（关于自我塑造的审美和解释方面）之后，我们就有理由提出一个问题，即纪念性建筑特别是纪念碑和纪念馆的审美如何能够积极地鼓励和塑造事件的阐释，而这些方式既不单单涉及说教和意识形态，也不具有可预见性和霸权主义色彩。阐释可能在计划或意料之外发生。它们可能来自多种重叠的认知，也可能吸收不同类型的理解，它们当中有些是容易驾驭的，大部分则是模糊或间接的。与此相关的可能是不同程度的真理，如此一来，纪念碑和纪念馆所提供的（混合）信息可能无法完全通过不诚实或自欺行为以及权力机构的公开谎言和利益得到解释。因此，我们也就有机会去评论纪念性建筑并提出以下问题，即它们的形式、规划和审美（作为亨特的文化"机器"的一部分）如何参与、支持或阻碍构成某种伦理学的内省和自我塑造实践。

比起依赖于不同类型的纪念碑之间的鲜明对比，我们最好问这样一个问题：如果一个特定项目的审美特征在有些人看来使它在形式上变成了反纪念碑但对其他人而言并非如此，那么这种情况意味着什么。例如，VVM对于哪些观众或"关键赞助者"而言具有现代性，他们持有这种观点的原因可能有哪些？艾布拉姆森或媒体对"这面墙"的评论能够在更普遍的意义上提供一种缺失的说教元素吗？有些人对"现代主义记忆"、现代主义艺术和建筑知之甚少却了解自己的喜好——他们认为后者可以唤起回忆、发人深省或者有助于他们宣泄情感，那么，当他们仔细观察光滑的黑色墙体时，像艾布拉姆森这样的学者或媒体的积极评价是否能够让他们识别自己所看到的东西？或者，说教主义是否更有可能包含一系列更广泛的实践、认识和识别行为，从而能够摆脱教学法和明确的设计意图的束缚？

如果说"意义深远的个人事务"发生在纪念碑上，那就掩盖了许多本可言明的事实。究竟会发生什么样的回忆和悲伤？我们能否很容易地调解这些事务，从而将两种回忆和悲伤结合在一起——其中一种源自某种看待过去的特定视角，另一种则源自对某座纪念碑及其建筑环境的体验？也许并不能这样做；对一些人来说，黑色花岗岩可能足以标示一个特殊的纪念场所。对另一些人来说，这种材料也许会使他们冷漠和无动于衷。究竟是什么使这座建筑具有纪念性或永恒的意义，而不是成为像挡土墙或没什么实际效用的广场那样一座普通的建筑？正是出于这个原因，我们会经常参观纪念碑或纪念馆、纪念公墓或者甚至历史博物馆并且带着复杂的感情离开，尽管这里可能并没有我们的"牵挂"——我们并不熟悉这些建筑所纪念的人或事。就像悲伤从来都不是静态的一样，情感和回忆也从来都不是完全统一和普遍为人们所共享的。这个过程往往涉及事先的思想准备以及公众和市民的礼仪形式。很明显，现在几乎没有人指责VVM是一座"哭墙"，因为在当今的美国，这件大地艺术品的审美、它那刻有名字的墙体和极简主义特征已成为了纪念活动的传统语言。

通过更充分地考虑历史，即一个事件和它的纪念碑的历史以及记忆和回忆的日常生活的历史，我们将有更多的机会去思考纪念性建筑的伦理学所涉及的问题。我们将有机会去质疑关于像VVM这样一个项目的权威性解释的局限性——这就要求我们去思考第三种伦理倾向。这将迫使我们去质疑以下因素对纪念性建筑伦理学研究的限制，即美学和设计历史、精神分析或文化研究，以及政治主张或民意乃至伦理学本身的学术研究。这些关于人类行为的话语当中有哪些明显的理论主张：例如认为人类行为是可预测或变化的，或者有助于确定个人和集体身份？艾布拉姆森和其他学者并没有质疑自己的哲学角色的特征和影响，以及它如何可能鼓励、支持或削弱其他思考身份（他们和其他人的）的方式——包括那些涉及理论家的代言人以及公民、从业者和活动家的方式。

尽管关键的评论可能会引导我们以新颖的见解去看待审美或设计历史等因素，但是这些见解可能并不一定会有助于塑造良好的公民形象、进步的政治以及社会平等和正义。正如在新保守主义的美国有些既得利益者呼吁回归家庭价值观一样，有些作品的背后也存在着某种利己主义，根据这些作品的假设，人们曾经希望建造有意义的纪念碑，今天，他们仍然有可能开展这种集体纪念活动——如果只是考虑到正确的审美的话。这种猜测可能非常符合现代主义或后现代主义的议题，但其反动性可能不亚于明显具有政治色彩的议题。有人想象建造一座真正具有纪念性和民主功能的纪念碑或一座名副其实的"好的"或"公正的"纪念碑会是怎样一种情形，但是这种设想并不会对纪念性建筑的审美起到任何决定性的影响——例如它们应该如何成为出现在视觉领域中的元素。尽管如此，它仍然可以针对以下问题给出一些有用的见解，即今天的人类和社会如何发挥自身的作用，或者他们如何可能无法按照深思熟虑或者让个人和公众满意的方式去指导自己的行为。

在称赞VVM的过程中，艾布拉姆森混淆而不是澄清了历史记录，他以混合建筑历史与流行心理学的方式描述了反纪念碑的功能。麦克劳德认为VVM"为国民提供了一种宣泄途径，"而基尔帕特里克的解释似乎压制了他自己对于麦克劳德的"更加激烈的分裂国家的争端"的指责。就像萧伊的评论一样，这些评论要么将某些关于记忆的观点规范化——认为回忆或多或少对人性而言是必要的——要么暗示了一个"不正常"的社会，在这里，纪念碑和纪念馆在某种程度上是失败的。在这些评论的背后，关于创伤治疗、精神宣泄和心理压抑的基本原理和引用可能还反映了另一种发挥作用的心理现象。它们可能会引起一种对萨维奇所描述的"有机文化记忆"的怀旧情绪，这一点得到了评论家的支持（萨维奇，2002：14；见诺拉，1989）。这与现象学家对充满生活体验的"生活世界"的渴望没有太大的不同。

与这两种期望相关联的还有另一种期望，即希望有一个完整和具有整合作用的社会环境。在这里，记忆能够提供过去的体验并有助于个人和社区实现完整性——换句话说，在这里，记忆以某种"正常的"方式运作。在这个环境中，对过去的召唤"能够直接有助于维护和保存一个种族、宗教、民族、部落或家族社区的身份"（萧伊，2001：6～7）。正如卢梭的理想化居民或劳吉尔用漫画手法描述的原始小屋一样，这种环境只不过是一种思想上的抽象形式，其作用在于代替许多人希望成真（他们认为理应如此）的事物——他们称之为公民社会或民主、国家财产或遗产的东西。

根据我们的观察，可能有一些批评人士会对这种怀旧情绪的危险有所警惕，尽管他们作品更有可能提倡这种情绪而不是鼓励人们（像卢梭那样）去思考以下问题，即文明和民主如何能够像真理一样得到保存或改善。有时候，在一次创伤性的事件之后"享受生活"或"继续前进"可能是权宜之计，尽管如此，我们仍然可以发现以下问题：实现这些个人目标是一回事；精确记录这次事件、为此寻找宽恕或赎罪则完全是另一回事。宣泄并不等同于为过去的不满寻找正义。强调过去并不能帮助我们实现一个更好的未来。这样做几乎无法修复对自己或一个人的名声以及对一个国家的信条或完整性所造成的损害。我们通常所说的"解脱感"并不会因为子孙后代和法庭而轻易地丢掉自身的原则。对于我们所引用的大部分评论而言，VVM的刻有名字的墙体无疑代表了美学上的成功。然而，它们同样允许批评者们删除过去、抹去或忽略那一部分构成争议、未解决的不满和不公正的历史记录。这种目光短浅的做法显然是错误的。

在这一章快要结束时，让我们来考虑一个问题，即这种目光短浅的做法，再加上那

5.4
工作者正在曼哈顿下城联邦大厅外搬移"反省缺失"，该模型是由迈克尔·阿拉德和景观建筑师彼得·沃尔克为世贸中心纪念馆设计的（2004年1月）。
图像©拉明·泰莱／考比斯。

些崇高却又自私的目标，它们是如何威胁较新的设计（尤其是阿拉德的"反省缺失"项目）的完整性的。在世贸中心遗址举行的一次追悼会上，纽约州长乔治•帕塔基说，"2001年9月11日，伊拉克战争就是在这里开始的"（美联社，2003）。许多报告并没有发现两者之间的联系，但他故意将"9•11"事件与阿富汗和伊拉克战争混为一谈，布什政权也沿用了这种做法。帕塔基不仅为了个人和政治利益而试图（成功地）颠覆"9•11"事件的意义和意图；他还破坏了将一座有意义的纪念碑（这里的意义依赖于一种与"真理"类似的东西）建立在这样一种争议基础上的可能性。在这里，他试图改写历史和颠覆记忆，尽管这样做显然非常困难。[21]乔治•W•布什声称，他对本国的历史记录没有多大兴趣。这可能与他的世界末日原教旨主义宗教观点有关，尽管目前尚不清楚这些观点是否真的对大众有吸引力以及是否具有更明显的机会主义倾向。很难看到对历史记录的蔑视——或者对（世界末日之前的）生活的蔑视——可以安然无恙地被记住或纪念过去的努力所接受。

鉴于前州长帕塔基所编造的条款和虚假故事，有些人不可能在那些条件下在那个地点表达哀悼之情，即使对于那些直接受到影响的人而言也是如此；或者，那个地点的纪念碑也不可能发挥那些被萧伊和其他学者视为纪念活动的本质的功能。很明显，从当代的角度来看，使纪念活动的意义变得不确定的各种政治和个人方面的原因以某种方式连接在一起，我们可以从理论上识别这些方式并对其进行分类，却无法从实践上做到这一点。当有些人竭尽全力来加强和利用恐惧、加重焦虑而不是将其减轻并且增加甚至渲染人们对种族灭绝的担忧时，纪念碑和纪念馆如何能够平息这些恐惧？值得注意的是，他们在一定程度上是通过纪念碑和纪念活动来达成这一目的的。

哈斯金斯和德罗斯讨论了他们对一件公共艺术品的希望，即希望它能够或多或少恰当地表达对归零地的纪念。他们写道：

[一种]针对公共艺术的更具包容性的检验可能要求艺术作品建一个公共空间，在这里，观看的体验不会由单一的艺术或政治议题垄断，而是会提供一个让人们做出多元化反应的机会。因此，要想在乌托邦和批评之间寻找平衡点，就需要以这种方式来检验归零地纪念碑的公共性。如果有人为"9•11"纪念碑制定出一个在这两个极端之间商定一条折中路径的建造方案，那么他将得到的奖励是：这样的艺术品"既可以被体验为一种绝对包容和民主的、可以让国民表达哀悼之情与实现和解的客体，又可以被体验为一种批评性的、对于传统纪念碑的模仿和转化"。[米切尔，1993：3]

（哈斯金斯和德罗斯，2003：380）

哈斯金斯和德罗斯提出了一种保证会让一切都失败的检验办法。鉴于"9•11"之后的事件、由此带来的政治化以及这些事件在20世纪的累积效应，任何一座公共纪念碑如何能够希望通过这样一种检验？我们应该寻求的并不是出于多种理由的"多元化反应"，而是根据有限的理由做出多元化反应。例如这种反应不依赖于帕塔基所编造的故事——也不依赖于利伯斯金对它们的迎合——而是要求我们"密切注意记录和'事实'"（辛普森，2006：10）。这些"事实"涉及很多事件，其中包括：奸诈的领导人通过谎言加剧了人们的焦虑；困惑或自满的市民以自己的方式忽视历史记录，并巧妙操纵对另一个时代的怀旧之情或沦为这种情绪的牺牲品——或者，他们现在呼吁通过严厉的措施来捍卫民主价值观，以及"自由的进化"和其他令人安慰的神话。我们有责任注意关于被纪念事件的历史记录，此外，当解释一座特定的纪念碑或纪念馆的"成功"时，我们还必须谨慎对待哲学上的绝对论。这就需要我们以怀疑的眼光去看待记忆和遗忘之间的区别，以及一种太过笼统的关于纪念碑和纪念馆的理论，例如这种理论要求这些建筑在任何工具性意义上"对时代有效"。

个人、知识和专业方面的傲慢——对无所不能的幻想——让设计师认为一座纪念碑的成功在于他们的双手和他们对美学原理的娴熟操纵。要想为个人和集体的宣泄创建任何可能的情感和心理、社会和政治背景，我们显然不能仅仅以专业人士的视界和设计大纲为依据。这种背景在一定程度上具有传承性。然而，它也是一个民族和时代的产物，这些元素能够创造或无法创造这些条件——如履行责任和讲真话的条件——并且有可能创造出有效的纪念碑。如果我们想象中的纪念活动在这个特定的时间和地点在美国成为可能，那么VVM就有可能是成功的，即使它没有达到人们所认为的审美价值水平。只要媒介被视为信息或对VVM的审美的关注——事实上，称赞这座建筑的人就是这样认为的——那么该建筑的审美特征将会仅仅成为又一个方面和条件，它们将会破坏而不是促进任何使其成为有意义的公共纪念碑的必要条件。

有这样一种社会环境：在这里，记忆以一种普遍和永恒的人类属性为特征，建筑、记忆和纪念活动的主体都以一种一致而可靠的方式发挥着作用。要想更好地为纪念性建筑的伦理学服务，我们就要关注这种环境，将它看成一种需要思考、设计和争取的东西，而不是仅仅假设它的存在。如果现代纪念碑的设计师和评论家抱有任何达成目标的希望，那么他们必须努力创造这样一个环境。在这种环境下，建筑可以代表或象征某些关于历史事件的观点（特别是开放式的观点），并且影响某种特定的看待过去的取向——在这里，建筑可能同时具有启发性（能够促使我们去思考）和鼓励性（能够为我们提供一种自我完善的方式并且使个人和社区具有完整性）。

第 6 章

建立社区：
新城市主义、规划与民主

在城市景观的背景下，每一项设计和规划决策都是一种与社会和政治关系有关的价值观。

大卫·布雷恩（2005：233）

美国人很少去关心他们的建筑环境，可能是因为他们能够在一个更方便的地点以非常有说服力的方式重新复制一个这样的环境。此外，并不是每一座城市都颇具艺术感或者拥有美丽的外观。城市呈现给我们的是冲突——这些冲突所带来的结果虽然并非令人不快，却往往是惊人的。这些冲突可以创造文化，促进思想的诞生和传播。它们提醒我们注意一个问题，那就是我们可以为私人生活、私人空间和私人活动找到替代品。在此基础上捍卫城市生活并不容易，然而，如果我们要清楚地看到城市而不是郊区能够给予我们的东西时，这样做就是正确的。

詹妮弗·布拉德利（2000：49）

在当代建筑话语中，对"社区"的诉求无处不在，主要是因为学者和实践者经常引用"社区"的概念来支持独特的设计理论、受欢迎的设计实践和建筑美学。更广泛地说，在和人文学科有关的哲学、社会学和政治写作当中通常有可能出现关于"社区"的多种思考。事实证明，在人们围绕社区观念展开争论的过程中，新城市主义已成为了一个焦点话题。我们是通过一套评价性的观点来识别新城市主义运动的，即城市特别是郊区城市应该如何被规划。新城市主义代表大会（CNU）于1996年制定的《新城市主义宪章》中就包含了这项运动的原则。该运动在很大程度上回应了城市扩张，以及大多数美国城市中常见的那种汽车依赖型的、资源和能源密集型的住宅开发。因此，我们可以问这样一个问题：新城市主义及其对社区的看法是否以及在多大程度上是美国独有的。然而，我们也可以在英国和澳大利亚观察到人们对新城市主义的诉求。在那里，政府大力支持房屋所有权、大型私人住宅区以及由市场引导的住宅开发。

《宪章》的27条原则[1]表面上讲的是实用主义，但实际上是关于城市生活的必要性的断言，即这种生活是什么或者可能是什么。如果我们为了探究建筑和"社区"的伦理学而去反思这些问题，我们就可以看到这些原则是如何从整体上描述城市体验的多个方面的。承认这些问题的多元性要求我们采取三种伦理倾向当中的第一种，而且当涉及新城市主义的行为、审美和经济方面（以及可以想象到的其他方面）的问题时，我们也必须对其进行协调。通常来讲，不论是哪一方面的问题都会引发人们就这场运动的更广泛的议题、建议和计划展开争论。有人采用一些看似平淡的规划措施来识别住宅开发的限度，并为居民的活动、舒适和安全提供支持。这些措施中出现了更抽象的、关于共同身份和意义的必要条件的断言。

就像使居民产生"归属感"的其他运动一样，新城市主义关心的是"社会资本"的创造，其重点是据称可能致力于公民领域的基础设施和规划、公共和私人空间。新城市主义的支持者（以及它的许多批评者）理所当然地认为社交网络和社会团结在一定程度上依赖于这种基础设施；这两者可以通过以特定方式规划的街道、建筑物和景观来实现（维塞，2007：853）。因此，这项运动的《宪章》与一种有关城市形式和社会秩序的理论很相似，因为它为我们提供了构建公民社会和实现社会正义的方法。它在某种程度上是乌托邦式的，虽然从表面上来看它的目标和计划是实际的。以下是其中的四条原则：

[7] 城镇应该使各种各样的公共和私人用途趋向一致，从而支持为各种收入群体带来利益的区域经济。经济适用房应该分布在整个区域，从而匹配工作机会和避免贫困集中。

[12] 日常生活中的许多活动应该发生在步行距离以内，从而使那些不开车的人尤其是老人和小孩获得自主性。街道应该设计成互相联系的网络，从而鼓励步行、减少汽车出行的数量和时长并节省能源。

[21] 城市空间的振兴依赖于安全和治安。街道和建筑的设计应加强安全的环境，但不能以可达性和开放性为代价。

[25] 市政建筑和公共集会地点要求选在重要的位置，从而加强社区身份和民主文化。它们应当拥有独特的形式，因为它们的角色不同于构成城市结构的其他建筑和地点。

（代表大会，1996）

关于新城市主义的批评大都关注这样一个问题，即这场运动的目标不可能实现。这可能是由于它们和以市场为导向的住宅开发串通一气，而后者同样是这场运动力图推翻的目标。可能还有人会抵抗这场运动，因为它对规划实践和审美准则的要求具有限制性，而且它的条款也会控制建筑设计的大多数方面并进而控制人们的生活。有人似乎还会就以下问题提出争议，即开发项目是否必须满足《宪章》中的所有原则，从而使"新城市主义"的标签以及关于其表象的争论具有价值。作为一种城市和社会改革的手段，该《宪章》似乎最适用于"市郊绿地"和某种白板式的规划方式，这种方式得益于不受现有居民区和基础设施约束的环境。除了不受这种约束的地点之外，新城市主义的原则似乎还要求规划者以及居民同样具有抽象和理想化的色彩，他们必须被视为"理性的决策者"且其行为必须具有可预测性——这些主体可以本能地按照明确的目标和选择行事（见第4章）。他们有一个主要特点，即相信他们对规划和设计的反应在很大程度上是预先确定的，同时相信他们天生有能力根据自己的利益和共同的价值观来调整这些规划。

这场运动的受益者所持有的这些观点，连同当前房地产市场和可能具有限制性的规划实践所代表的利益，其动因都是将与"传统"社区有关的设计特点融为一体的新城市主义开发项目。不论是在宣传性还是学术性的文献当中，引用这些项目的审美特点的评论都起着重要作用。在玛格丽特•克劳福德看来，一些主要开发项目的风格类似于美国20世纪早期修建的工业新城，像阿拉巴马州的费尔菲尔德和加利福尼亚州的托伦斯。根据她的观察：

今天，这种虚构式景观设计的传统依然出现在像迪斯尼乐园这样的主题环境中，以及像佛罗里达州的滨海镇和庆典镇还有马里兰州的肯特兰镇这样的新传统城镇中。这些环境有选择地代表着过去的地方，有着与过去类似的功能，可以为游客和居民提供一个比较单纯且更有序的环境，从而让他们感受到暂时的舒适。尽管它们在模拟程度上不同于新的公司城镇，但两者都使用了相同的原则。两种建筑的环境都受到严格的限制并且具有很强的约束性，它们的设计都是为了传达一个以一套精心挑选的主题为基础的统一形象，而这些主题是通过日常生活中所没有的一致性和连贯性呈现出来的。通过将一段复杂的过去精简为一组有限的、向人们传达怀旧之情和

6.1
佛罗里达州庆典镇。
图像©约翰·米勒 / 罗伯特·哈丁世界图像 / 考比斯。

舒适感的风格和空间主题，这些新的主题环境成为了没有歧义性和矛盾性的空间。像新的公司城镇一样，新城市主义给人们带来了一种确定和安慰的感觉，并为他们展现了一个井然有序的社会形象——这是一种安慰人的错觉，让人觉得一个国家再次经历了激进的社会、经济和民族方面的变革。

（克劳福德，1999：57）

　　有人可能会提出这样的问题，即不论从设计还是建造来看，滨海镇、庆典镇或肯特兰镇是否真正具有"新城市主义色彩"，尽管这场运动的一些参与者可能会将关注点放在他们的《宪章》上而对这些问题避而不谈（与之保持较大的距离）。然而，这样的问题更有可能突出争论领域，而不是就某个遵守《宪章》原则的开发项目引出任何明确的结论。新城市主义既受到了学者的谴责，也得到了政府规划部门的接纳。该《宪章》赢得了广泛的支持者，包括开发商和房地产投资者、房地产营销代理以及许多规划和设计专业人士。它的支持者之所以获得让人难以理解的恶名，那是因为他们不得不保护自己免受其他设计专业人士和理论家的攻击，后者来自不同的学科，对理想社区持有不同的观点。持批评态度的还有一些公众，他们因被告知如何在这些支持者当中生活而感到愤怒。在新城市主义以及与之类似的像"智能发展"运动这样的规划行动的批评者当中，有些人似乎因为自己在郊区的生活受到嘲讽而感到不满（例如格林哈特，2006）。

　　本章将探讨由新城市主义构成的想象、实际和伦理图景，在这里，诸如此类的褒贬不一的评论会让我们去关注一个问题，即新传统社区如何有效地顺应时代的变化。人们关注具体开发项目的实际操作[2]，与此同时，怀旧错觉对这些项目的真实性提出了疑问，根据这种错觉，我们确实需要"一个通过话语进化而来的参与舞台"（克拉克，2005：43）。本章将考查这场运动的原则背后的两种思想，即社会工程学（"构建社会的可能性"）和物理决定论（通过对空间的操纵来影响或决定人类的互动和运动）。这些想法从一开始就深深地嵌入了现代规划当中，尽管它们再次出现在关于新城市主义的争论中，但它们绝不是新的。本章将围绕新城市主义关于规划和民主之间的关系的假设来探讨一些疑问。

无论新城市主义在美国的历史、社会和文化的复杂性当中有着怎样的基础，我们都可以在其他地方找到它所要力图解决的根本问题，像城市形态和社会正义，以及这场运动的潜在目标，即让城市变得更美好。鉴于这样的多变领域中包含着相互冲突的利益和关于"城市"未来的争论，社区的目标在于确立道德基础的重要性。

新城市主义

就像之前的那些运动一样，新城市主义是（或者试图成为）它所处时代的产物。作为对一系列复杂的社会、经济和环境变化（最明显的是城市扩张和内城区的衰落）的回应，它以最新的方式体现了与改善城市环境有关的早期规划行动，同时还反映了人们对这种行动的体验。这场运动无疑是有先例的，但是我们不能以任何简单的方式将它追溯到那些同化它或曾经影响它的先例。这些先例包括：约翰•诺兰自20世纪20年代起关于有规划的社区的想法；克拉伦斯•佩里于1929年提出的"邻里单位"模型；简•雅各布斯的"组织复杂性"的概念；埃比尼泽•霍华德关于花园城市的建议；等等。[3]

塔伦说，尽管上述《宪章》揭示了其对于这样一些先例的"直接依赖"，但其内部结构更为复杂，实际上由四个相互关联而又各自独立的维度组成……我们可以通过这四种不同的方法去执行改善城区的任务……[1]小规模的递增改变；[2]计划的制订……利用计划去实现良好的都市生活；[3]有规划的社区……；[4]地方主义，[它]将城市放在其自然和区域环境中去审视"（塔伦，2006：83）。她并没有把新城市主义看成与它的任何先例竞争的观念，而是将其"视为一场运动，它[源于并且]试图调和用以实现城市主义的不同方法，这些方法自19世纪以来就一直在发展"（塔伦，2006：83）。[4]

当然，这些方法有时会相互冲突，而且常常无法实现。有人渴望发生一些能够让城市逐步成长和发展的变化。这样一来，城市的建筑就会有新的用途，房屋也会有新的居住者，而大部分建筑环境仍保持原状，以便向我们展示一定程度的连续性，但这种愿望是难以实现的。从根本上来讲，他们所期望的连续性是一种价值——历史、心理、社会和经济的。考虑到繁荣和萧条的经济以及可能由此引发的人口流动，控制性增长（与设计原则相一致的增长）和管理性建筑规模就会成为问题。

    "南山乡村别墅"就是一个例子。在这个新传统社区中，126座小户型独栋房屋紧密排列。这个项目的开发是在20世纪80年代末进行的，当时正赶上南加利福尼亚的建筑热潮；这些建筑的风格类似于科德角的村庄，那里的房屋有着白色的尖桩篱栅和原木装饰的外墙。从某些方面来讲，这个地方与著名的新城市主义开发项目类似（它的小规模以及各方面的规划），尽管新城市主义者自己可能并不这样认为。这些建筑让人隐约想起佛罗里达州的滨海镇，它们差不多建于同一时代，只是前者的价格更为适中。可是，"乡村别墅"的控制性规划和审美准则并没有让人们躲过2007年的全球金融危机（GFC）以及由此引发的止赎潮，它们继续对许多美国社区造成破坏。相反，规划可能是使房主的处境变得更糟的部分原因。"乡村别墅"的居住者有着相对类似的社会经济状况（首次购房者居多），他们对地区失业和经济动荡的抵抗能力差，加上用来维护公共草坪和空间的社区协会收入下降，这里的景观遭到了破坏，展现在我们眼前的是一片被遗弃的房屋、上升的犯罪率（包括许多空置房屋入侵事件）和荒芜的景象。有些人说，"这个开发项目是一个好主意，可是我们没有在正确的时间和正确的地点去实施它"。正如奥兰治县的一位规划师就新传统开发项目所提出的警告："你必须选择能够让这些项目发挥作用的地方……它们的设计中包含着许多便利设施……如果这些空间没有得到很好的维护，它们就有可能对社区造成不利的影响"（由彼得森报道，1997：B01）。对于建设"美好城市"的那种地方主义而言，强制性似乎并不是解决之道。

    类似的故事发生在美国的许多社区，包括在GFC来临之前早已陷入危机的许多城区。底特律的千疮百孔的状况就是由失败的城市政策以及社会和经济政策导致的——它提醒那些最热心的新城市主义支持者内城区的更新是多么困难，尽管在某些情况下也并非没有可能。这座城市的许多居民区曾经代表着某种物质和社会层面上紧密结合的社区，而这正是他们所向往的，他们希望振兴这些社区，或者在其他地方建造它们的复制品。郊区的人口迁移只是底特律衰落的部分原因。与之相关的原因还包括工业基地的退化和区域经济的失败。在GFC的不断袭击下，房产价值在过去三年内跌了80%，城市里有五分之一的房屋处于空置状态。作为底特律的长期居民，一位社区活动家注意到了该地区的荒芜景象。他抱怨道："底特律的有些住宅是全国最好的。砖、大理石、硬木地板和含铅玻璃。这些房子是为国王建造的……"（由麦格雷尔报道，2010）。

    塔伦主要感兴趣的是关于美国的城市主义和规划方法的理念，因此，她试图就此建立一种历史谱系或"类型学"。如果有人假设在上述《宪章》中发挥作用的张力仅仅乃至从根本上来自这些不同的理念和程序（这场运动试图将它们联合起来），那么他们的想法就是错误的。如果认为由该章程的原则所引发的冲突来自不同的、与某些共同理想和确定结果相关的目标，就等于几乎完全忽视这些冲突的来源。与其说严重的冲突涉及概念和计划，不如说它们涉及价值观念和结果本身。其中的一些冲突是不能用同一标准来衡量的。人们可以享有各种各样的公共空间，但从本质上来讲，可能没有哪一种空间比其他任何空间更好。在某种开发目标的引导下，一种社区或公共空间的实现往往会对其他社区或空间产生阻碍作用。

新城市主义的自我意识问题是使城市规划符合某种伦理（包括社会和政治）标准和价值观。根据《宪章》的描述，这些标准和价值观符合都市生活、社会正义和人类普遍繁荣在当代城市环境中的要求。这场运动之所以会关系到伦理学和社会正义问题，那是因为人们对它的评价褒贬不一，此外，它还可以从更普遍的意义上帮助解释持续的、关于社区建筑以及城市和规划话语的时事性话题。关于建筑和伦理学的哪些假设让CNU签下了促进社区发展和就新城市议题建立理论的宣言？为什么"社区"的概念对某些人而言代表了一种愿望，却能够唤起其他人的不安呢？我们有什么理由相信规划、建筑和设计可以而且应该促进社会、政治和伦理议题？

新城市主义的主要目标是利用规划和建筑学原理去设计更好的社区和居民区，从而复兴民主政治并且以切实可行的方式推进社会正义。新城市主义接受这样一种识别和保护"社会结构"的方法，即提供就业和住房，避免贫困集中，以及通过更好的交通和更健全的环保基础设施来改善生活质量（代表大会，1996）。有一种假设认为，总的来说，以这些目标和其他社会目标为宗旨的设计将会提高居民的生活质量。作为对两种相关和相辅相成的非民主化力量即城市扩张和城市退化的回应，新城市主义只支持对两者的成因做出有限的推理。因此，任何被提议的补救措施的成功同样可能只是局部和有条件的。人们指责的主要对象是汽车及其所提供的分散式郊区发展模式，而不是驾驶汽车的人，以及他们对车辆的流动性所提供的某种不同或更好的生活方式的需求和渴望。

据报道，新城市主义创始合伙人安德烈斯•杜安尼将汽车描述为"反社会的小盒子"（由卡恩报道，1992），而上述《宪章》的许多原则背后则隐藏着一种以交通工具为目标的观点。总的来说，他们关注更多的是城市的地形以及构成地图的位置和区域——我们的行程（通常是徒步的）从哪一点开始或者我们将到达哪一点——而不是构成建筑环境的、在物质和社会方面呈现出多样性和层次性的空间。让我们看看以下原则："[1]大都会地区是以地理边界为特征的有限区域……"；或者"[23]街道和广场应该是安全、舒适并且让行人感兴趣的地方。通过合理的布局，它们鼓励人们步行，使邻居相互了解并保护他们的社区"。佛罗里达州的威尼斯是1926年按照诺伦的规划建造的，被一些人视为新城市主义规划的一个模型。一位评论家曾对这座城市的紧凑性表示称赞，并因此肯定了一种传统智慧，那就是"在更广泛的意义上来说，它之所以创造了民主，那是因为它适于步行"（由哈科特报道，2010）。

虽然《宪章》中的有些原则可能会挑战这种关于社会现实的二维观点，但是它们几乎不承认美国人向郊区搬迁是由多种主观、心理和政治环境造成的——甚至更不会承认其他地方也有相同或另外的环境可以用来解释这一现象或者为其提供补救措施。有人可能会说，像大多数宣言一样，新城市主义也会积极致力于模糊这些环境之间的界限，在这种情况下，它在以下两个关键焦点之间来回转换，一个是模糊的理想主义，如社会"结构"，另一个则是对某些受设计干预的特征的工具性关注，如城市的中心和边缘、交通要道和行走距离等。换句话说，如果有人认为车辆的流动性是社会分化的主要因素，那么同样狭隘的推理就会要求我们通过以下方式来解决问题，即限制街道或者用死胡同将它们切断，在人行道两侧、阳台和露台上提供替代性的公共生活空间。

尽管汽车的拥有者和使用者的增加发挥了重要作用，但许多观察家仍然承认种族歧视和恐惧是美国中上层阶级白人从内城区迁往郊区的主要原因。造成这一现象的可能还有其他因素。这种大规模迁移可能还伴随着某种（虚幻的？）对于邻里关系的追求——反映这一主题的有美国20世纪五六十年代的那些电视节目，如《天才小麻烦》和《奥齐和哈里特的冒险》，或者20世纪80年代以来的家庭肥皂剧，如澳大利亚影片《左邻右舍》。在战后的一段时期内，这些节目补充了对于诸如莱维敦这样的地方的宣传。当时，拥有住房的理想成为了一种经济、社会和道德需要，也成为了政府和政治议题的焦点。而且蓬勃发展的汽车行业也发挥了作用，其本身在一定程度上是重组的军事工业的结果，得益于美国州际高速公路系统的完工。不论出于何种原因，汽车和高速公路都使人们的迁移成为了可能（包括逃离核战争的威胁），尽管我们明显可以看到以下主要结果：城市社区出现分裂，内城区的物质环境加速退化，地理和种族——在较小程度上是阶级和宗教——的界限受到了偏见的侵蚀。

新城市主义试图通过设计和规划来补救这一情形，从而实现迫切需要的社会和政治变革。根据CNU的观点，这种变革将影响或伴随城市发展，当然，合理的发展——符合《宪章》的项目——也会随之而来。CNU的成员没有充分意识到的是，在追求目标的过程中，他们几乎不能做什么，除非民主制度与社会和经济正义的基础在某种程度上已经在发展决策所产生的领域中发挥作用。如果没有这样的基础，发展仍然会受制于布雷恩（2006：18～19）所援引的"传统发展体制"。在他看来，这种体制首先（部分地）解释了城市扩张和市中心的衰退。在该体制中，"各种要素组成了一个相互连接的系统，其中包括融资方案、市场可行性措施、产品类型、分区划分、环境影响评估和惯例化的规划实践"，在它们的作用下，该体制几乎不可能承担"不符合标准类别"的项目。（因此，我们的猜测是，对于新开发地区看似无限的发展潜力而言，新城市主义本身就是最适合——也许是唯一适合——的选择）。

更准确地说，对于城市扩张和市区衰退而言，该体制可能是建筑和规划上的附属品，而不是这两种现象的成因。它的功能与上面提到的那些要素一样（通过媒体得到满足的、对于邻里关系和房屋所有权的渴望，汽车运输以及不同形式的偏见），与之类似的还有社会和经济不平等以及贫困，它们是导致城市扩张和退化的原因。并不是每个人都能在像莱维敦这样的社区买得起住房，也并非每个人都有机会涉足这里并且受到欢迎。同时，由纳税人提供资金的混凝土路基和高架公路穿过许多城市，从而增加了市民特别是贫困居民跨城市使用生活设施和接触彼此的难度。

关于"社区"的想法提出了许多同时涉及建筑和伦理学的问题，新城市主义就是一个典型的例子。[5]历史记录的某些方面可能会彻底挑战新城市主义的主张和原则——追求一种独特的、可以给人带来归属感和自尊的地方——那么新城市主义的支持者是否会忽略或淡化它们呢？早些时候，有位置业者在马里兰州的肯特兰镇开发了一块352英亩的地，据描述，这是一片具有新城市主义特征的地区，黄铜灯和前廊随处可见，这里"没有铝制的壁板……只有砖、石头和其他天然材料"。据他所说："这是我买来的——我将有机会重温乔治城或安纳波利斯的生活。"（科恩的报道，1992）此外，新城市主义对抽象且常常相互矛盾的理想社区形象（例如肯特兰镇名为"灯塔广场"的新板式结构社区，或"托斯卡纳"风格的"肯特兰镇屋脊"）的多种诉求究竟如何以及在何种程度上解释了人们（市民）在这些社区中的行为？例如他们是否能够充当独立代理人，通过自主的行动去满足对于理想家园的不证自明的需要和渴望？他们是有着自尊心和责任感的好市民，还是封闭式社区的居住者（或保护人）？若要使任何住宅开发项目的实际效用得到发挥——使其有能力构建"社区"——部分问题在于这些主体（和其他类型的主体）当中的每一个都能成为不同群体的利益相关者。分析师是否会进行居民满意度调查，寻找上升的房产价值或者设想某种以社区为目标的利他主义？

新城市主义的批评者很快指出，就其本性而言，居民区和社区的排他性常常以种族、阶级、经济、宗教和其他方面为理由——这些因素有时会共同产生作用。鉴于这一点，新城市主义者试图解决的问题既不是新的也不是轻易能够补救的，当然，仅仅将规划作为补救措施肯定是行不通的。通常来讲，人们获得工作、住房和"社会资本"的各种方式同样是构成城市多元化特征的要素，与不平等相关的形式也要求人们做出不同的回应。尽管排他性的理由往往让人觉得不公正，但事实未必如此。

新城市主义关注的是一种"以设计为中心的复兴……旨在对传统社区、街道和公共空间进行定性体验"（布雷恩，2006：18）。然而，正因为传统社区的概念对不同的人而言有着不同的含义（有些人认为，传统社区的消亡可能是一种解脱而不是引起担心的理由——人的成长、分离或出走都是自愿的），引起争论的恰恰是以下问题，即人们心目中对城市空间的定性体验应该是什么，甚至志趣相投的新城市主义者也就此展开了争论。他们的客户、政府、企业赞助商和居民不大可能就这个问题达成一致。例如新城市主义房地产的未来居民有理由关心他们对社区的投资的货币价值。一项关于美国四个州的开发项目的研究表明，如果符合这场运动的原则，那么"其他一切条件均相同"的住宅价值预计会上升约11%（由塔伦所引，2001：110）。相反，最近的事件表明，拥有"新城市主义"标签的住房并不足以让业主躲过经济浩劫和可能的产权收回。除了美国铁锈地带的城市和"乡村别墅"的社会经济区域外，其他一些类似的或者支持新城市主义原则的地区也不同程度地遭受了经济动荡，从表面上来看，这两者所面临的问题似乎相去甚远。富裕居民的困境让我们对这些地区有了更全面的认识，就这一点而言，滨海镇或庆典镇的名声和备受称赞的成功既不是可靠的脚本，也不是皆大欢喜的结局（斯奈德，2010）。

其他居民可能特别关注新城市主义原则所带来的环境发展潜力，根据这些原则，以社区为目标的设计与各种绿色建筑技术相一致。要想更好地实现这些技术，我们就要在未开发的区域实施完整的规划项目，而不是采取零碎发展或翻新的方式。然而，即使这种前景也可能是虚幻的，因为据报道，一位规划专家认为：

> 主流解决方案——混合动力汽车、绿色建筑、精明增长以及新城市主义——根植于否认和错觉。他[威廉·里斯]认为，它们维持增长现状的途径是效率收益和相关的技术修复，而不是解决过度消费的根本问题。"要想实现可持续发展，我们就需要放弃这种无关紧要的改革，并且彻底反思社会与自然的关系。"

> （由培恩报道，2009）

因此，新城市主义的中心尚存在许多未经检验和充满疑问的假设。它们在很大程度上属于建筑学以外的领域（勉强可以这样理解）。总的来说，它们与建筑、城市形态和空间无关，因而超出了建筑师、城市规划师或新城市主义者的决定范围。相反，这些假设具有评价和伦理功能——关系到什么是好的（价值）和什么是对的（道德标准）。如果新城市主义的社会目标没有通过以下方式得到清楚的说明，即承认规划在实现这些目标的过程中所起的作用，但同时还识别规划所具有的工具性限制并鼓励通过另外的城市行动主义手段来补充这些目标，那么新城市主义将如何取得成功，或者说它的成功将通过什么标准来衡量？这个问题反过来又要求我们对这些目标所指向的关键概念和理想做出解释，然而这样的解释并不完美。

此外，通过详细探讨规划师和建筑师所必须面对的辅助性和关联性问题，我们便可以了解城市主义对他们所提出的特别要求。通常来讲，设计师对任何项目所实施的控制即使不是微不足道的，也是次要的。设计专业人士的控制力和支配力通常与项目的规模和重要性成反比。从普通规划师或建筑师的视角来看，实践CNU的宣言似乎是一件艰巨和过分的事。同样需要记住的是，设计专业人士首先也会这样认为。从表面上看，他们并不是伦理学家，而且他们似乎也不需要参加政治活动或者为了职业生涯而去关心自己的权利。我们是否仅仅要求他们的专业知识能够充当"空间技术员"，或者说，新城市主义是否也意味着他们可以同样作为设计师和市民去接触空间——在两种情况下都需要去处理伦理问题？新城市主义似乎要求实现所有这些方面，甚至更多。

新城市主义和民主价值观

即使在目的和手段都出现不一致的情况下，新城市主义也会奉行某个社会议题。哪些要素可以构成一个好的居民区或可持续的城市？哪些实践需要落实到位，哪些要求是特殊项目（手段）所提出的？并不是这场运动的所有基本假设都值得怀疑。有人认为"任何干预城市景观的行为都具有政治意义"（布雷恩，2006：18），这种观点是重要的，而且是正确的。鉴于这个核心问题，从理论方面来讲，新城市主义存在的理由可以概括为："城市设计实践与我们对民主和社会正义的渴望之间可能存在着怎样的联系？"大卫•布雷恩继续说道：

> 批评者有时会将新城市主义形象误以为是肤浅的怀旧，如果将视线放在这个形象以外，我们就可以看到这样的情形：城市理想的表现……连同对城市设计的普遍强调——即将其视为一种有可能让我们实现共同愿望的实用媒介——突出了市民民主的许多重要挑战。不论特定的新城市主义项目和建议会引发什么样的批评，振兴城市理想的努力都从实用性的角度诠释了一场更广泛的市民运动。
>
> （2006：18）

他指出，尽管城市设计实践"影响社会变革"的能力屡次受到了挑战，但是更重要的问题尚未引起足够的关注："在塑造城市民主特性的过程中，设计如何能够发挥积极的策划作用？"（布雷恩，2006：18）他的看法是对的。这是一个更有趣的问题。城市规划起初提出的假设是，城市设计确实可以改变人们的生活方式，同时还能够影响变革。（我们接下来将考查所谓的物质决定论谬误。）

就设计影响社会变革的能力而言，我们应该记住什么可能被称为新城市主义的反面。新城市主义《宪章》原则的重点是通过设计来增强和实现民主、社会公正以及据称随之而来的许多美好愿景。然而，规划者也试图通过设计实践和原则来加强极权主义、君主政体、以神为中心和其他类型的社会和政治组织。有些实践和原则无疑会重叠。例如即使有人能够明确区分民主和社会主义原则，并且能够区分这些原则以及与其他形式的社会、政治和经济组织相关的原则，我们也很难想象会有这样一种具有纯粹的"民主"、专制或极权主义特征的建筑或规划。弗兰克•劳埃德•赖特的广亩城市应该十分具有民主色彩，但它正常运转的条件是人们普遍拥有汽车。因此，尽管它的目的同样是加强民主，但它所使用的手段则完全不同于以步行者为目标的新城市主义。

规划者最常关注的是政治权力结构，它们会对某些普遍认同的社会变革造成影响。然而，一般来讲，当规划者和当权者严重偏离目标和价值观的时候，某种势力就有可能胜过由城市规划者所做出的任何努力。人们可能会讨论第三帝国的法西斯建筑在何种程度上有助于灌输纳粹精神和刺激德国人，但是通过民主思维构建的公共空间并不足以破坏或推翻第三帝国。这里的问题所涉及的并不是决定论，而是权力和权威及其对社会生活的时空组织所带来的影响。

在美国，社会主义和共产主义通常被视为民主的对立面。这是因为资本主义和所谓的自由市场经济被看成美国式民主的必要条件，但是它们不符合相对温和的社会主义形态，更不用说共产主义。另一方面，社会主义和共产主义国家声称自己体现了真正的民主，至少部分原因是它们认为自己的国家满足社会正义的基本要求，而社会正义恰恰是真正民主的必要组成部分。与之相配合的观点认为，由美国和其他国家实践的资本主义并不是一种真正的自由市场经济，从内在层面来讲，它本身是不民主的。如果认为民主和社会正义有关，那么某些形式的资本主义——例如那些允许富有的特殊利益集团进行不公正游说的资本主义——就会被视为破坏了民主的重要方面。这种游说可以被视为破坏了市民"平等考虑自身利益"的民主权利（参见克里斯蒂亚诺，2002）。如果是这样，那么新城市主义通过规划来促进城市（及其市民）的民主特征的目的，至少应被视为西方资本主义国家的窘境。

因此，这场运动的支持者将自己定位在了富有争议而又不明确的领域内，这样一来，有些人（主要是学者）就会抱怨新城市主义与不平等和不公正的房地产市场串通一气，其他人则会谴责它限制了该市场应该给予的"自由"。在一次反对俄勒冈州1974年立法的特别冲突中，为保护农田和自然区域免受开发活动的影响，反蔓延政策的倡导者与新城市主义和呼吁城市"精明增长"（smart-growth）的运动站在了同一阵营。有人将他们讽刺为"一群留着长发的人才"，认为他们这是在借助"苏联式的社会工程"破坏自由市场和私人产权（由莱迪所引，2006）。这场斗争的一个结果是：俄勒冈州的选民于2004年通过了一项反立法的决定。根据这项决定，如果可以证明对开发活动的限制会导致房产价值的减少，那么土地拥有者就有机会寻求政府的补偿。类似的法律挑战对环境保护立法做出反击，虽然也可以看到左邻右舍协力抵制他们群体的遗产名录——这一举动有可能限制他们资产的开发潜力和货币价值（由吉布森报道，2004）。

在一般情况下，控制住宅项目的是开发商和特殊利益集团，尤其是大公司。鉴于这一点，新城市主义项目的社会进步目标可能会遇到重大阻力。然而，即使除去关于民主与社会不公正和实践中的资本主义元素失调的意识形态假设，我们也很难否认一个事实，即新城市主义通过设计来加强民主和社会正义的努力往往会被不民主和资本主义实践挫败。与很多私人投资和控制的开发项目一样，经济动荡的风险从未远去。例如，当我们必须在保留利润空间和对市民履行诺言之间做出选择时，关于公共空间和设施的规划可能会首先被搁置，而经济繁荣和经济衰退时期的营销实践则有可能使任何开发项目看上去值得被公众认可。从过去或现在的形态来看，不论是有历史意义的乔治城还是安纳波利斯，都没有完全受制于这些风险和可疑的实践，这一点不同于设计方面备受赞誉的马里兰州肯特兰镇。1992年，该地区的经济衰退对开发商资产负债表的影响意味着购物中心、办公楼和公共设施的延期完工。卡恩（1992）挖苦地评价道：

因此，很难说一群来自不同民族的行人会聚集在人潮攒动的人行道上，在一个创造性和偶遇的巴别塔中喋喋不休地谈论他们的共同利益（插图）；同样，也很难说公共设施的使用频率会超过曼哈顿公寓大楼中沉闷的健身俱乐部，或者说这些设施所体现的公益精神会多于规划方式更普通的社区中的俱乐部。但有一点已经很明显，那就是极普通的营销问题已经击溃了建筑。

不用说，即使是——特别是——政治和社会理论家也会对民主和社会正义的本质特征有很大的争议。这种争议通过市民日常的政治和社会观点反映出来，即他们对法律和税收、教育以及政府限制等问题的看法存在分歧。即使在新城市主义者试图严格遵守他们的宣言时，一些截然不同的想法也会产生，例如有人问他们这样做意味着什么。让我们来思考一下新城市主义《宪章》的第21条原则，从表面上看，它并没有那么复杂："城市空间的振兴依赖于安全和治安。街道和建筑的设计应加强安全的环境，但不能以可达性和开放性为代价。"（代表大会，1996）我们可以对这条原则进行一系列迥然不同的阐释。最常见的观点认为，"安全和治安"与"可达性和开放性"这两个概念是冲突的，这一点让设计（或政治）领域中不同层次的人感到吃惊。封闭式社区难道只是借助安全边界来寻求强化保护的另一类型的社区？我们最近看到有人对所谓的新"安全范式"做出了阐释，这种范式是由布什和布莱尔政府制定的，在很大程度上维持现状。在世界范围内，英国是现在人均拥有监控摄像头最多的国家，尽管很难说英国社会更加安全。事实上，由于国家监控侵入到人们的日常生活中，许多人感觉更加不安全（明顿，2010）。经过思考，新城市主义强调的是所谓集体愿望的差异性。我们都有可能支持市区更新和某种城市理想，然而，当涉及这样做的意义时，我们的观念往往会发生分歧，因而无法用同一标准去衡量。

新城市主义强调规划的运用应加强和塑造城市的民主特征。然而，即使能够确定这意味着什么（考虑到"多数暴政"的可能性一直存在，这并不单单是一个共识问题），我们仍需弄清楚一个问题，即如何能够运用规划来塑造城市的特色。通过建筑操纵物理环境的做法如何能够有助于灌输像多元化、包容性与平等这样的价值观？对于城市规划而言，这自始至终都是最基本和最重要的问题。这个问题只在一定范围内与技术有关。

让我们结合实际来考虑这个问题。现代自由民主包括对价值多元化的重视；对个人自由的最小干涉；自由市场经济；还有一个重要因素是社会福利项目，我们设计这些项目的宗旨是为了援助那些需要它们的人，同时使弱势群体能够获得更多的平等。然而，这种自由民主的观点可以说已经被人们所熟悉的新自由主义所取代（参见布朗，2003；2006b）。这种通常与美国有关的意识形态已经对几个国家产生了影响，从某种程度上说，新城市主义已经在这些国家深深扎根，特别是在英国和澳大利亚。新自由主义不仅遍及政治领域，而且还利用选民中间的反动倾向和偏见。新自由主义也依赖于对政治冷漠的普遍认识，这种认识是由加尔布雷斯所说的"满足文化"产生的——他认为，对于民主和自由民主的生活方式而言，这是目前存在的一个真正危险（加尔布雷斯，1992）。这种文化可以描述为：在一般情况下，当获得一定程度的物质财富、教育和满意度之后，选民愿意放弃曾经帮助他们并且将帮助其他人实现这一目标的政府和社会正义原

6.2
密歇根州底特律新近弃用的住宅开发区，背景为关闭的福特汽车公司厂房（2009）。
图像©汽车文化/考比斯。

则。至于其他一些他们愿意接受的相对宽松的条件，其中则包含着限制性的、要求在审美方面具有一致性的规划契约和建设指导方针。这个过程是在这样一种虚假意识的助长下形成的，即错误地将那些现在相对处于满足状态的人与弱势群体和贫困者区分开来。例如，有人声称这两个群体都应为各自的情况负责。

新自由主义与新保守主义（现代政治保守主义的继承者）的中心是一种对于所谓的"公正世界假设"的信仰。（新保守主义者和新自由主义者的区别主要在于前者倾向于为他们的政治观点赋予以宗教为基础的道德含义。）简而言之，公正世界假设是这样一种伦理观点，即"人们得到应得的东西，而且应该得到这些"。由新自由主义者和新保守主义者组成的新市民认为，公正世界假设符合民主和民主精神，甚至对后者至关重要。例如（人们所说的）新自由主义者和新保守派认为，世贸中心遗址的重建——包括选择建筑师、承包商和即将进驻那里的企业的高度政治化过程——可以像他们所说的那样促进城市的民主特色。他们可能会高度评价遗产区，因为它们"阐释了一种对[所有]时代有效的生活方式"，他们的意思好像在说，"既然事情一直是这样，那么它们就应该继续如此"。新自由主义者不愿生活在无法使他们与差异和变化隔离的社区或居民区。更重要的是，按照他们的解释，不论是对各种隔离状态的渴望还是符合利益和权力的"更新"，都不应被视为CNU宣言的任何部分的对立面。但这是真的吗？他们看待民主的"新"方式是否会冒犯民主原则（如承诺平等考虑市民利益）和社会正义原则？他们认为民主的历史"只是更多的相同"，这种看法是否基于怀旧之情和对过去的某种不合时宜的理解？这最后一个问题让我们回到前几章中探讨的一个主题。

对怀旧之情的一种主要理解是将其视为对某种田园式的、虚构意味明显的过去的渴望——这种在想象中构建的过去符合愿望式思维。考虑到人们很少承认他们所渴望的过去是虚构的，怀旧之情既可以是自我欺骗的原因也可以是其结果。怀旧在一定程度上具有调节功能，甚至可以作为一种道德理想，也因为这样，它在城市规划运动的社会议题中显得突出——这些运动也包括新城市主义。从精神分析的角度来说，我们可以认为怀旧的规范功能（"事物以前是什么样，现在就应该是什么样"）基于这样一种观念，即把怀旧理解为一种服务于自我防卫与自恋的保护策略。通过退行作用，人们试图回避成人生活的迫切情况：他们可以暂时退回到某个问题较少（或者至少不同）的心理（自我）发展阶段，这个阶段要么是过去存在的，要么是他们想象出来的。在社会/政治舞台上，怀旧的作用常常是通过想象的喜悦来掩盖现在的紧张局势。对新保守主义者和新自由主义者而言，这意味着将眼光放在不平等和不公正的现实之外，然后去寻找另一个世界。通常来讲，这个世界与过去的价值观和公共生活的传统方式（20世纪50年代）有关，在这里，据说每个人都可以找到平等的机会，从而按照自己的意愿扮演不同的角色。

然而，所有的退行策略都是要付出代价的。为了避免当前的焦虑，"当个体退回到某个阶段时，退行作用就会迫使其重新体验适合那个时期的焦虑"（里克罗夫特，1995：54）。成年人说儿语的现象可以解释为一种退行策略，在这种情况下，人们把自己想象成孩子，寻求相对无条件和确定无疑的爱。建筑领域内的类似情况可能是制作铁路模型，或者从社会学角度出发通过玩具屋的方式训练孩子。根据这种解释，怀旧之情比我们通常认为的更加普遍，在我们的精神生活中也发挥着更加重要的作用。对社区、居民区和共同价值观的普遍强调可以被看作怀旧之情发挥作用的一种独特表现，城市规划尤其是新城市主义对所有这些价值观进行了含糊的描述。强调它们的目的似乎是为了让人们进一步相信环境和社会控制以及自我控制、赋权和致富的假象。

从个体心理规范到社会规范的概念性跳跃恐怕不能仅凭精神分析理论来论证；然而，若要在一定范围内解释这种跳跃，我们可以参考反省和自我塑造发生的其他公共领域，像经济学领域。许多人在选择住宅和郊区时会以房价和对金融负债的担忧为导向，如果他们的选择不寻常和超出规范的话。金融机构和贷款行为往往会加强这些恐惧，因为它们使太小的住宅或太紧凑的居民区看似成为一种风险投资。推而广之，一些新城市主义开发项目之所以明显受欢迎，可能更多是因为它们满足了某种"融入"的心理渴望，而不是因为它们符合新城市主义标准。

对怀旧之情及其在新城市主义理念中的功能的批评性强调不应被视为关于以下观点的暗示，即公认的新城市主义社会议题和目标完全是一种错觉和误导。然而，这种强调的确提醒我们不要根据表面价值来判断这样的目标。此外，这里强调了对过去的虚幻式再创造，这有助于解释为什么像"社区"和"居民区"这样的概念是有争议的，以及为什么它们在阐明新城市主义议题时的作用是有限的——更不用说它们如何能够被应用于特殊项目。新城市主义者的明智做法是牢记托马斯·沃尔夫的告诫和他的小说标题（1939）："你不能再回家。"还需要明白一点，那就是：就算有，也只有极少数人想再次回家，即使他们认为自己想这么做并且能够实现这个愿望。和在其他领域一样，在规划和设计中，信仰——包括道德信仰——通常是情感、早期愿望和满足感的一个功能，而不是与之相反的情况。

"坚决的"行动和城市行动主义

也许，就像任何旨在从物质方面囊括城市和社会范围的规划动机一样，新城市主义可能确实需要一个白板来实现其目标。然而，没有阻碍的建筑工地完全有可能吗？社区是否有可能完全摆脱历史的重负，摆脱至少在某种程度上包括建筑痕迹、利益冲突以及对市民价值观的不同理解的过去和现在？更广泛地说，建筑环境与社会之间是否存在这样一种紧密的配合，以至于对其中一者的规划总是会更新另一者？同样有争议的是，二者的联系是否依赖于同质化市民（其行为总是遵循一定的方式）的概念？

在城市规划和城市设计中，物质决定论指的是"认为人类行为是由地理环境的性质决定的"（朗，1987：101；由罗翁引用，2009：13）。这"意味着设计会按照设计师所期望的某种模式来影响居民的行为"（罗翁，2009：14）。在哲学和社会学写作中，物质决定论至少有四种可能的强度。朗认为，环境对行为的影响沿着一系列连续的方式发生：（i）自由意志方式（没有环境的影响）；（ii）可能性方式（只要人们选择参与，环境就会为其行为提供可能性）；（iii）概率性方式（涉及特定反应发生的概率）；（iv）确定性方法（人们所期望的行为由设计环境决定）。（罗翁，2009：14；朗，1987：101）物质决定论说明了与规划相关的社会工程的一个重要方面，它所提出的问题是，某些价值观和生活方式（人类行为）的传播和灌输如何以及在何种程度上能够通过物质（规划的）环境得以实现。所谓的"物质决定论谬误"解释了"理性的目标与方法决定论"的一个主要方面，并提出了以下问题，即设计过程中的明确目标在何种程度上可以通过设计的物质实例化得以实现。同样，罗翁说："批评者还有一个疑问，那就是邻里单位[克拉伦斯•佩里的术语（1929）]究竟是一个物质设计概念，还是一个能够产生人们所期望的社会结果的概念。"（罗翁，2009：13）

汉斯•甘斯说："规划是一种公共决策方式，它强调了明确的目标选择和理性的目标与方法决定论，这样一来，决策便可以基于人们所寻求的目标以及实现这些目标的最有效程序。"（1968：vii）用社会学家的话来说，到目前为止，本章讨论的一直是明确的目标选择的缺乏，或者一些看似明确的目标选择结果是如何模糊。只要目标选择涉及评价性和解释性概念（如"民主价值观"、可持续性和安全性）——当涉及政治、经济和其他社会群体（包括种族和宗教群体）时，这些概念的含义相差很大——看似明确的目标选择就有可能会掩盖重大分歧。[6]有时，人们所做出的审美选择以及随之而来的解释和意义的差异性，可能会进一步加剧社会分歧。换句话说，尽管对一些人而言"好篱笆可以产生好邻居"，但是对另一些人来说，许多社区的大门让这些地方带有权力和特权的标记。

像先前的规划者一样，新城市主义的支持者必须首先决定要促进哪些价值观和行为，然后再决定如何促进它们。甘斯提出了许多实质相同的问题。哪些行为模式更可取并且为什么？例如，为什么更好的做法是与隔着栅栏的邻居而不是与住在远处的人友好相处？（1968：153，160～161）。一个答案是：居民应该有选择的机会，如此一来，"没有一种理想的社会生活模式可以——或者应该——被限制"（甘斯，1961：139；罗翁，2009：17）。

然而，在弄清楚所有这些问题之前，我们必须解决另外两个问题。规划者是否可以控制行为这类东西（包括选择）和灌输价值观；如果是这样，他们是否应该这样做？如果规划者确实有能力通过构建物质环境来控制行为，他们是否应该行使这样的权力？与坚定的物质决定论相反，甘斯的回答是，和其他因素相比，规划者影响这种变化的能力有限。居民们希望他们居住的地方具有同质性。他们想要一个共同的社会经济和文化背景（种族、宗教等），而且甘斯认为，使他们有社区意识的正是这些愿望的满足，而不是物质环境。这种观点涉及使居民区"发挥作用"的因素。政治理论家对此表示支持，他们提出了"联想式民主"的理念，在他们看来，社区的人们聚在一起的基础正是这样一个共同背景（赫斯特，1994）。这种想法有可能但也不一定与另一种相反，后者认为，背景不同的市民之间的宽容和相互尊重的价值观是由他们彼此的日常接触促进的。美国的"大熔炉"形象是以第二种理解为基础的。

解决物质决定论问题的一种方法是考虑建筑被用来决定人类行为的地点，例如在"邻里单位"的小尺度区域内。罗翁说："尽管邻里单位可能受到20世纪早期社会和制度问题的影响，但是一种特定的行为模式似乎不可能成为这个概念的主要目的。"（2009：14）如果是这样，佩里的邻里单位恰恰无法尝试任何物质决定论支持者所设想的那种社会工程。虽然没有理由假设CNU比佩里更重视物质决定论；然而，和佩里一样，新城市主义者的确试图通过设计机构来制造社会结果。社会工程的元素是存在的，但是缺乏彻底（或"强硬"）的决定论。有人认为"人类行为是由地理环境的本质决定的"，这并不意味着其他决定特征（同样）不存在；也不意味着其他这些特性（政治、经济、种族、宗教）——不论单独还是加在一起——对社会行为的主导作用不会超过构建环境的重要因素。有人说新城市主义的假设在很大程度上超出了建筑学领域，这并不意味着要将建筑与社会和政治问题分开，而是要将它们联系起来。

新城市主义不赞成任何强硬的物质决定论或关于通过适当构建地理（物质和空间）环境得以实施的社会工程的过度声明，如此一来，这场运动就把争议搁置在了一边。我们不需要像决定论者那样声称社会工程在某种程度上可能通过设计得以实现。这种被称之为"温和派物质决定论"的主张认为，通过规划物质环境的手段，我们有可能在某种程度上以及在一定范围内灌输价值观和修正行为。（事实上，这或多或少类似于《绅士们的房间》中所宣称的那种观点。）至于"邻里单位究竟是一个物质设计概念还是一个能够产生人们所期望的社会结果的概念"，温和派决定论和新城市主义声称两者兼而有之。佩里也持有同样的观点。在他看来，作为一个物质设计概念，邻里单位能够产生人们所期望的社会结果。佩里可能高估了邻里单位影响这种变化的力量，但毫无疑问的是，邻里单位的作用原本就是为了帮助产生这样的结果。建筑所涉及的一件事情（还有其他）是获得所需的专业技术，从而把空间的操纵和建设与个体行为联系起来——如此一来，前者就能够在物质、情感和道德方面（通过促进某些价值观）影响后者。拒绝承认两者之间存在某种联系，意味着否认建筑无论如何都可以产生有效意义的观点。

甘斯所谓的物质决定论谬误旨在是问题物理探究物质设计概念和社会结果之间的联系。例如，他认为（1968），"居民区成功的主要原因是基于邻里单位的社会同质性（种族和收入），而且至于社区实际上如何能够成功塑造紧密结合的稳定单位，物质决定论并不是一个主要的决定因素"（罗翁，2009：13）。关于这一点，甘斯毫无疑问是正确的。（佩里的邻里单位之所以受到批评，原因是它产生了在种族和收入方面具有社会同质性的社区，而新城市主义恰恰对此表示反对。）就这方面来讲，研究可以表明即使是一个不够敏锐的观察者也能够很容易预测到的东西。然而，甘斯的批评是一种狭隘的诠释，它对不幸的、过度泛化的同源观点（从某种类似于形而上学的决定论的意义上讲，地理空间环境对行为起着决定作用）进行攻击，从而忽略了一个重要的论点（地理空间环境确实会影响行为）。

那些试图通过设计物质环境的手段来灌输价值观和行为模式的人可曾持有如下观点，即行为可以完全由物质因素来决定（强硬的物质决定论），或者任何拥有充分理论基础的物质设计概念或审美标准都可以保证人们所期望的社会结果或成功的社区？只有建筑或社会政策领域内持有尖锐观点的理论家才会对此给予肯定的回答。总是会有太多其他理由——社会、政治、个人和经济的——使强硬的物质决定论成为一个无可争议的生活事实。这些包括被规划的环境的时间维度，它们在时间长河中的"生命力"，以及许多价值观和行为（如一般意义上的城市物质结构）在一段时期内进化的可能性。毕竟，在19世纪之前，"城市化"一词指的是一个令人满意的过程，它可以使人们的行为、性格和价值观变得"温文尔雅"；只是到了19世纪，这个词才包含了许多与城市增长和规划相关的问题（兰帕德，1973：5）。同样地，即使再多的城市规划也不会产生以下情形，即拥有不同的社会经济和种族背景的人们高兴地聚集在一起，他们的社区当中存在着各类种族和阶级分歧。在不久的过去，这些分歧存在于许多城市当中，而如今，它们在很大程度上仍然存在于大多数城市中。如果把这些分歧当成一部分背景，那么在卡特里娜飓风过后的新奥尔良，对公共住房项目的破坏（被解释为"城市更新"）似乎是一种卑鄙的政治手段。这些分歧使新城市主义建议的失败以及威胁到海湾滨海地区的更广泛的中产阶级化和"高档化"看似具有机会主义色彩（海登，2010：195）。这些手段可能会加剧不平等现象，但这种情况不会在一夜之间出现。这些现象不大可能很快得到解决，无论未来的计划可以缓解它们还是这些计划显得多么有远见。正如一位新奥尔良的建筑师所解释的那样：

错误并不在于（新城市主义）审美标准……而是突然之间出现了一些人造物。我们在这座城市所拥有的东西经历了很长一段时间的发展，并伴随着许多进一步的调整。彻底的乌托邦计划……我认为在这里不合适。

（由米奇纳所引，2006：1208）

与先前的运动一样，新城市主义也在试图寻找设计概念和原则，并试图运用它们来产生预期的社会结果。但它并没有在寻找点金石。各种研究表明，邻里单位对社会行为的影响是有限的（罗翁，2009：15）。我们不禁想知道任何一项研究如何能够说明这样的情况。[7]然而，即使假设某项研究是真的，我们也不能由此推断即使是相对强硬的物质决定论形式也是错误的。它最多表明邻里单位或者研究中的任何范式并没有产生决定性的社会行为，而不会表明其他形式的设计或改进可能不会更加成功。此外，这些研究几乎并没有告诉我们更加温和的决定论会将环境视为一个重要的因素。

采取一种强硬的物质决定论观点将会使问题大大简化。这样一来，我们将不需要提出诸如种族和怀旧等与行为和社区有关的问题。全盘否认决定论也可以使问题得到简化。我们无须再将建筑环境视为在某种程度上决定行为的一个因素。然而，鉴于很少有设计专业人士持有这种适用于所谓物质决定论谬误的强硬决定论（从业人员大都知道设计包含着几乎持续不断的调解过程），我们需要探究的并不是规划的这一方面。相反，我们的挑战是双重的。首先，"预期社会结果"的概念需要引起并且已经受到关注。但需要重申的是，这部分问题——即明确表达一种适当而合理的目标选择——并不完全是建筑方面的，甚至其主要内容也不单单涉及建筑。它涉及伦理层面。与大多数设计专业人士相比，简•雅各布斯（1961）对这个问题的理解更为深刻，正是这一点使她能够重新定义物质设计概念和预期社会结果之间的关系。第二个挑战主要以设计为基础。考虑到行为和思想会受到环境的影响，规划专业人员面临的问题是如何通过有助于影响（而不是决定）行为的方式去构建环境：这些方式有助于阐明和灌输令人满意的价值观（例如民主和其他社会价值观），而且至少能够对居民的部分价值观做出回应。[8]这个问题以某种形式存在于现代建筑规划的核心，其表述始终是："一系列可能的（复杂）影响具有怎样的性质和特征，它们与道德之间存在着怎样的关系？"

对于设计专业人士的注意义务、专业技术以及他们实施城市规划和城市更新的能力而言，这些都是实质性的问题。同样，社会工程和物质决定论的理念强调了另一个谬论，在对此进行讨论时，我们有可能涉及以"由社区引导的"设计为目标的新城市主义和规划方案。有一种错误的观念认为，若要实现新城市主义运动的民主目标，最好是借助那些本身具有"民主"特征以及广泛的参与性和包容性的规划和设计方法。毕竟，民主和民主决策的伦理合理性主要体现在其能够提供一种以平等观念为基础去了解市民利益方法，从而让我们能够以理想的方式平等地考虑市民利益（参见克里斯蒂亚诺，2002：32）。

然而，随着越来越多的市民参与城市规划，我们并没有看到更好的规划方案产生——尽管他们的活动可能更加民主。我们的物质决定论思维告诉我们，规划师以及他们的委托方和受益人并非总是人们所期望的理性生物，所以，将计划与利益和共同价值观结合起来很少是（如果曾经有的话）一件简单的事。就像对民主选举一样，目标和选择之间的摇摆不定和比例失当同样有可能对公共规划工作室造成破坏。规划的程序化（形式化）民主方面的增加往往会导致与正义和平等问题相关的实质性民主结果的减少。所谓的"镇民大会"和规划会议通常是由特殊利益集团所控制——开发人员、金融机构、建筑公司、政客或游说者——这种情形就像早期重建世贸中心遗址的规划。在几千市民参加的效仿旧式镇民大会的"倾听城市"集会上，我们很快就可以看到，人们并没有就该项目的指定用途和象征意义达成共识。一些人试图寻找"鼓舞人心的愿景"，另一些人则希望看到"纽约脱胎换骨"（《纽约时报》，2002）。戈德伯格（2004）讲述了这样一个故事：最早的设计方案以传统规划而著称，旨在确保住宅、办公楼和公共设施一体化，大会参与者几乎普遍指责其缺乏想象力。这组建筑对一些市民而言看起来"像个打开的箱子"，对另一些市民而言则"像奥尔巴尼"（由恰尔内茨基报道，2002）。建筑美学是一种典型的媒介，往往能够反映出人们的这些以及其他愿望和评价。越来越多市民参与规划的现象通常发生在较小范围内，且其宣传力度也不够大。因此，从新城市主义或民主的角度来，它可能往往会导致更加糟糕的设计决策，这一点可能比较少公众参与的情况更明显。这种现象所导致的决策破坏了新城市主义试图支持的社会议题。布雷恩尖锐地说道：

> 自20世纪60年代以来，公共利益和环保组织的增长……使市民们在土地使用和规划决策中扮演着重要的角色。同时，市民的参与也带来了挫败感、幻灭和各方面的犬儒主义，助长了对抗性的政治活动……而且往往对良好的规划造成了重大障碍……就当前的发展模式来讲，公众参与的过程加强了一些在社会和环境方面最具破坏力的倾向，同时还削弱了人们对政府的信任……我们已经创建了一种政体，它几乎要求有公益心的市民们像有偏见和拥有单一议题的反动派那样行动起来……只是为了确保他们的后院在任何情况下都能够安然无恙。

（2006：18）

在美国和其他地区，邻避主义（"别设在我家后院"综合症）已经成为民主规划的常见特征——这是一个可预测的结果。此外，当立法旨在通过公众普通投票和受选举人制约的否决权来限制或完全决定发展过程时（像佛罗里达州的"家乡民主修正案"）[9]，任何新发展机制可能拥有的前景就会更加渺茫。因此，新城市主义者和那些使用规划来促进民主理想的人似乎不得不承认一个事实，那就是如果要使理想得到保证，有时可能需要一种不那么民主的、更具独裁性的（马基雅弗利主义的）规划方式。只有当掌权者变得"开明"，在严格意义上拥有法定资格的独裁者意识到并且有能力追求"真正的"民主理念时，这种情况才会发生——即使当理想有争议的时候。考虑到马基雅弗利主义在政治领域的历史，开明的公共不禁会产生疑问。

可以肯定的是，政府的民主形式并不总是会为其市民提供最好的结果（这并不等于说民主——从整体来看——不是最好的政府形式）。在环境问题与消费者/选民的利益构成冲突的情况下，这显然是真的。在许多情况下，不那么民主的政府形式可能会发挥更好的效力，而且没有哪一种关于民主的合理解释可以基于这样一种明显错误的主张，即民主总是甚至通常会为市民提供最好的总体结果。为管理的民主形式寻找理由，这本质上是一个关于自决权利的伦理问题。同样，越来越多市民参与城市规划的现象显然并没有总是产生更好的规划。然而，新城市主义没有任何理由认为市民广泛参与规划的行为总是为了获得更好的结果。若要从根本上取得成功，新城市主义就必须寻找一些方法，以便通过更广泛的民主参与去帮助推进民主愿望和社会正义，尽管这样做并不总是会在建筑环境方面产生最好的结果。这种做法不需要与设计专业人士约定的程序和规则矛盾。

无论规划的民主进程存在多少问题，布雷恩指出我们同样会取得相当大的成就：

"[城市]环保主义"为徒劳无益的抗议性政治活动或自上而下的监管找到了替代性的选择，其途径是设法通过合伙人之间广泛和实质性的合作来解决复杂的环境问题，从其他方面讲，这些人可能觉得自己陷入了一场对抗性的政治活动……与扩大参与范围的过分简单化的想法相比，理论家和积极分子以同样的方式强调了一种源于市民协会模式的民主能力的重要性。这种能力可以消除社会差异，组建社会资本，并为市民提供一种用以制衡官僚制国家和全球市场影响的必要手段。

（2006：18~19）

值得注意的是，近年来，一些城市以及像加利福尼亚这样的州政府采取了一些措施，目的在于避开布什政府的策略和自己制定更严格的环境标准。同样，在许多自治市，当涉及一系列原本来自更大的政府官僚机构（也可能会受到阻碍）的重大问题时，市民的行动就会为"自上而下"的规划提供一种替代性的选择（索尔尼特，2007）。人们通常从民族主义的角度去考虑民主制度，或者（天真地）认为它们在另一个极端通过"镇民大会"运作，然而，我们还可以从其他维度出发去讨论城市行动主义。或许，新城市主义的问题之一就在于它限制了政治选区（以及"社区"）的数量和类型，而这些团体必然是由人构成的。人们对新城市主义的普遍多样化的反应表明，不论物质决定论是否"起作用"——不论以"温和的"还是以更加强硬的方式——规划和管理（政府使用规范和章程来控制开发项目的范围和特点）的结合都会突出一个由多重相互交织的社会责任和行动的可能性构成的领域。其目的在于创建社区，实现合理的经济增长，以及通过社会工程来构建居民区。

规划和道德准则

首先，城市扩张和内城区的衰退无论如何都不是糟糕的设计和规划的结果。同样，尽管这些现象毫无疑问影响到了美国和其他地区的民主质量，但它们并不是由那些本身"不民主"且具有精英主义特征和排他性的设计和规划实践引起的。相反，这两组问题是共存的，并且都是在无意中由社会、政治和最终的伦理失败所造成的。诚然，尽管在某种意义上意味着失败，但对许多人来说，郊区的发展仍然可以带来提升生活品质的新希望和新机会；例如人们可以拥有住房，还能以独立、自由而且（至少在一段时间内）实惠的方式去旅行。尽管新城市主义的有些批评者认为"扩张仍然是向上流动倾向和社会融合的动因"（由巴奈特所引，2003），然而，随着时间的累积，郊区生活方式的隐形和新增成本日益明朗化。我们还可以对这个问题进行更具体的阐述。失败的理由来自不受约束的市场力量的共生关系，以及一个已被证明对必要的改变和任何"更广泛的城市更新运动"有抵抗力的住宅开发系统。在美国和其他地区，政客和其他既得利益者以及自满或串通一气的媒体通常会鼓励人们顺从市场经济并且视其为一种自然和不可避免的现象。布雷恩（2006：19）对这个问题作了如下描述："土地的蔓延式消耗在很大程度上是开发产业将土地变成商品的方式所产生的一个副作用。"以市场为导向的住宅开发活动的运作方式和不让步原则只能给出部分答案。在市场和商品对我们的诱惑背后还存在着重要的主观维度，包括房地产。如果要购买某样东西——像一块建筑工地、一片居民区或一栋房子——我们就需要考虑一系列决定和选择，但并不是所有这些都与狭隘的经济意义上的"最佳价值"有关。一定会有人问：价值可以与什么相比？

暂且不论新城市主义的27条原则表面上所具有的实用主义特征，而只注意其乌托邦特征——它们暗示了城市生活可能意味着什么。在这种情况下，我们更要强调的是对于某种道德准则的需要，它可以帮助创建"社区"，特别是社会平等与正义——或者至少可

6.3
新罕布什尔州坎特伯雷震教村（2009）。
图像©威廉·泰勒。

以引导我们沿着那个方向讨论问题。我们需要换一种角度去看待这种共享的民族精神，这是一套训言或行为指南，其世俗形态通过"好市民"的形象表现出来，然而，我们同样可以在道德秩序中找到与之类似的元素，道德秩序对生活的组织作用发生在城市或农业社区、宗教和精神乌托邦社区以及教堂和修道院中。和新城市主义社区一样，这些地区很多都在地理和空间上与社会的其他区域分开，它们过去被当作新生活方式的典型实验区，这种情况目前仍然存在。在有些地区，尤其是在修道院的例子中（有人认为是本笃会），每一个细节都规划得很到位，而其他地区则较少受到监管，这一点体现在建筑环境如何塑造身处这些地区或在这里工作的成员的日常公共（和精神生活）。在少数地区，像美国的震教村，我们可以看到一种独特的建筑审美特征，它与该地区的商业和道德经济密切相关。

这些地区对其他类型的社区所引发的怀旧之情和狭隘理解非常谨慎，从规划或社会组织层面来讲，它们不应该被视为新型或完善的新城市主义的范例。公社和宗教团体通常会成为令人不愉快的地方，也很少会对塑造公民社会的价值观有所助益。虽然震教徒在美国历史的精神图景中占据着中心位置，然而，他们的村庄——尽管（或部分是因为）其表面上呈现出功能性和审美简洁性——仍然是具有排斥性、日常监管和社会控制的地方（尼可莱塔，2003）。"震教派风格"已被商业利益抹上了相对轻松的色彩，这表明与之相应的建筑审美可能已经偏离了理想。

我们需要的是一种与新城市主义的更高理想相适应的行为指南。以这种方式看待《宪章》要求我们转变视角。这就需要我们更多地去关注城市空间在物质和社会层面所具有的多样性，而不是仅仅将目光集中在城市区域的地理特征以及从物质角度定义的人与人之间的互动，这种互动源于对步行距离、交通路径、公共和私人边界以及视线的审视。这种扩大的视野所提出的要求是，城市更新不仅要涉及城市的"用途和人口"的多样性，而且还要支持人们自我决定的自由（不论对个人还是对人际交往而言），以及人们在社区内部和不同类型的社区之间建立起来的宽容氛围。并不是所有的规划实践、审美准则和契约都允许这种情况的产生。

例如，支配社区居住密度的规则、房屋的面积、卧室的数量或其审美设施通常会对能够生活在那里的人群产生影响（也许会影响到他们的家庭成员的性格和家庭规模，或者他们的财富或品味）。公社协会的替代性选择或新形式，如"合作居住"，往往要求改变规划条例，而这种改变可能会被人们所拒绝。城市更新同样应该适应城市运动的各种形式，这些形式不仅包括行人和车辆交通，而且还包括社会转型和运动的模式。在理想情况下，当面对不断变化的环境和生活方式时，开发项目应该允许一定程度的多变性和灵活性以及弹性和适应性。应当为新增的家庭成员或"精简"的退休人员解决住房问题。为年迈的家庭成员提供住房的需求可能是计划内的，也可能是意料之外的，由此带来的变化或兼顾工作空间的灵活性往往需要搬家，而不是为现有的住房添加功能。搬家可能是一种令人满意的选择（有时，一种变化可以起到很好的治愈作用），然而，我们是否应该总是通过这种方式来满足自己的需要呢？例如俄亥俄州克利夫兰的榭柯高地是个成熟的社区，它那中规中矩的审美特征和砖木结构的建筑与其说体现了一些居民的高尚道德，不如说在一定程度上反映了他们的自私自利和对变革的抗拒。他们反对重新分区规划和修建豪华联排别墅的计划，这些房屋的主要销售对象是年迈的"空巢老人"（邦泰尤，2001），他们要么希望搬入社区，要么希望作为长期居民继续留在那里。

此外，建立居民区的有限范围和规划渐进式的增量增长方式之所以是值得赞赏的目标，有很多原因，其中包括——但不仅仅包括——建立社区的目的。这样做还有环境（和其他方面的）原因，旨在为城市及周边的自然保护区提供防护的规划措施的历史恰恰表明了这一点。对过度消费的担忧——就土地、建筑和自然资源而言——在西方城市有着悠久的历史，在这种心态的影响下，人们对像"绿色地带"和花园墓地这样的开发项目产生了新的回应，当来到这样的墓地缅怀已故的亲人时，他们同样可以得到历史的教训，体验到植物生态和公民美德，并且在一个迅速扩张的大都市中找到一片喘息的空间（泰勒，2004：180～88）。这些措施需要我们拥有超前的思维、开放的思想、宽容和审慎的态度以及节制的习惯。这些个人品质最初源于熏陶和自我修养，但同样可能源自城市环境以及我们对城市环境的体验与回应，特别是在那些发生"碰撞"和"冲突"并伴随着"歧义性和矛盾性"的城市（布拉德利，2000；克劳福德，1999）——不论我们是否承认和接受冲突，这种情况都会出现在所有的城市当中。

最后，关于新城市主义应设法通过改进规划来推进民主愿望的假设究竟是否具有误导性？像种族主义、贫困、机会和教育的缺乏以及市场力量没有约束这样的问题——它们是新城市主义已经注意到的各种弊病的根本原因——是否需要首先得到解决？从这个角度来看，不周全的规划本身在某种意义上更多的是城市衰落的结果，而不是其原因。如果民主制度以及社会和经济正义的坚实基础尚未实现，新城市主义如何能够希望取得成功？如果一个社会对经济和社会正义有着必不可少的需要，如果这是一个充满民主的社会，那么人们还会需要新城市主义宣言吗？

当然，问题仍然在于彻底革新"传统发展机制"，包括个人价值和财产价值之间看似不可分割的联系。在美国和其他地区，这种联系在很大程度上构成了人们生活的一部分。这个特别的问题并不是单凭新城市主义就能够解决的，它只是更大的问题当中一个比较小的部分；然而，《宪章》的27条原则提供了（而且在本章中已经为我们提供了）一个有用的平台，从而让我们能够对当前的情况做出评估。鉴于最近发生的事件，包括过度和劣质的住宅开发项目所引发的成本以及由GFC所造成的资金状况的恶化，投资价值与个人和社会保障之间的联系似乎越来越成问题。若要使这两组问题得到协调，我们最好有明确的道德准则。

结　论

正如托马斯·弗里德曼所言，在一个"节奏逐渐加快、日渐单调和拥挤的"世界里，精明增长、可持续发展和新城市主义已从新生事物转变成了政策。仅仅以车辆为基础的城市建设即将来临，对此，弗里德曼写道："化石燃料一度被认为是取之不尽的廉价和良性资源，而如今却面临枯竭，价格昂贵且能够产生毒性——其毒性作用会波及到气候、地理环境以及由此产生的政治制度，还会危害到生物多样性。"墨西哥湾浮油事件表明，我们具有一种能够使自身变得软弱无力的悖论——毒性作用的蔓延源于一种无法使生命得到可持续发展的生活方式。

（布鲁斯·斯蒂芬森，2010）

在本书开篇的一首诗中，我们提到了一座虚构的城市，在那里，行为与人类形影不离，"宛若疤痕与刺青"。在本书结束时，我们提出了一种新的建筑方式——这是一种更好的生活方式——原因是在很大程度上，不受控制的蔓延式发展使环境和社会遭到了日益明显的破坏。斯蒂芬森所担忧的并不仅仅是他的家乡佛罗里达州以及像坦帕和奥兰多这样的扩张型城市。他对建筑环境的诉求不仅仅限于对新城市主义以及与之相关的规划运动的讨论。斯蒂芬森所关注的是行动呼吁。这种行动主义的基础是这样一个领域：该领域由我们的城市构成，其中包括建筑和社会结构，它们组成了一个相互关联和不可分割的整体。这个行动领域不仅应当包含混凝土路面材料、钢铁、木材和玻璃——规划和设计的物理结构——而且还应当包含以不同方式让建筑领域变得有意义的话语。行动主义不仅需要新的规划和政策，而且还需要以新的方式来观察、思考和讨论我们所有人面临的挑战。

作为这个领域的一部分，建筑从一开始就与伦理学联系在一起，这不仅让我们有可能讨论设计的伦理基础，而且还使这种讨论成为一种看似不可避免的需要。在这种情况下，我们可以从人类学的角度来理解影响建筑环境的决策——人类作为价值的最终仲裁者。建筑和设计伦理学涉及批判性地审视建筑实践的特征及其对于理解人类的身份、性格和价值观的影响和意义。该学科还需要考查建筑和设计的许多评估性假设的性质和范围——这些假设以特定的知识框架、世界观和历史时期为背景。

考虑到前面的章节所涵盖的复杂的（概念性）领域，有人可能仍然会对思考新的建筑和生活方式的新可能性怀有恶意；他们可能会放弃这些章节所要求的有关建筑和伦理学的细致工作。规划师、建筑师和其他设计专业人士所面临的问题似乎很难解决——我们对此进行了全面的考虑——比如城市扩张、气候变化和过度发展。相反，我们可以退回到令人安慰的哲学或建筑理论领域去研究一些概括性的问题，或者花时间书写宣言。我们可以采取"务实的"态度，把目光投向住所的虚幻确定性，以及与建筑环境的道德价值有关的权威性解释的"经济性"——关于应该是什么的解释。我们可以为源于人类理解力的矛盾寻求解决方案，也可以尝试将一种更完整的关于人性和建筑的知识建立在本质主义的基础之上。我们可以求助于建筑"体验"，而这正是非专业人员、哲学家和理论家的通常做法。我们可以暂不考虑历史教训，而是让自己沉浸在过去的某种怀旧情绪中，当时的建筑或建筑师状态更好，他们从公众那里得到了应有的赞赏，或者说他们从事设计行业的时代在某种程度上更简单。

然而，当我们质疑建筑的形式、功能或价值的意义时，我们似乎需要一种分析，它可以使建筑同时充当自我反省以及自我和相互理解的手段与最终目的。这种分析以我们的伦理倾向为特征，涉及两个方面的问题：第一，根据我们的理解，人类是一种能够提出

结论
新奥尔良运河大堤坝塌方处附近的房屋（拍摄于2005年）。
图像©威廉·泰勒。

此类问题的独特的生物；第二，通过某些建筑形式的特殊性，我们可以并且已经为这些问题找到了答案。

通过回顾前面的章节，我们想起了曾经发生的一些重要事件，当时我们正在从事调查和写作本书。在我们开展调查活动的早期，2001年9月11日发生的事件和随后几年内发生的"反恐战争"显得十分突出；它们继续引发人们去反思一个问题，即经过设计的建筑形式和空间如何对个人和社会生活产生影响。在2005年举行的纪念和公共记忆大会上，我们提出了早期关于纪念碑和纪念馆的政治的看法。当时，"自愿联盟"在伊拉克战争中制服叛乱分子失利的局面变得越来越明显。面对批评界对于这个问题所采取的不同态度，美国、英国和澳大利亚的领导人借助历史来判断他们的行为——最终证明，他们推翻萨达姆•侯赛因和他的不可否认的残暴政权是"正确"的。基于间接证据、理论依据和林璎越战纪念碑的先例，未来在华盛顿、伦敦或堪培拉建立的任何一座纪念伊拉克战争死难者（"我们的"死难者）的纪念碑——不论是纪念碑还是反纪念碑，也不论其具有怎样的审美特征或风格——似乎永远不大可能对这段历史做出有意义的解释。对于那段包含了欺骗式权谋政治的近代历史来说，情况尤其如此，这种政治曾经为人们带来了战争，并试图使冲突合法化。仅仅在堪培拉会议举行三周之后，卡特里娜飓风就袭击了新奥尔良和墨西哥湾附近的社区。同样，有人可能想知道这样一个问题，即和人们关于纪念受难者的纪念碑的讨论相比，更早时候发生的这些事件是否更有争议性——特别是考虑到不堪一提的城市重建速度。

虽然这些事件和纪念碑（无论是已经实现的还是我们自己假想的）塑造了我们对建筑和伦理学的看法，但它们同样强调了我们的讨论所具有的更广泛的背景。在定位伦理问题时，新闻事件给出了如下暗示：若要将标志性或更加广为人知的建筑项目和关于建筑环境领域的更广泛的理解区分开来，我们就有可能会误入歧途。今天，美国和澳大利亚的"文化战争"仍然表现出不同程度的暴行。公共建筑和空间以及更为普通的建筑依然是众所周知的冲突发生地。在卡特里娜飓风袭击新奥尔良的12天之后，世贸中心（WTC）遗址笼罩在庄严的氛围中，当时正值恐怖袭击事件四周年纪念日。与之形成对照的是前一天在附近举行的抗议集会。几百人（包括悲伤的亲属）聚集在一起，针对最新的重建计划提出反对意见，他们坚持认为这是对死难者的侮辱（拉米雷斯，2005）。他们的愤怒集中在一个被称为"国际自由中心"（IFC）的博物馆上。按照该中心的宗旨，这里的游客将会认识到一个问题，即"9•11受害者的生命与自由的演变过程之间有着怎样的深刻联系"。这座建筑补充了迈克尔•阿拉德的"反省缺失"，两者的共同使命是"加强我们捍卫自由的决心，并激励我们结束仇恨、无知和不宽容"（由邓拉普引用，2005）。该设计体现了林肯、罗斯福和马丁•路德•金博士纪念馆的风格，同时还具有艺术展览空间的特征，却受到了9•11受害者的亲属、制服消防队员协会、《纽约邮报》和美国参议员希拉里•克林顿的批评。据报道，他们都"担心[IFC]会为世贸中心遗址带来不受欢迎的政治和攻击性的艺术品——可能是反美的——这些将与纪念碑的庄严格格不入"（如前所述）。抗议活动之后不久，建造IFC的计划就被搁置了。

堪培拉也发生了类似的恐慌事件（例如文沙特尔，2001）。有人强烈要求翻新最近完工的澳大利亚国家博物馆（NMA）并彻底更新其中的陈列品，据称它们展现了一幅关于国家历史的"黑色袖章图景"，特别是关于对待原住民族的可耻手段的记录。这座建筑的改造或"增强项目"（这是博物馆的说法）于2008年实现（由墨菲报道，2008）。具有讽刺意味的是，NMA的建筑风格利用了结绳的隐喻和扭曲形式，以后现代派的方式承认了其设计大纲以及其努力适应的社会和历史的复杂性；这座建筑的传统确实是一个复杂和棘手的问题。NMA的建筑风格和结构所强调的社会分工和未解决的抱怨，让我们有理由去怀疑设计师斯蒂芬•阿什顿在该建筑始建时的愿望，即"我们的文化是一项正在进行的工作……线绳的打结和缠绕是关于澳大利亚文化的隐喻——将许多股绳索编织在一起"（由琼斯引用，1999）。人们对该建筑和其中的陈列品所展现出的"绳索"形态的不同反应或许说明了这样一个问题，即该建筑能够为一个有限的社会结构赋予凝聚力。

普通建筑，尤其是服务于特定的宗教、种族或"边缘"社区的建筑的外观，同样（或者至少）能够让我们把思想集中在不断变化的社会和文化价值领域中。这将进一步扩大建筑伦理学的前景，而关于纪念碑或国家博物馆的美学的讨论则无法做到这一点。最近，面对激烈的抗议，曼哈顿的一个社区委员会投票支持了一项提议，即在"归零地"附近修建一座清真寺和文化中心。对一些人而言，该中心是一颗"和平的种子"；对其他人而言，在世贸中心遗址附近建造清真寺则是一件无法容忍的事（《卫报周刊》[6月4日]；埃尔南德斯，2010）。根据一位报刊专栏作家的观点，该建筑代表对世贸中心的"第二次袭击"（由哈伯曼报道，2010）。从本质上讲，引起谴责的并不是这座拟建建筑的结构、形式或美学，而仅仅是它在这座城市中的存在和位置。政治家告诉我们，有些地区经常实施民主政策并且时常在这方面取得成果，这些地区既包括像"归零地"这样在历史上受过指控的地区，也包括其他地区：在郊区和海滩，在美国的圣经地带或澳大利亚的房屋抵押贷款地带，建造新的祷告厅和戒毒康复中心或为出狱者或出院精神病患者建造过渡住所的计划会引发各种各样的反应，包括抗议和间或的暴力。有人计划建造新的公共住宅区或将现存的住宅区出售，或者部分或大规模地将这些地区私有化，这种行为通常会产生相同的结果，并加强我们对不宽容、不平等或当下的不公正现象的关注。全球金融危机将我们的关注点投向那些定位于建筑环境大背景下的价值观，它们可以对一个国家的住宅存量、社会安全与繁荣起到促进作用。目前，媒体对2010年的时代广场爆炸未遂事件做出了近乎常规的解释：嫌疑人费萨尔•沙赫扎德之所以会采取这样的行动，在某种程度上是因为他丧失了房屋抵押品赎回权。

公共工程和基础设施同样能够凸显上述章节中所探讨的伦理领域。建造防洪工事、道路和桥梁以及提供和维护公共设施的做法，能够影响人们对民主价值观和民主制度的判断——这些建筑在这方面的作用通常大于重要的公共建筑。如果说有什么东西可以将它们统一起来并使之成为建筑环境中可识别的一部分，那就是它们的普遍性以及每个人对它们的合理而切实的期望。我们会对日常生活中的各种现象做出判断：当看到凹坑破坏街道或政权衰退时，我们的判断便会源自愤怒，更广泛地讲，当我们看到堆满垃圾的人行道和墙壁上满是涂鸦的建筑时，我们便会产生一种非理性的恐惧社会的心理。恐惧是由环境引起的，如逐渐衰减的国家高速公路系统，或者像桥梁失事这样的灾难性事件。我们不禁想到2007年的明尼阿波利斯I-35W大桥坍塌事件，或者1970年的墨尔本西门大桥事故。另一个例子是新奥尔良的防洪堤坝崩塌事件。洪水退去后，卡特里娜飓风给前居民造成的困境仍然挥之不去。当人们讨论新奥尔良受创的真正原因时，这场飓风仍然是一个话题，而且在一场旷日持久的、关于受保人是不是"风暴"或"洪水"的受害者的诉讼（奥伯恩，2006）中，人们也经常讨论这个话题。在这之后的九个月当中，人们讨论最多的话题是这次事件究竟是一场"自然"还是"人为"的灾难——关键在于是否可以利用来自政府以及某个在很大程度上不受调控的保险行业的重建资金。这次讨论的分歧源自对以下两个方面的强调：一方面，这是一场史无前例的来势凶猛的风暴；另一方面，事实证明风暴防卫措施和民防系统的设计或维护（或两者都）不够充分。2006年6月，这一问题终于得到了解决——尽管其补救措施很难得到保证——当时，美国陆军工兵部队的一份报告认为，联邦政府应该对防洪设施的故障负责。这场灾难并非完全由"自然"因素所致。这场风暴所引发的洪水加速了堤坝系统的崩溃，原因是该系统的设计、建造和维护不良。这座城市曾经拥有世界上最大的水泵系统，它们曾是强大的土木工程和公共服务部门的骄傲，而如今却因为操作性较差而未能发挥正常功能。

灾难再次降临到了墨西哥湾，这对沿海社区和该地区居民所熟悉的生活方式造成了威胁。可以理解的是，美国人渴望领导阶层能够结束水面浮油蔓延事件，尽管他们与任何表面上民主的消费主义社会中的公民一样也对这件事情的发生负有部分责任。媒体专家，特别是共和党的辩护者，祈祷该事件成为"奥巴马的卡特里娜"。与此同时，美国前副总统候选人萨拉•佩林再次参加了竞选活动。她对总统过去的行为进行了斥责，认为他充当了以前的"社区组织者"——该举动赢得了热烈的掌声。

随着本书内容的推进，我们越来越相信一个事实，那就是在处理这些事件所引发的一系列问题时，不充分或范围有限的不仅仅是人们通常所认为的道德哲学、哲学美学和建筑理论等领域。我们同样发现，我们思考和写作的许多东西为建筑师和其他设计专业人员带来了明显的启示。显然，他们的能力是有限的，如果仅凭他们的专业知识和设计技能，他们并不能有效改善个人和集体的生活。因此，我们似乎需要一种行动主义，它不仅仅涉及以更有效、更公开或义务性的方式去从事建筑师或设计师的日常工作。更确切地说，我们还需要设计师（实际上包括"我们所有这些受到建筑环境制约的人"）去探索更广泛的公民行动主义和"好公民"（good citizenship）的可能性。这就需要我们进行一番思考，从而挑战关于专业学科的边界和术语的既定认识。

关键路径

我们在本书开篇提出的观点是，关于建筑环境的研究能够引发我们以不同的方式去思考和生活。我们的目标是：

> 探讨以下观点，即设计学科有助于形成一种独特的伦理调查形式。[这些学科]可以引发与人类居住环境密切相关的思想——这些思想涉及两个相对的方面：首先，一个人如何能够对生活充满渴望；其次，在任何给定的时期内，一个人打算或被迫以怎样的方式生活。

总之，我们值得再次探讨建筑和伦理学的研究领域。该"领域"暗示了开阔的范围和新的前景，同时还暗示了一种虚构的地形和一种可以自由穿越该地形的思想——根据德里达的描述，这种思想受到"向真理开放的无限时空"的驱动（德里达，1978：160）——考虑到理性应有的运作方式（即积累事实或设计新理论，以及逐步引导我们更好地理解某种"更大的图景"），"领域"一词的隐喻形式可能会比较恰当。这个词可能会让人想起学科之间的组织形式和可能的边界。然而，这个词的隐喻形式恰恰旨在帮助我们考虑思维方式和确定批评依据。就像大多数语言一样，像"领域"和"对话"这样的词——就像本书标题中的"前景"这一术语将我们定位为学者、合作作者和市民一样——可以在人与人之间、我们与我们各自的专业知识领域以及我们在这里所描述的事件之间建立起联系。我们的希望是，尽管建筑伦理学领域的含义"仅仅是一个词"，但它仍然能够让我们有理由将想法转化为行动。

建筑学与自然科学不同，后者由统一的主题和严格的分析方法组成。建筑学的内容并没有被巧妙地归纳为"主体"和"客体"之间的二元关系——例如人和有些人可能认为的支配人类行为的空间之间的关系。建筑学既不完全是由哲学问题定义的，也不完全是由实际问题定义的。作为更大的建筑环境的一部分，建筑与混乱的现实生活之间的联系凸显了

"物理决定论的谬论"。建筑伦理学涉及较多的并不是一个目标明确的新调查领域，也不是一种具有"审美特征"或者与众不同的研究对象。相反，该领域需要的是多种以手头问题为依据的理论术语、概念工具和调查模式。本书结论中有新闻价值的事件所具有的重要性表明，该领域可能采取报道的形式以及同时涉及历史和理论的批评式写作。

　　建筑伦理学的中心任务并不是通过前所未有的、旨在调解"内部"和"外部"世界的思想敏锐性、抽象概念和辩证方法的壮举，来构建一门包罗万象的建筑哲学。该领域不需要哲学家对"主体"和"客体"之间的二元论关系进行先验式的还原，也不需要现象学家的悬置方法，尽管其任务可能会将可比较的、旨在界定思想的智力活动合并起来。该领域可能会引导我们去审视这些及其他抽象概念，从而让我们获得更多批判性反思的机会，而不是为任何特定的哲学运动、概念或思辨性实践赋予过度的特权。我们认为，建筑伦理学需要向多条路径开放，这些路径具有批评性和怀疑性以及自我塑造的根本特征。哲学本身可以被看作"一种改造自我的方式"，这种方式的起点"并不是哲学所阐明的经验及其所发现的主题，而是哲学试图构建的自我转变行为"（亨特，2002：908）。亨特写道：

> 我们需要问自己一个问题："当我试图远离自己现有的'自然'知识和经验时，我和我自己之间会建立起什么样的联系？我为什么会受到质疑并因此将转变设为目标？在运用先验还原法的过程中，我在自己身上实践了什么样的精神或智力活动？在这种内在活动的基础上，我所追求的是什么样的自我角色？"
>
> （2006：84）

　　我们头脑中的批评意识需要一种可比较的、"对于现有知识的内在不信任"（亨特，2006：84），这或多或少是为了通过质疑我们关于建筑环境的理论的术语和起源，来增加"以其他方式思考"（福柯）的可能性。自我质疑的需要表明，关于建筑伦理学的思考对于我们更广泛地了解"伦理学"和"建筑学"具有启迪意义。例如，正如我们在第4章中所描述的实践活动一样，通过质疑我们对建筑形式和空间的体验，我们可以反驳先验现象学以及其他过度泛化的哲学所体现出的原教旨主义；还可以澄清一个问题，那就是当有人问建筑是否以及如何能够超越建筑计划、剖面图和立面图而成为"其他东西"（拉斯穆森，1959：9）时，什么样的价值观会受到威胁。同样，当有人问一件建筑或设计作品是否以及如何具有文化意义时，这个问题不仅仅揭示了一个由社会建构的价值循环领域。这种审美阐释方式还意味着自我质疑的开始。用熟悉的话说就是，对于一个意识到自己"不懂艺术却了解自身喜好"的人而言，重要的并不是确定不言自明的东西（一个人喜欢什么：最喜欢的艺术品或建筑物），而是以"他们的时代、他们的历史和社会以及他们个人的信仰和缺点"为参照来塑造和定位他们自己（第3章）。

尽管与我们的预期相反，但是建筑伦理学并不仅仅关系到"好的"建筑或城市——它们能够满足人们的多种诉求。该领域所涉及的并不是满足我们对"坚固、实用和美观"的长期需求，而维特鲁威所期望的可能恰恰是这一点。该领域主要涉及的也不是与建筑的功能相适应的建筑形式（这是路易斯•沙利文和荷瑞修•格里诺的观点），或者人们对于建筑阐释并适应时代的期望（吉迪恩，卡斯滕•哈瑞斯）。该领域所涉及的并不仅仅是这些或其他理论，它们在很大程度上假定人们知道这些需求和期望起作用的条件。例如该领域并不涉及以下规则，比如像"坚固"这样的价值与其在建筑形式当中的实体化之间的对立，或者关于建筑的功能性及其（就像动物一样）对独特环境的适应性的想法。我们试图界定的领域将对这些及其他需求做出解释，包括产生这些规则以及思考建筑的方式的话语。所有这一切都包含着以下意思：在理解建筑伦理学的必要路径中，首先有一条路径可以通向手头的主题或问题。对于仅在哲学领域引起人们兴趣的关键性问题，我们是否能够在很大程度上根据哲学家所提供的相关术语将它们识别出来？它们是否主要解决形而上学或先验性的问题并因此更有可能提出信仰问题而不是结论性的论点？它们是否依赖于某个从内部和外部限制建筑的领域，从而让我们有可能将建筑比作其他形式的艺术或者使二者保持距离？如果是这样，那么这些阐释性的问题以及由此得出的结论是否有可能在总体上具有争议性？例如正如我们在第6章中所描述的那样，新城市主义的背后存在着行为、审美和经济方面的问题。从整体上讲，这些问题反对任何有关社区、民主和人性的单一哲学所做出的简单解释——尽管这里的每一个主题本身都有可能激发我们从哲学角度去思考"城市"。

由于我们所有人都与各种以生活"事实"为先决条件的责任和期望密不可分，因此，通向建筑伦理学的第二种调查路径需要我们拓宽思路，以便站在会思考、会呼吸和会劳动的人类的角度去思考我们所面临的问题。我们可以通过以下两个方面来调节建筑和伦理学之间的关系：首先，我们通过某种方式构想人类的生存状况或生活图景、主观性或"身份"（这个术语看似单纯，尽管可能并不那么沉闷乏味）；其次，这些因素未必能够以精确和永恒的方式来表示人类的各种特征、情感和价值观。我们的身体占用、体验、感受或评价空间的方式可能会迫使我们采取某种行动并且以某种方式使用建筑物。然而，正如康德、福柯、德勒兹和加塔利等哲学家所论证的那样，这些可能性本身起因于人类思想以及定义这些思想的人类行为。同样，就像（根据某些概念）哲学家和伦理学家一样，规划师、建筑师或设计师不仅仅是技术代理人。建筑师是拥有思想、情感、创造力和劳动能力的人（或者有人希望他们如此），从他们那里得到服务的客户或读者也一样。如此一来，他们的预期就和我们自己的预期紧密结合在了一起。

　　我们并不总是能够很容易地区分或协调人类身份的心理、生理和物质组成部分以及社会和私人需求。鉴于建筑本身的物质性以及我们使用建筑的方式，建筑能够清楚地表达这些因素的含义——特别是我们何时需要建筑以某种特定的方式发挥作用以及这种需求何时有可能与其他需求相抵触。正如我们在第5章中试图指出的那样，纪念碑和纪念馆这类建筑能够特别有效地区分这些需求。因此，建筑伦理学应当保持开放，从而更多地考虑一个问题——我们如何通过包含着建筑的意义、用途或价值（有时包含两种或三种或者更多的需求）的话语来定位与建筑环境有关的选择——而不是仅仅关注以下问题，即一个项目如何以其自身的方式或者其他严密的操作方式来满足给定的设计大纲。

　　建筑伦理学还必须遵循第三条路径，并考虑设计的行为表述特征，因为我们不仅要思考生活，还要以不同的方式体验生活。就这一点而言，建筑通过复杂的（有时是矛盾的）方式与重要的社会规范相互作用，这样一来，建筑和建筑设计的道德价值并不总是清晰可见。例如如果一座建筑能够为人们提供庇护，那么它可能也会提供必要的取暖设备、新鲜空气和水，于是，对于一些人来说，这里就成了一个理想的栖身之所。大多数建筑规范和条例假定存在这样一个理想环境，同样，它们也构想出了模范居民的形象，像罗伯特·克尔在他的著作中所描述的"绅士"（第1章），有人认为，这些居民对周围环境的敏感性可以通过定量或定性的手段来衡量，例如湿度计算图，或者对居民的需求和满意度的某种使用后评价。我们很容易接受关于建筑和居住者的这种理解并将其视为关于建筑和伦理学的理性认识的必要条件——这恰恰是许多人的观点。然而，即使目前关于设计、规划和技术的历史的调查通常会揭示这一点，建筑形式和空间仍然能够将人们对于这些环境便利设施的期望规范化。建筑不仅可以解决道德秩序问题，而且通常是这类问题的来源。一些哲学家——尤其是那些受胡塞尔和海德格尔启发的哲学家——会选择把这些情况归入到关于异化的普遍解释中，尽管他们也可以选择遵循其他批评路径。对于建筑和城市而言（对后者而言或许更为明显），城市形态、居住模式以及居民区独特的设计和审美细节可以促进人们对正常建筑环境的期待。

　　通向建筑伦理学的第四条路径不仅要求我们考虑建筑和设计所呈现出来的概念性和操作性问题的范围和特征，而且还要求我们反思一个问题，即我们如何能够通过自己的最佳行为来应对由此引发的难题，不论我们是建筑师、客户、哲学家还是伦理学家。如果要从广义上描述我们的行为，我们便会想到"经济"一词的更古老、更广泛的含义，即以人类的有序行为和生产能力为着眼点对多个问题（或者根据这些问题的需要对多种资源）进行管理（OED）。一方面，在从事建筑"活动"的过程中，我们需要一种行为模式和分辨力，其宗旨是——但不可以被简化为——以多种方式提出对"坚固、实用和美观"的需要，或者要求"形式服从功能"，或者要求建筑解读一种适合时代的"生活方式"。另一方面，当我们思考和书写建筑、将其视为人类的生活空间并以这种理念对其进行评价时，我们的行为要求我们以一种特定的理性思维或哲学态度来看待可能存在于这些及其他观点背后的人类身份印迹。我们的行为要求我们提出以下问题：这些说法从何而来；它们是如何被传达的；从个人和社会层面来看，它们是因为什么人以及通过什么方式具有生产性的（从"经济"一词的更加古老的意义上讲）。

我们不能简单地认为建筑对于潜在且通常多元化的用途而言是透明的，同样，作为一种表现类型，建筑的角色也谈不上简单。要想理解健康或有害、舒适或不愉快以及包容或疏远等概念的价值，我们不能简单地借助建筑计划或剖面图或者其他图纸本身。有人热衷于数字媒体和旨在释放"虚拟现实"潜力的计算机辅助设计，他们的看法使问题进一步复杂化。而且"建筑"和"建筑物"这两个术语本身可能存在问题——现在应该将它们澄清——这对于清楚理解二者的意义和价值而言是一个挑战。这使我们暂时放弃考虑语言层面，即不同的术语和问题，它们突出了建筑学以及建筑理论和实践的历史。相反，这需要我们考虑来自标志性作品、设计师及其意图的范例，以及它们强加于建筑和伦理学研究的局限性。一座给定建筑的问题不只是渗漏水（有人认为弗兰克·劳埃德·赖特的建筑因此而变得臭名昭著，这种看法或许并不公正），它还有可能无法为人们提供理想的舒适环境，或者有可能显示出任何意义上的严重浪费，尽管它仍被认为是好的建筑并因此成为具有代表性和历史意义的重要作品。"建筑"这个词往往会引发我们自觉地去关注设计过程及其受益者，特别是去关注审美问题。同时，它还扮演着一种社会角色，即区分不同类型的创作主体，如建筑师、工程师和施工人员。除此之外，"建筑师"这个标签还有助于加强那些受益于某种特殊教育和专业资格的人的道德责任意识——这种责任意识很可能不同于工程师或建筑商以及医生和律师的责任意识。

我们提到的这几种路径可能会引导我们从多个层面详细了解建筑和伦理学，由此产生的见解可能也会影响到同一类型的设计学科，如城市规划、室内设计和景观建筑。从前面的观察可以得出，空间和设计产品对个人和社会生活的影响之所以普遍存在并因此具有深刻的含义，正是因为我们可以将它们视为一种重要和持久的、用于理解"个人"和"社会"的途径。一系列可评价的实践要么构成了建筑和设计的基础，要么反映了这两者的本质，因为一个众所周知的事实是它们可以支持我们的生活。这些实践涉及审美及其他方面的假设，这些假设来自——从表面上或者从变革性思维的角度来看——不同的人文和知识框架。其中一些假设需要源自共同知识范畴的思维方式，而另一些则更为抽象，涉及哲学、理论、科学或技术。

这些假设通常是含蓄和未经检验的，它们经常超越了各种清晰的想法，这些想法通常与设计实践相联系。因此，对于所谓的"通用设计"的诉求取决于对平等和社会正义的理解，而对于"有关环境方面的可持续设计"的需求则通常可以让我们联想到一种经济型的、用以支撑自然资源消耗的方式。后者还做出了如下假设：人类世世代代都有权享受这些物质资料所带来的好处，而其他生物（植物和动物）也有权拥有属于它们自己的安全栖息地。

　　这些假设不仅关系到专业实践的本质，而且还关系到居住主体、家庭和社会关系，以及居住概念本身的性质——例如我们可能如何或者甚至应该如何生活，或者我们可能如何拥有不同的生活。我们不需要假设这类问题会有一个意义明确的答案——尽管我们已经看到了一些相反的情况。我们思考、书写和创造建筑的伦理维度有助于我们从事一项开放式的研究；这项研究并不是为了证实我们对于此类问题的长期偏见，相反，它能够让我们以新的视角去洞察人类的生存状况。

注　释

引　言

1. 这几行诗句引自"生锈的遗产"，版权©2002，1999，由艾德里安娜•里奇所作，选自《一扇门框的事实：诗选（1950—2001）》。经作者和诺顿公司许可刊出。

1　伦理学、建筑和哲学

1. 福柯用来描述思想和表征系统的术语，该系统可以对一个特定时期的知识观起到塑造作用。这一术语在《事物的次序》（1973，1966）中出现的频率最高。

2. 要想了解这些术语的其他译法，参见斯佩克特（2001：213n1）。

3. 功利主义伦理学是后果伦理学的一种形式，因此，人们通常认为它与康德式的道德论及其他道义论式的伦理学理论截然相反。后者（以令人难以置信的方式）声称，一次行动的结果对于决定其道德性并没有多大作用。

4. 因此，赫斯特和伍利写道："现代社会科学所关注的问题是调控自然和文化之间的'边界'，并且限制和排除那些可能挑战其观点（认为社会决定人类属性）的现象。"（1985：151）

5. 有人理想地认为设计和建造社区的目的是为了适应工业生产，这种想法使一些新城镇得以建立，其中包括罗伯特•欧文在苏格兰设立的新拉纳克（1786）以及马萨诸塞州的洛厄尔（1822）。最近，人们接受了新自由主义经济理论和将城市视为自由市场基地的想法，这对西方的社会、城市建筑和基础设施产生了深远的影响，并且在许多方面对其产生了负面影响。

6. 这个问题得到了福柯研究学者的承认，他们所要强调的是，鉴于普遍的真理标准，话语和非话语之间的联系是以反复实践而不是以概念和现象世界的相关性为依据的。例如，在美学中，权力与知识的关系并不意味着美和品味的标准是普遍的或者由社会建构的，而是意味着我们可以研究思想和实践的形成过程，在这个过程中，某些标准得以确立并且成为被人们广泛接受的事实。

7. 福克斯（2000）是一个例外。莱文森（1998）并没有提到建筑学。

8. 见瓦托夫斯基（1993）和费舍尔（2002：203n16）。瓦托夫斯基在看待艺术实践及其社会、经济和其他方面的背景时也持有同样的观点。正因为如此，审美和社会之间的联系是动态的；艺术史是一个动态的过程。当然，建筑和设计实践也存在着同样的情况。

9. 托马斯•马尔多纳多（1995：249）关于舒适的概念曾写道：

> 可以被理解为一种社会控制手段。就家庭范围而言，我们注意到这一概念与一门非常特殊的学科有关……我们很可能注意到这样一个现象，即与任何其他文化构想相比，舒适更好地表达了适合现代资产阶级社会的"身体技术"。

10. 元伦理学试图"获得一种关于道德话语的语义、逻辑和认识论结构的清晰而完整的理解"（泰勒，1975：6～7）。

11. 巴德继续说：

> 关于以下两个方面的进一步考虑可能有助于人们接受我的艺术价值主张。首先，艺术体验所带来的许多好处是这种体验的内在特征，而不仅仅是其产物。一件艺术作品为我们带来的体验可能包括身心愉悦的感觉，或者有关人类心理、政治或社会结构的准确认识，或者道德洞察力，或者对于某种和谐生活形式或非个人观点的想象与认同；从这些及许多其他方面来讲，这种体验可能是有益的。然而，由于这些好处是艺术体验的特性而不是其结果，因此，艺术体验的实际效果与艺术作品价值之间的不相关性并不意味着这些好处之间没有关联。相反，这些好处使得艺术体验具有内在价值，并且在一定程度上构成了实现这一过程的方式。

（1995：7）

事实上，对于"这些好处是艺术体验的特性而不是其结果"这句话，巴德并没有给出确定的判断。我们很难将他所说的意识提升看作体验本身的一个内在特征——或者甚至很难说出这意味着什么——而不是艺术体验的结果。我们似乎不太可能很容易地将二者区分开来。无论如何，这种情况仍然没有影响到与他的主张相反的建筑学的例子。

2　建筑、伦理学和美学

1. 参见尼科莱·欧罗索夫（2004）。

2. 要想了解关于此话题的进一步讨论，参见皮克（2001）和努斯鲍姆（1998：357）。

3. 汉密尔顿指出，一些哲学家的确会将这两组问题混淆在一起。他写道："有些哲学家希望坚持这样一种观点，即艺术对于道德教育而言至关重要，他们往往会提出一种与艺术作品本身有关的主张[对于某种伦理主义形式的认可——特别是戈特（1998：182）]，而其他哲学家也会提出同样的主张。"（2003：44）尽管汉密尔顿提出了这样的警告，但他有时可能仍然无法明显区分这两组问题。我们几乎没有理由去关注并且像汉密尔顿那样捍卫以下事实，那就是艺术可能会或者可能不会对道德产生影响，除非他根据以下事实来考虑这个问题，即唯美主义/道德主义争议的双方认为艺术和道德之间存在着某种联系。

4. 参见汉密尔顿（2003）。

5. 皮克对温和道德主义与温和自治论之间的重要区别作了如下描述：

> 尽管两者都认为我们能够合理地对某些艺术品做出道德判断，但是温和道德主义者认为这样的判断有时是审美评价；而温和自治论者则认为关于艺术作品的道德判断总是在审

美领域之外。一方面，安德森和迪恩说，"艺术可能会让我们深刻记住一些道德知识。当我们一致认为艺术完全服从于道德评价时，这一切就会变得理所当然。然而，艺术作品的这种价值为什么是审美价值？"（1998：160）；另一方面，卡罗尔说，"温和自治论者会忽略这样一个问题，即道德假设会在何种程度上对许多艺术品的设计起到结构性的作用"（1996：233）。

（2001：37～38）

这里的问题似乎真的关系到我们如何广泛地定义审美。然而，皮克继续说道：

我们不能简单地认为这是一个任意的问题。审美的边界实际上指的是什么？卡罗尔旨在说明……实际情况是，关于审美的狭隘解释，比如温和自治论者所采用的解释，并不能让我们充分理解作品的审美价值，以及我们将这些艺术品当作艺术品来欣赏的方式。

（2001：38）

6. 参见霍尔丹：

如果一位当代哲学家能够想到由现代城市重建计划所引发的相关难题，他就有可能考虑从社会哲学或美学的角度去触及这些问题……我想要说明的是，充分处理这样的问题是不可能的，除非我们同时采用两种视角或者（更好的情况是）将两者结合在一起。建筑可以作为公共艺术的典范，因此，关于建筑的哲学探讨是社会美学领域内的一种实践活动。

（1990：203）

7. 柏拉图和托尔斯泰通常都被视为激进的道德家，尽管他们都不是。他们不是激进的道德家，正如奥斯卡•王尔德不是自治论者。

8. 参见霍尔丹（1990：205），费舍尔（2002）。

9. 这是哈瑞斯（1997：2）的解释。吉迪恩似乎并没有提及建筑学的一般或普遍任务——而哈瑞斯似乎是通过这种方式来解释建筑学的。当时，吉迪恩似乎特别而且可能仅仅提到了"当代的"现代主义建筑（在1967年版的《空间、时间和建筑》中）。吉迪恩认为，当时的建筑风格中存在着"某种混乱"，这将最终通过现代主义建筑得到解决。参见哈瑞斯（1997：2～4）。

10. 拉各写道：

根据哈瑞斯的观点，建筑的最高功能在于为人类提供真正的住宅，而这正是现代人非常缺乏的东西。此外，如果没有剥夺人类通过相互交流而获得认识的重要手段，住宅就无法将人类与他们的社区隔离开来，因此，建筑的伦理功能也会为真正的社区生活创造条

件……这是一项伦理任务……它显然内在于建筑学，因为后者的成功取决于它所提供的
解决方案。

（2004：130~131）

11. 这个概念相当于克利福德•格尔兹所提出的迥然不同的民族精神概念，即"人类生活的基调、
品质和质量、道德和审美风格——以及氛围"（1973：89）。

12. 参见斯科特（2001：12），他写道："让我感兴趣的是居住建筑房间的设计风格及其塑造人
类行为的方式。当然，鲍豪斯建筑学派曾在建造房屋时起草了一份包含12个动机的清单……前
三个是性生活、睡眠习惯和宠物。"人类学家也列出了一个类似的清单。如果你想了解一个民
族，那就看看他们的饮食结构和习惯、他们的性生活、他们对待死亡的态度以及其他方面。

13. 格尔兹（1973：89）认为世界观是"（人们）关于事物在纯粹现实中的存在方式的构想，是
他们关于秩序的最全面的想法"。

14. 福格森的这部作品广受欢迎，曾于19世纪下半叶多次出版，它以图解的方式诠释了建筑物
和建筑形式之间的关系。根据插图左侧的描述，前者与人们所说的基本或普遍需求有关，例
如庇护，以及形式和结构的合理安排。在插图的右侧，更多的"建筑"形式连续出现，因为
这些安排是由文化关怀的表达形式调节的，又是通过装饰物的增加和关于风格的想法表现出
来的。通过这样的图解方式和随附的评论，福格森"将自己描述为一名拥有独特技能的设计
师，这名设计师不仅知道如何修建建筑物，而且还明白如何能够创造出具有一定功能且本质
上有意义的建筑形式"（泰勒，2004：35）。

15. 在这里，我们想到了亨特关于审美伦理传统的著作（例如：亨特，1992；1994），尤其是
他处理"思想"和"感觉"之间的辩证张力的方式，这种张力存在于想象力的"文学运动"
中。我们想到了这种张力的两个方面：鼓励人们承认自己是分裂的主体；鼓励人们将自我从
感官模式和分析模式之间的这种分隔状态（这是一种内在于"作品本身"的状态）中解放出
来，从而实现个人与审美的和谐。

3　建筑与文化

1. 两段引文均取自《牛津英语词典》中的"文化"这一词条。

2. 想想由林璎设计的华盛顿越战纪念碑（1982）以及有些人对这座建筑的看法，在他们眼
里，这仅仅是一堵"哭墙"，它否定了士兵的牺牲而不是对此表示尊敬。此外，有人曾经
试图通过强制手段重新设计澳大利亚国家博物馆的陈列品以及其中的"澳大利亚梦想花园"
（2001），该建筑几乎不加掩饰地传达了以下信息，即因欧洲殖民问题所带来的不公正而向
土著澳大利亚人道歉（从该建筑表面凸起的盲文字母可以看出）。该博物馆的反对者认为这
座建筑否定了澳大利亚的过去，他们反过来受到设计师和公民自由主义者的谴责，后者认为
他们是在修改历史和攻击言论自由。在这两种情况下，这座建筑的支持者和反对者都认为他

们所作的努力是为了维护与某种文化相关的价值观、符号和信仰。

3. 我们可以通过两组极端的例子来说明可能出现的情况。首先，"激进自治论者"与"民粹主义者"持有对立的观点，他们的审美和道德判断标准既不是完全独立的也不是各自所特有的，而是某种权力的基础。这种僵局促使我们针对建筑（以及电影、视觉艺术和文学）提出了两种对立的主张，即建筑是一种"崇高的"或者"受欢迎的"艺术，前者可以为人们带来启发，后者则仅仅供人们娱乐或广泛消费。在文学和电影中也可以看到类似的例子：在艾茵•兰德的《源泉》中，建筑师霍华德•罗克与他那位爱哭鼻子、说奉承话和抄袭的对手彼特•基廷之间的对立正是由这种极端情况造成的。其次，有些"唯美主义者"会对其他人采取冷漠态度，因为他们认为后者缺乏教养或智慧。持有这种立场的通常是失败或平庸的艺术家，这类人可能是自私或自欺的，他们的作品从未完全——如果说曾经有过的话——获得过他人的欣赏。他们的作品不同于罗克的优秀作品威纳德大厦，后者最终成功将其受益人推向更高的自我意识层次（大大提升了演员帕特里夏•尼尔的地位）。

4. 按照巴里•辛迪斯（1977：95）的观点，本质论"指的是一种分析模式，根据这种模式，我们分析社会现象的依据并不是其具体存在状况及其对于其他社会关系和实践的影响，而是其在一定程度上关于某种本质的表达"。

5. 关于完整性的更全面的解释，参见考克斯，D.，拉卡泽，M.和莱文，M.（2003），《完整性和脆弱的自我》。

6. 在亨特关于英国19世纪出现的文学教育的研究中（1988a：ix），这种机器是一种由课堂所暗示的社会形态：在道德监督技术的作用下，教师、管理层和绩效记录方法共同构成了一个整体，其中包括惩戒凝视、课文、着装标准、举止和行为。这对于学生和职员来讲都一样，当然，这些因素构成了一种旨在适应这种组织和技术的特殊建筑形式。

7. 布朗补充道："在这里，基督教欧洲的犹太主义成为了典型的宽容问题，根据有些人的描述，宽容本身外在于塑造身份的政治，外在于权力或不平等；它仅仅是一种回应'差异性'的方式。"（2006 a：116）

8. 保罗•吉尔罗伊怀疑，许多人目前对文化和文化研究的热情依赖于他们与英国的关系以及他们定义英国身份的尝试（1994：5）。有人可能认为，从更广泛的意义上讲，人们对于文化产物的浓厚兴趣表明他们希望开展一个规模更大的项目：根据欧洲人的价值观来表达人性。关于人们对多样性及其在所谓"多元文化"社会中的特权地位的颂扬，霍米巴巴写道：

> "教化"或"文明"态度符号的[背后]是在一种想象的博物馆中欣赏各种文化的能力；就好像我们应该能够收集和欣赏它们。西方人所说的鉴赏能力指的是能够将文化放在一个承认其各种历史和社会背景的普遍时间范围内加以理解和定位，这样做只是为了最终超越它们，并且使它们变得显而易见。

（1990：208）

我们引用这些评论的目的在于支持我们的以下观察结果，即通过"文化"这一术语发挥作用的各种差异（例如不同的物质性人工制品或社会之间的差异，后者以艺术和建筑之间的差异为基础）不仅是自我形成的，而且从现实和哲学的角度来讲具有争议性和政治色彩。

4　体验建筑

1. 根据胡塞尔的观察，"有些至关重要的事件甚至早在伽利略的时代就已经发生了：以数学方式构建的[原文如此]想象世界在不知不觉中替代了唯一的现实世界，这个世界是通过知觉构建起来的，它始终可以为人们所体验——这就是我们日常的生活世界"（1954：48~49）。

2. 对人类的基本欲望和现存住宅形式的引用可以让我们想到一些广泛而流行的观点，这些观点与地点和场所营造有关。莫里斯•梅洛-庞蒂的观点得到了公认，尤其是他的知觉和物质性理论。他认为，"经验仅仅假定了'我们'和'事物'之间的偶遇"（佩雷斯-戈麦斯，1993）。在佩雷斯-戈麦斯看来，寻找一个理想而"有说服力的住所"是有价值的，这与加斯顿•巴舍拉的想法（1994，1964）不谋而合，两者有着类似的主题，尽管他的现象学不同于胡塞尔和梅洛-庞蒂的现象学。

3. 维塞利同意佩雷斯-戈麦斯的观点，他写道：

> 和莱布尼兹一起，我们站在一个新时代的门槛上，在这个时代，世界的和谐与美丽在一个辩证的过程中逐渐显现出来，成为了一个审美体验的领域，该领域依赖于品味的培养和天赋的作用。新的体验在我们与事物之间创建了一段距离，从而促进了现代唯美主义和历史主义的形成。审美化本身密切关系到品味的相对性和体验的形式化。
>
> （2004：251）

4. 霍尔关于建筑的观点不仅得到了佩雷斯-戈麦斯（霍尔：1994；参见引言）的支持，而且还被哈瑞斯所引用（1992：19n31）。他的观点来自由格雷厄姆基金会和美国国家艺术基金会赞助的调查。不论我们是否赞同这位建筑师的观点，不论我们喜欢其建筑作品还是从不同角度阐释其观点的哲学，我们都可以通过进一步强调以下观点来吸引人们关注他的主张，即思想——包括与建筑和伦理学相关的思想——在实用性、物质性和制度性的环境中传播，这些环境通常可以使它们发挥效用。

5. 和里克尔一样，基普尼斯描述了这种愿景背后的世界观，即一种"神圣的诠释学"，它根植于胡塞尔、索绪尔和海德格尔的哲学中。它是一种封闭式解读：

> 尽管这种解读承认在领悟任何特定客体的过程中存在着一种先天的主观性[这种领悟来源于过去的经验]，但它仍然坚持认为这些客体以及与之相关的客观真理的本质是以某种先验条件为基础的。因此，这样的阐释在对待积累起来的主观性方面具有微积分的特征（通

过现象学还原或存在问题的识别），例如将主观性视为对客体的潜在真理的关注。

（基普尼斯，1987：33）

6. 现象学家佩雷斯-戈麦斯和维塞利对科学认识表示谴责，认为这是一种衍生物或者不具备明显的先验特征。尽管如此，他们仍然成了经验主义知识概念的受害者，这种概念鼓励社会科学家转向哲学领域，以便支撑他们关于真理的主张。海因兹写道，根据这种理解：

> 知识起因于一个发生在主体和事物（被给与该主体或该主体所面临的事物，比如现象、物体和世界等）之间的过程。我们可以从多方面去构思该"主体"以及为其提供知识来源的"客体"，但在所有情况下，经验主义知识概念的结构都会建立某种形式的基本对立关系，例如"理论"与"事实"、"人"与"世界"、"主体"与"客体"、"先验主体性"与"超验真实性"等。

（1977：133）

这样的概念之所以具有不可避免的循环性，那是因为我们有必要假定知识和现实实际上是对立和有区别的。更进一步讲，有人认为科学在进步，我们可以根据理论和现实的对应程度来评价理论，这种观点假定存在一种观察语言，它是这些评价得以进行的基础。然而，正如海因兹所观察到的那样，这种语言不可能存在。

5 写在"墙"上：记忆、纪念碑和纪念馆

1. 丹托写道："纪念碑可以使英雄和胜利、战果和征服永恒地呈现在我们面前，并且使之成为我们生活的一部分。悼念碑则是从生活中挤压出的一块特殊区域，我们在这块被隔离的区域内缅怀死者。我们通过纪念碑来表达对自己的尊敬。"（1987：112）我们唯一尊敬的人可能是"我们自己"。

2. 其他人也发现他的公式过于简单和泛化（马歇尔，2006：160；罗兰兹，1999：130）。

3. 关于是什么构成了在一定程度上为西方世界提供普遍伦理学的共同背景和价值观，我们和麦金泰尔持有不同的看法。不过，任何形式的公共纪念活动似乎都不得不依赖于共有的视觉和感觉方式——一种共同的世界观和民族精神。这似乎是不可能的，因为在这种情况下，公众纪念性建筑要么会变得过时，要么会更多地成为争论而不是纪念的基础。

4. 有人认为，"从一般意义上讲"，使公共纪念性建筑变得有意义的条件现在无法得到满足，这种观点并没有否认以下情况，即对有些人而言，纪念碑有时可能仍然会唤起回忆，它们传统上被看成"回忆、沉思和感恩的客体"。然而，对于其他人来说，纪念碑还是有可能会引起遗忘和疏忽。此外，这种观点并不排除私人纪念活动——这些活动不是直接受制于试图定义和控制公众情感和态度的话语，而是更倾向于成为一种普遍产物，尽管我们开展纪念活动

的愿望具有可变性。

5. 参见哈维特就此展开的一次有用的背景讨论。她说，例如，"[与普通公共艺术相比]传统公共艺术更有可能引起广泛的公众反应——纪念碑和纪念馆——因为不论这些作品被定义的多么模糊，它们的主要功能都是明确表达一种特定的信息"（哈维特，1985：3）。另外，瓦格纳-帕奇菲奇和施瓦茨（1991）就以下问题做出有趣的解释，即如何试图阐释纪念"一段艰难过去"的建筑——尤其是VVM。

6. 布罗扎特的看法似乎过于乐观，如果他认为纪念碑（比如VVM）可以"生成"历史认识的话。然而，扬似乎不同意布罗扎特、克劳斯和许森的观点。他认为，至少赫海瑟尔的卡塞尔被害犹太人纪念碑只得到了有限的成功（扬，1993）。他和凡•瓦肯伯格赞成世贸中心纪念馆的建造——大概是因为他认为这座建筑也可以发挥适当的功能（扬和凡•瓦伯伯格，2006）。

7. 美国的纪念活动（我们可以将美国在这里遇到的情况与英国、以色列、澳大利亚和许多其他国家的情况进行比照）是在这样一个背景下发生的，即市民认为自己是上帝的选民——认为自己是善意的，有能力避免犯严重的错误。在应该被视为对民主原则的否定的声明中，小布什和托尼•布莱尔都曾说过，上帝（这里的意思是"上帝而非普通公民"）将会判断他们对于伊拉克的行动——尽管他们坚持认为伊拉克战争是为了支持民主。

8. 莫里斯•拉各认为，建筑师必须试图将审美和伦理问题一并解决，因为对建筑师而言它们是不可分割的。

9. 对林的纪念碑表示称赞的人不在少数。例如，查尼认为这座建筑的成功在很大程度上是因为林有意识地利用了"挽歌传统"（1988：87）。

10. 最近，有人对之前在第一次世界大战中因逃跑和"胆小"被处决的士兵进行了赦免，并承认英国政府曾经错误地指责了他们。这一点表明，就像悲伤和其他与纪念行为有关的情绪一样，勇敢并不是一种静态行为。

11. 要想了解澳大利亚政府如何回应关于"被偷走的一代"的报道，参见http://www.eniar.org/stolengenerations.html（最后访问时间为2010年9月26日）。

12. 威廉•哈伯德写道："林璎说她打算设计一座'不会告诉你如何思考'的越南战争的纪念碑。"（1984：21）

13. 堪萨斯城自由纪念碑改造项目的支持者希望为这类建筑营造一个所谓的"市场"，他们的愿望当中隐含着公众舆论的价值（美联社，2004）——这就为纪念过去提供了理由，这座纪念碑的发起人最有可能认为这是一段令人发指的过去。然而，即使是这种为纪念活动营造市场的观念也会涉及以下问题的理论化，即从规范化的意义上讲，纪念碑和哀悼活动是如何发挥作用的——与它们可能具有的其他功能相比——这种作用可以是程序上或经济上的，也可以是政治或意识形态领域内的。它们如何能够起到引起共鸣和帮助记忆的作用，这其中包含着怎样的机制？这些机制是有意识还是无意识的，还是两者兼有？如果两种情况同时具备，那么它们之间是如何联系起来的？

14. 例如，斯拉沃热•齐泽克（1989）认为——他遵循了帕斯卡的观点以及阿尔都塞的意识形态理论——让我们产生信仰的是仪式本身。换句话说，信仰具有表述行为的功能，可以在某些外部仪式当中得到具体化，而不是作为一种内部现象。假设一个希望有信仰的非宗教人士参加天主教仪式：尽管这个人参加这场仪式的方式是机械的，然而，为他的信仰赋予象征意义的正是这场仪式本身的实际功能。换句话说，这个主体的信仰被构建为这场仪式本身的反馈作用——如果该主体问自己为什么要参加这场仪式，那么答案肯定是，他一定是在最开始的时候就已经成为了一个有信仰的人，只是他自己并没有意识到这一点。也就是说，仪式排在第一位，信仰紧随其后，信仰是参与仪式的效果，而不是相反。在这里，齐泽克使用了几个例子：帮助我们做祷告的西藏转经轮；电视上为我们提供笑料的罐头笑声；某些文化中被哀悼者雇来替他们在葬礼上表达哀伤的"哭泣者"（参见他的《意识形态的崇高客体》[1989]）。也许，纪念碑发挥作用的方式也一样——或者我们希望它们如此：通过单纯地参与参观纪念碑的外部仪式（即使以一种敷衍了事的方式），我们实际上是在开展纪念活动，尽管我们的内心可能在考虑和被纪念的事件完全无关的东西——例如购物。从这个意义上说，购买一件印有"我在零地带"字样的T恤也许是一种意义深远的行为，或者至少是一种"衷心"的纪念行为，就像在现场留下鲜花和照片一样。然而，我们并不这样认为。这些行为还可以有其他解释。在这里，我们感谢索尔•纽曼将我们的注意力引向齐泽克的作品。

15. 从这个角度来讲，最好的纪念碑似乎可以在某种意义上构建一种情境，在这里，我们不需要这样的纪念碑。如果我们真的汲取了大屠杀的教训，我们就不会需要大屠杀纪念碑——或者至少我们不会期望它们发挥现在的功能。

16. 参见詹巴蒂斯塔•维柯的《新科学》（1948，1744）和华兹华斯的"论墓志铭"（1974，1810），前者对葬礼进行了讨论。有许多其他的理论观点可以用来支持这篇关于纪念碑的论文。我们主要关注那些系统阐述纪念碑的文章。

17. 萧伊的解释截然不同于根据表面价值判断纪念碑的普遍观点（这些解释通常带有精神分析的特征）。她的解释描述了纪念碑的个人或社会恢复功能，有人可能会错误地认为这些解释在很大程度上带有否定的语气，而相比之下，有些人则认为纪念碑有着更"高尚"的用途，因为它们是对有价值的事件和事业以及值得尊敬的牺牲者的纪念。然而，从精神分析的角度来讲，如果将纪念碑视为一种防御创伤的手段或一种避免对死亡恐惧的努力，那么这种想法并不意味着将纪念活动看成一种完全自恋、自私或无用的活动。相反，以不同的方式保护自我可能是压抑以及其他心理防御机制的一种积极和必要的功能。

18. 詹姆斯•扬似乎认为德国是一个特例，这个国家的纪念碑也是一个特殊问题。他说，"在今天的德国，或许没有一种符号能够比正在消失的纪念碑更好地反映矛盾和自我克制的记忆动机"（1993：1）。他讨论了由霍斯特•赫海瑟尔提交的竞争方案，即建造"欧洲被害犹太人纪念碑"。该方案建议炸毁勃兰登堡门，"使遗迹洒落在旧址上……至少有关该方案的部分争议……反对将任何获奖的设计变为现实，反对完成纪念碑的建造工作。在这里，他似乎暗示了两个问题：第一，在德国，记住大屠杀的最可靠的途径实际上可能在于这段记忆具有永恒的不确定性；第二，只有未完成的纪念过程才可以保证记忆的生命"（1993：1~2）。扬关于赫海瑟尔的提议的思考以及这项提议中所包含的意思与本章的论点直接相关。然而，既然扬将德国视为一种特殊情况而非一个普通例子，那么他就无法清晰地洞见有些问题。在很多方面，德国都在设法应对自己可怕而独特的历史，而美国和其他国家——澳大利亚（由于原住民和难民）和以色列（不仅因为巴勒斯坦人，而且还因为世界范围内的犹太人）——则无法做到这一点。他们甚至无法确认自己当前的发展态势。

19. 尼尔•柯蒂斯说：

> 在1982年举行的越战纪念碑落成仪式上，有人抱怨这项设计具有异化和背叛的含义，这促成了在原址上添加两组建筑的想法。首先是一组具象的青铜雕像，刻画了三个士兵在战火中昂首屹立的场面；其次是不久之后添加的一根旗杆和一群护士的雕像。花岗岩见证了一些不可表象的东西，见证了灾难和年代久远的事件，而添加的青铜雕像则可以启发人们把死亡看成勇气和正义的牺牲。
>
> （2004：306）

20. 对此，索尼娅•福斯（1986）持有完全不同的看法。她认为VVM是一项巨大的成功——它对支持战争和反对战争的人都有吸引力。此外，她认为这样的成功在很大程度上是因为这座纪念碑的审美特征。

21. 亨利•基辛格或许也在找寻这种做法，因为有证据表明他试图延迟和破坏和平计划，因为这项计划，他曾经获得了诺贝尔和平奖。丹尼尔•艾布拉姆森在"我们要创造历史而不是记忆：历史对记忆的批评"（1989）中讨论了与纪念碑相关的记忆和历史。

6 建立社区：新城市主义、规划与民主

1. 要想了解有关该《宪章》原则的讨论，参见莱切塞和麦考密克（2000）以及塔伦（2006）。

2. 例如，埃利斯所关注的问题是澄清这些项目的来源和消除一些含混不清的误解，他注意到有人对新城市主义开发项目的实际操作表示怀疑。有些问题要求我们证明规划师和建筑师已成功构建出了一种令人满意的社区形式，这些问题相当于额外关注和强调了这些项目的"意识形态和文化关联"以及审美特征（埃利斯，2002）。

3. 在罗翁看来，新城市主义者吸收了"邻里单位在设计上的优势……[寻求]可以在理论上促进住房类型多样化的改进设计，以便满足不同收入群体的需求……[纠正了]由弯路和死胡同街道模式造成的缺乏社区连接性的问题，这些模式限制了人们在社区步行的自由……此外还[促进了]减少汽车依赖的设计模式"（2009：17）。因此，新城市主义者所面临的问题不仅仅在某种程度上类似于前代规划师所面临的问题。他们的解决方案试图纠正和改进早期的设计特点，同时

对新的社会、政治和经济条件加以考虑。这就是为什么罗翁认为新城市主义"对邻里单位的设计元素进行了调整，从而在社区设计中增加了更多的连通性和文明特征"（2009：18）。

4.　罗翁概述了城市规划兴起的过程：

> 城市规划从19世纪末20世纪初的社会改革发展而来，理所当然地涉及对公民产生积极影响的有益行为。为了应对由工业革命造成的无法忍受的城市条件，社会改革家曾经设法改善住房条件和生活环境，减少城市生活的无个性特征，并且使移民融入美国文化。社会学家、建筑师、工程师、"住宅问题专家"以及居民区和社区活动中心的建造者——所有人都积极地改善城市环境和结束美国许多城区普遍存在的交通拥堵、环境肮脏和疫病流行问题。"非中间派"提出了一个解决方案——将受影响的人搬出城区，让他们居住到更舒适的环境中。如此一来，改革意义上的规划就涉及一个问题，那就是选择合适的未来行动方案，这些方案将会造福社会，引起建筑环境的变化，并且让我们有希望看到市民生活的改善。
>
> （罗翁，2009：13）

5.　参见哈维（1997），他提出的许多问题关系到新城市主义者关于社区的假设。值得注意的是，休姆（2005）未曾提及这样的问题。写这篇文章的时候，詹姆斯·休姆在建筑环境亲王基金会担任政策和网络系统管理员。

6.　一个典型的例子是来自不同社区的争议：正统的犹太居民希望建立一道"融合边界"，按照惯例，这是一块由不连续的标记或细线标出的区域，在这里，一些宗教实践的要求被放宽；然而，他们的愿望受到了他们更世俗的邻居的抵制，因为后者认为这样做侵犯了他们的公民自由。这种现象发生在20世纪90年代早期的伦敦北部和2008年的长岛（例如艾尔特曼，2008）。

7.　至少可以说，这些研究当中的一些是可预测的。"弗里曼关于城市扩张和邻里关系的研究[2001]支持了这一观点，该项研究表明，如果社区设计'迫使人们钻进汽车并且禁止人们面对面接触的话，那么它们就以某种方式破坏了邻居之间的社会关系'。"（罗翁，2009：16）

8.　罗翁（2009：19）认为，佩里在某种程度上是成功的。他说："佩里的遗产并不是他可能已经犯下的错误，而是他的远见。他识别出了社区的关键物质成分，这些成分可以定义社区，而且至今仍然可以为居民提供社会互动的机会。"

9.　有人认为，该修正案（佛罗里达州立宪法第4项）代表了市民因政府未能充分控制增长而进行的反抗，它要求选民赞成对当地的综合土地利用计划做出更改。斯蒂芬森（2010）发现："不幸的是，这项修正案无法解释合理的城市主义；它意味着共同的拒绝，它可能会将城郊贫民区改造成公交站点，从而停止小块土地的不规则延伸。"

参考文献

NB: The year of first editions is indicated by a subscript '1'.

Abramson, D. (1996) 'Maya Lin and the 1960s: monuments, time lines, and Minimalism', *Critical Inquiry*, 22 (4): 679–709.

—— (1999) 'Make history, not memory: history's critique of memory', *Harvard Design Magazine*, 9: 78–83.

Alexander, C. (1979) *The Timeless Way of Building*, New York: Oxford University Press.

Anderson, J. C. and Dean, J. T. (1998) 'Moderate autonomism', *British Journal of Aesthetics*, 38 (2):150–166.

Anderson, S. (1991) 'The legacy of German Neoclassicism and Biedermeier: Behrens, Tessenow, Loos, and Mies', *Assemblage*, 15: 62–87.

Associated Press Newswires (2003) 'Ground zero rally in support of Iraqi war' (11 April 2003, 01:39 AM).

—— (2004) 'Private group takes over management of Liberty Memorial' (31 January, 12:30 AM).

Bachelard, G. (1994, ₁1964) *The Poetics of Space*, trans. Maria Jolas, new foreword John Stilgoe, Boston, MA: Beacon Press.

Balfour, A. (1987) 'On the characteristic and beliefs of the architect', *Journal of Architectural Education*, 40 (2): 2–3.

Barnett, J. (2003) book review of *Big Plans: the allure and folly of urban design* by K. Kolson, *Journal of the American Planning Association*, 69 (2): 201.

Barrie, T. (2007) book review of *Built upon Love: architectural longing after ethics and aesthetics* by Alberto Perez-Gomez, *Journal of Architectural Education*, 60 (3): 51–52.

Benedikt, M. (1993) 'Between beakers and beatitudes', *Progressive Architecture*, 74: 52–53.

Benjamin, A. (2000) *Architectural Philosophy: repetition, function and alterity*, London: Athlone Press.

Bentayou, F. (2001) 'New homes in familiar settings. Empty nesters and others prefer the inner suburbs', *The Plain Dealer* (Cleveland, OH, 12 August): E1.

Betsky, A. (1983), 'Black and white', *CRITI*, 12: 1–4.

—— (1993) 'Save the Salk? Or are devotees missing the point about Kahn?', *L.A. Architect*, (April): 8–9.

Bhabha, H. (1990) 'The third space', in J. Rutherford (ed.) *Identity*, London: Lawrence & Wisehart. 207–221.

Boime, A. (1998) *The Unveiling of National Icons: a plea for patriotic iconoclasm in a nationalist era*, Cambridge: Cambridge University Press.

Bradley, J. (2000) 'Private suburbs, public cities', *American Prospect*, 11 (13): 46–49.

Brain, D. (2005) 'From good neighborhoods to sustainable cities: social science and the social agenda of the New Urbanism', *International Regional Science Review*, 28 (2): 217–238.

—— (2006) 'Democracy and urban design: the transect as civic renewal', *Places*, 18 (1): 18–23.

Brett, D. (1996) *The Construction of Heritage*, Cork: Cork University Press.

Brittain-Catlin, T. (2001) 'What is theory? Review of the book *Architectural Philosophy*', *Architectural Review*, 210 (1257): 97.

Broszat, M. (1990) 'Plea for a historicization of National Socialism', in P. Baldwin (ed.) *Reworking the Past: Hitler, the Holocaust, and the historians' debate*, Boston, MA: Beacon Press. 77–87.

Brown, J. Carter (1991) 'The Mall and the Commission of Fine Arts', *Studies in the History of Art*, 30: 248–261.

Brown, W. (2003) 'Neo-liberalism and the end of liberal democracy', *Theory and Event*, 7 (1). Available online at http://muse.uq.edu.au/journals/theory_and_event/v007/7.1brown.html (last accessed 3 June 2010).

—— (2006a) *Regulating Aversion: tolerance in the age of identity and empire*, Princeton, NJ: Princeton University Press.

—— (2006b) 'American nightmare: neoliberalism, neoconservatism and de-democratization', *Political Theory*, 34 (6): 690–714.

Buck-Morss, S. (1983) 'Benjamin's Passagen-Werk: redeeming mass culture for the revolution', *New German Critique*, 29: 211–240.

Budd, M. (1995) *Values of Art: pictures, poetry and music*, London: Penguin.

Carroll, N. (1996) 'Moderate moralism', *British Journal of Aesthetics*, 36: 223–236.

Charney, W. M. (1988) 'Et in arcadia ego: the place of memorial in contemporary America', *Reflections: The Journal of the School of Architecture, University of Illinois at Urbana Champaign*, 6: 86–95.

Choay, F. (2001) *The Invention of the Historic Monument*, Cambridge: Cambridge University Press.

Choueiri, Y. (1998). 'Islamic fundamentalism', in E. Craig (ed.) *Routledge Encyclopedia of Philosophy*, London: Routledge. Available online at http://www.rep.routledge.com/article/DD075 (last accessed 10 January 2007).

Christiano, T. (2002) 'Democracy as equality', in D. Estlund (ed.) *Democracy*, Malden, MA: Blackwell Publishing. 31–50.

Clarke, P. (2005) 'The ideal of community and its counterfeit structure', *Journal of Architectural Education*, 58 (3): 43–52.

Cohn, D. (1992) 'Kentlands: Maryland's New Town, Old Town', *The Washington Post* (11 July): e01.

Congress for the New Urbanism (CNU) (1996) *Charter of the New Urbanism*. Available online at http://www.cnu.org/charter (last accessed 21 May 2010).

Cook, M. (2009) 'Taming a "cranky intersection": NCC has grand plan to turn this corner of Ottawa into a "national icon"', *The Ottawa Citizen* (9 March): A1.

Cousins, M. and Hussain, A. (1984) *Michel Foucault*, London: Macmillan.

Cox, D., La Caze, M. and Levine, M. (2003) *Integrity and the Fragile Self*, London: Ashgate.

Crary, J. (1990) *Techniques of the Observer: on vision and modernity in the nineteenth century*, Cambridge, MA: MIT Press.

Crawford, M. (1999) 'The "new" company town', *Perspecta*, 30: 48–57.

Crowley, J. (2001) *The Invention of Comfort: sensibilities and design in early modern Britain and early America*, Baltimore, MD: Johns Hopkins University Press.

Curtis, N (2004) 'Spaces of anamnesis: art and the immemorial', *Space and Culture*, 7: 302–312.

Czarnecki, J. (2002) 'Initial WTC plans raise process, program, and vision questions', *Architectural Record*, 190 (8): 23.

Danto, A. (1987) *The State of the Art*, New York: Prentice Hall.

Derrida, J. (1978) '"Genesis and structure" and phenomenology', in *Writing and Difference*, trans. Alan Bass, Chicago: Chicago University Press.

Devereaux, M. (1998) 'Beauty and evil: the case of Leni Riefensthal's *Triumph of the Will*', in J. Levinson (ed.) *Aesthetics and Ethics: essays at the intersection*, Cambridge: Cambridge University Press. 227–256.

Dunlap, D. (2005) 'Blurred line for the Ground Zero museum', *The New York Times* (23 September): 3.

Eliot, T. S. (1948) *Notes Towards the Definition of Culture*, London: Faber and Faber.

Ellis, C. (2002) 'The New Urbanism: critiques and rebuttals', *Journal of Urban Design*, 7 (3): 261–291.

Eltman, F. (2008) 'Village in Long Island's Hamptons embroiled in battle over religious symbol for Orthodox Jews', Associated Press Newswires (2 October, 2:21 AM).

Embree, L. (1998). 'Phenomenological movement', in E. Craig (ed.) *Routledge Encyclopedia of Philosophy*, London: Routledge. Available online at http://www.rep.routledge.com/article/DD075 (last accessed 28 November 2007).

Emerson, R. W. and E. W. Forbes (eds) (c.1837; 1909–1914) *Journals of Ralph Waldo Emerson*, 10 vols, Boston, MA: Houghton Mifflin.

Fergusson, J. (1893) *A History of Architecture in All Countries from the Earliest Times to the Present Day*, 3rd edn, London: Murray. Originally published as *Handbook of Architecture* (1849).

Fisher, S. (2002) 'Why is architecture a "social" art?', in C. Gould (ed.) *Constructivism and Practice: towards a historical epistemology*, Lanham, MD: Rowman and Littlefield. 193–203.

Foss, S. (1986) 'Ambiguity as persuasion: the Vietnam Veterans Memorial', *Communication Quarterly*, 34 (3): 326–340.

Foster, H. (1985) *Recodings: art, spectacle, cultural politics*, Port Townsend, WA: Bay Press.

Foucault, M. (1973, ₁1966) *The Order of Things*, New York: Vintage.

Fox, W. (ed.) (2000) *Ethics and the Built Environment*, London: Routledge.

Frampton, K. (1968) 'Reflections', *Journal of Architectural Education*, 22 (4): 37–39.

—— (1980) *Modern Architecture: a critical history*, London: Thames and Hudson.

Freeman, L. (2001) 'The effects of sprawl on neighborhood social ties: an explanatory analysis', *Journal of the American Planning Association*, 67: 69–77.

Freud, S. (1922) 'Mourning and melancholia', *The Journal of Nervous and Mental Disease*, 56 (5): 543–545.

—— (1922b) *Beyond the Pleasure Principle*, trans. from 2nd German edn by C. J. M. Hubback, London: International Psycho-Analytical Press.

Galbraith, J. K. (1992) *The Culture of Contentment*, New York: Houghton Mifflin.

Gans, H. J. (1961) 'Planning and social life: friendship and neighbor relations in suburban communities', *Journal of the American Institute of Planners*, 27 (2): 134–140.

—— (1968) *People and Plans: essays on urban problems and solutions*, New York: Basic Books.

Gaut, B. (1998) 'The ethical criticism of art', in J. Levinson (ed.) *Aesthetics and Ethics: essays at the intersection*, Cambridge: Cambridge University Press. 182–203.

Geertz, C. (1973) 'Religion as a cultural system', in *The Interpretation of Cultures*, New York: Basic Books.

Gibson, D. (2004) 'Councils spread heritage net', *The West Australian* (30 September): 34.

Giedion, S. (1974, ₁1941) *Space, Time and Architecture*, 5th edn, Cambridge, MA: Harvard University Press.

Gilroy, P. (1994) *The Black Atlantic: modernity and double consciousness*, London: Verso.

Goldberger, P. (2004) *Up from Zero: politics, architecture, and the rebuilding of New York*, New York: Random House.

Greco, M. (1993) 'Psychosomatic subjects and the "duty to be well": personal agency within medical rationality', *Economy and Society*, 22 (3): 357–372.

Greenhut, S. (2006) 'Suburbs a sin to smart growthers', *The Orange County Register* (10 December).

Guardian Weekly (UK) (2010) 'Mosque near Ground Zero' (4 June): 2.

Haberman, C. (2010) 'Ground Zero for the sacred and profane', *The New York Times* (28 May, Late Edition): 16.

Hackett, K. (2010) 'Communities can learn from Venice, PBS says', *Sarasota Herald-Tribune* (19 March): BN.1.

Hacking, I. (1990) *The Taming of Chance*, Cambridge: Cambridge University Press.

—— (1995) *Rewriting the Soul: multiple personality and the sciences of memory*, Princeton: Princeton University Press.

—— (2000) *The Social Construction of What?*, Cambridge, MA: Harvard University Press.

Haldane, J. (1990) 'Architecture, philosophy and the public world', *British Journal of Aesthetics*, 30: 207–213.

Hamilton, C. (2003) 'Art and moral education', in *Art and Morality*, José Luis Bermudez and S. Gardner (eds), London and New York: Routledge. 37–55.

Harloe, M. (1993) *The Social Construction of Social Housing*, Canberra: Urban Research Program, Research School of Social Sciences, Australian National University.

Harries, K. (1983) 'Thoughts on a non-arbitrary architecture', *Perspecta*, 20: 9–20.

—— (1992) 'Context, confrontation, folly', *Perspecta*, 27: 7–19.

—— (1997) *The Ethical Function of Architecture*, Cambridge, MA: MIT Press.

Hartoonian, G. (1986) 'Poetics of technology and the new objectivity', *Journal of Architectural Education*, 40 (1): 14–19.

Harvey, D. (1997) 'The new urbanism and the communitarian trap', *Harvard Design Magazine*, 1: 1–3.

Haskins, E. and DeRose, J. (2003) 'Memory, visibility and public space: reflections on commemoration(s) of 9/11', *Space and Culture*, 6 (4): 377–393.

Hayden, B. (2010) 'The Hand of God: capitalism, inequality, and moral geographies in Mississippi after Hurricane Katrina', *Anthropological Quarterly*, 83 (1): 177–203.

Hays, M. K. (1988) 'Editorial', *Assemblage*, 5: 4–5.

—— and Catherine, I. (1996) 'Editorial', *Assemblage*, 30: 6–11.

Heidegger, M. (1951) 'Building, dwelling, thinking', in *Poetry, Language, Thought*, trans. Albert Hofstadter (1975), New York: Harper and Row. 145–161.

Hernandez, J. (2010) 'After fiery debate, vote endorses Muslim center near Ground Zero', *The New York Times* (26 May, Late Edition): 23.

Hewison, R. (1987) *The Heritage Industry: Britain in a climate of decline*, London: Methuen.

Hindess, B. (1977) 'The concept of class in Marxist theory and Marxist politics', in J. Bloomfield (ed.) *Class, Hegemony and Party*, London: Lawrence Wisehart.

Hirst, P. (1994) *Associative Democracy: new forms of economic and social governance*, Cambridge: Polity.

Hirst, P. and Woolley, P. (1982) *Social Relations and Human Attributes*, London: Tavistock Publications.

—— (1985) 'Nature and culture in social science: the demarcation of domains of being in eighteenth century and modern discourses', *Geoforum*, 16 (2): 155–161.

Holl, S, Pallasmaa, J. and Perez-Gomez, A. (1994) *Questions of Perception: phenomenology of architecture*, special issue of *Architecture and Urbanism* (July), Tokyo: A + U Publishing.

Howett, C. M. (1985) 'The *Vietnam Veterans Memorial*: Public Art and Politics', *Landscape*, 28 (2): 1–9.

Hubbard, W. (1984) 'A meaning for monuments', *Public Interest*, 74: 17–30.

Hulme, J. (2005) 'New urbanist spaces', *Green Places*, 17: 18–20.

Hunter, I. (1988a) *Culture and Government: the emergence of literary education*, Basingstoke: Macmillan.

—— (1988b) 'Setting limits to culture', *New Formations*, 4: 103–123; reprinted in G. Turner (ed.) (1993) *Nation, Culture, Text: Australian cultural and media studies*, London: Routledge. 140–63.

—— (1992) 'Aesthetics and cultural studies', in Grossberg *et al.* (eds) *Cultural Studies*, New York: Routledge.

—— (1994) *Rethinking the School: subjectivity, bureaucracy, criticism*, St Leonards, NSW: Allen and Unwin.

—— (2002) 'The morals of metaphysics: Kant's "Groundwork" as intellectual "paideia"', *Critical Inquiry*, 28 (4): 908–929.

—— (2006) 'The history of theory', *Critical Inquiry*, 33 (1): 78–112.

—— (2007) 'The history of philosophy and the persona of the philosopher', *Modern Intellectual History*, 4 (3): 571–600.

Husserl, E. (1970, 1954) *The Crisis of European Sciences and Transcendental Phenomenology*, trans. Walter Biemel, Evanston, IL: Northwestern University Press.

Huyssen, A. (1993) 'Monument and memory in a postmodern age', *Yale Journal of Criticism*, 6 (2): 249–261.

Jacobs, J. (1961) *The Life and Death of Great American Cities*, New York: Random House.

Jameson, F. (1991) *Postmodernism, or the Cultural Logic of Late Capitalism*, Durham, NC: Duke University Press.

Jaskot, P. (2000) *The Architecture of Oppression: the SS, forced labor and the Nazi monumental building economy*, London and New York: Routledge.

Jones, D. (1999) 'Knotty one for the nation', *The Australian* (4 June): 10.

Kahn, E. (1992) 'Model community that isn't', *The Wall Street Journal* (1 June): A10.

Kerr, R. (1871, ₁1864) *The Gentlemen's House*, 3rd edn, revised, London: John Murray.

Kipnis, J. (1987) 'Architecture: the sacred and the suspect', *Journal of Architectural Education*, 40 (2): 33–35.

Kolbert, E. (1998) 'The last peep for smutland in Times Sq.?', *The New York Times* (4 June): 1.

Krauss, R. (1985) *The Originality of the Avant-Garde and Other Modern Myths*, Cambridge, MA: MIT Press.

Krier, L. (ed.) (1985) *Albert Speer: architecture, 1932–1942*, Bruxelles: Aux Archives d'architecture moderne.

Kuhn, T. (1970) *The Structure of Scientific Revolutions*, 2nd edn, Chicago: University of Chicago Press.

Lagueux, M. (2004) 'Ethics versus aesthetics in architecture', *Philosophical Forum*, 35 (2): 117–133.

Lampard, E. (1973) 'The urbanizing world' in J. Dyos and M. Wolff (eds) *The Victorian City*, Vol. 1, London: Routledge Kegan and Paul.

Lang, J. (1987) *Creating Architectural Theory: the role of the behavioral sciences in environmental design*, New York: Van Nostrand Reinhold.

Laugier, M. A. (1753) *Essai sur l'architecture*, trans. and intro. Wolfgang and Anni Herrmann (1977) *An Essay on Architecture*, Los Angeles: Hennessey & Ingalls.

Lawhon, L. L. (2009) 'The neighborhood unit: physical design or physical determinism?', *Journal of Planning History*, 8: 111–32, first published online, doi: 101177/1538513208327072.

Leach, N. (1997) *Rethinking Architecture: a reader in cultural theory*, New York: Routledge.

Leccese, M. and McCormick, K. (eds) (2000) *The Charter of the New Urbanism*, New York: McGraw Hill.

Le Corbusier (1946, ₁1931) *Towards a New Architecture*, translated from the French by Frank Etchells. London: Architectural Press.

Leddy, C. (2006) '*This Land* [by Anthony Flint] examines the brawl over sprawl', book review in *The Boston Globe* (2 October): B8.

Lee, P. (2000) 'Architecture and . . .', *Assemblage*, 41: 42.

Leiser, C. (ed.) (1939) *Nazi Nuggets*, London: Gollancz.

—— (2006) 'Mediated memories: the politics of the past', *Angelaki: Journal of Theoretical Humanities*, 11 (2): 117–136.

—— and Newman, S. (2006) 'Sacred cows and the changing face of discourse on terrorism: cranking it up a notch', *International Journal of Human Rights*, 10 (4): 358–371.

Levinson, J. (1998) *Aesthetics and Ethics: essays at the intersection*, Cambridge: Cambridge University Press.

Lipstadt, H. (1999) 'Responding to the postmodern by reconceptualizing the modern: "architectural culture, 1943–1968"', *Assemblage*, 39: 118–123.

Lyotard, J. (1990) *Heidegger and the Jews*, Minneapolis, MN: University of Minnesota Press.

MacIntyre, A. (1981) *After Virtue: a study in moral theory*, London: Duckworth.

Maldonado, T. (1995) 'The idea of comfort', in V. Margolin and R. Buchanan (eds) *The Idea of Design*, Cambridge, MA: MIT Press. 248–256.

Maleuvre, D. (1999) *Museum Memories: history, technology, art*, Stanford, CA: Stanford University Press.

Marschall, S. (2006) 'Visualizing memories: the Hector Pieterson Memorial in Soweto', *Visual Anthropology*, 19 (2): 145–169.

Martin, R. (2000) 'Double agency', *Assemblage*, 41: 49.

Matravers, D. (2002) *Debates in Contemporary Political Philosophy: an anthology*, Hoboken: Routledge.

McGrath, B. and Navin, T. (1992) 'Architecture as conciliator: toward a unifying principle in architectural education', *Journal of Architectural Education*, 45 (3): 171–181.

McGreal, C. (2010) 'Homes for a dollar: the cost of the credit and cars crisis in motor city', *Guardian* (UK) (3 March): 19.

McLeod, M. (2000) 'Theory and practice', *Assemblage*, 41: 51.

—— (2004) 'The battle for the monument: the Vietnam Veterans Memorial', in K. L. Eggener (ed.) *American Architectural History: a contemporary reader*, London and New York: Routledge.

Mertins, D. (2000) 'Architecture dissolving?', *Assemblage*, 41: 52.

Michna, C. (2006) 'A *new* New Urbanism for a *new* New Orleans', *American Quarterly*, 58 (4): 1207–1216.

Miller, K. (2007) *Designs on the Public: the private lives of New York's public spaces*, Minneapolis, MN: University of Minnesota Press.

Minton, A. (2010) 'Expect the drones to swarm on Britain in time for 2012', *Guardian* (UK) (23 February): 30.

Mitchell, W. J. T. (1993) *Art and the Public Sphere*, Chicago, IL: University of Chicago Press.

Mitias, M. (1999) 'The aesthetic experience of the architectural work', *Journal of Aesthetic Education*, 33 (3): 61–77.

Mohanty, J. N. (1996) 'Kant and Husserl', *Husserl Studies*, 13: 21.

Mowl, T. (2004) 'Directions from the grave: the problem with Lord Shaftesbury', *Garden History*, 32 (1): 35–48.

Murdoch, I. (1970) *The Sovereignty of Good*, London: Routledge & Kegan Paul.

—— (1997) *Existentialists and Mystics: writings on philosophy and literature*, London: Chatto & Windus.

Murphy, K. (2008) 'Making over the story of us', *The Age* (Melbourne) (9 August): 5.

National Parks Service, *Vietnam Veterans' Memorial Brochure*. Available online at www.nps.gov/vive (last accessed 26 September 2005).

Nesbitt, K. (1996) *Theorizing a New Agenda for Architecture: an anthology of architectural theory 1965–1995*, New York: Princeton University Press.

The New York Times (2002) 'Listening to the city' (23 July): 18.

Nicoletta, J. (2003) 'The architecture of control: Shaker dwelling houses and the reform movement in early-nineteenth-century America', *Journal of the Society of Architectural Historians*, 62 (3): 352–387.

Nora, P. (1989) 'Between memory and history: les lieux de memoire', *Representations*, 26: 7–24.

Nussbaum, M. (1986) *The Fragility of Goodness*, Cambridge: Cambridge University Press.

—— (1998) 'Exactly and responsibly: a defense of ethical criticism', *Philosophy and Literature*, 22 (2): 343–365.

O'Byrne, J. (2006) 'Insurance industry greed strangling recovery', *The Times-Picayune* (New Orleans, 15 November): 7.

Ouroussoff, N. (2004) 'In a decaying Cairo quarter, a vision of green and renewal', *The New York Times* (19 October): E1.

Passanti, F. (1997) 'The vernacular, modernism, and Le Corbusier', *The Journal of the Society of Architectural Historians*, 56 (4): 438–451.

Peek, E. (2001) 'Moderate moralism and moderate autonomism', in 'Morality and the Literary Arts', unpublished PhD thesis, University of Western Australia.

Perez-Gomez, A. (1982) 'Architecture as drawing', *Journal of Architectural Education*, 36 (2): 2–7.

—— (1983) *Architecture and the Crisis of Modern Science*, Cambridge, MA: MIT Press.

—— (1993) 'Introduction' to online catalogue featuring work of graduate students in the 1992–1994 class of the History and Theory of Architecture Program at McGill University. Available online at http://www.mcgill.ca/architecture-theory/catalogues/1993/ (last accessed 25 June 2010).

—— (1999) 'Hermeneutics as discourse in design', *Design Issues*, 15 (2): 71–79.

—— (2006) *Built upon Love: architectural longing after ethics*, Cambridge, MA: MIT Press.

Peterson, A. (1997) 'Residents say The Cottages' charm fading, peaceful exterior hides the problems, they say', *The Press-Enterprise* (Riverside, CA, 21 September): B01.

Pevsner, N. (1963, 1943) *An Outline of European Architecture*, 7th edn, Harmondworth: Penguin.

Porphyrios, D. (1993) 'Classicism is not a style', *Demetri Porphyrios: selected buildings and writings*, London: Academy Editions. 123–128.

Porter, W. (1992) 'Architecture and culture: lessons from the past?', *Journal of Architectural Education*, 46 (1): 46–48.

Pynn, L. (2009) 'A selfish approach to sustainability; people will act to minimize environmental change only if it doesn't impact the quality of their lives', *Vancouver Sun* (8 December): A12.

Ramirez, A. (2005) 'At Ground Zero rally, anger over a planned museum', *The New York Times* (11 September): 36.

Rand, A. (1943) *The Fountainhead*, New York: The Bobbs-Merrill Company.

Rasmussen, S. E. (1959) *Experiencing Architecture*, 2nd US edn, Cambridge, MA: MIT Press.

Rich, A. (1999) *Midnight Salvage: poems 1995–1998*, New York: W.W. Norton.

RMIT and Melbourne Museum (2001) 'Stolen Generations Memorials Competition Brief'. Available online at http://users.tce.rmit.edu.au/sgmemorials/stolen.htm (last accessed 4 June 2010).

Romero, S. (2003) 'SoHo-inspired lofts with views of Houston', *The New York Times* (9 August): A1.

Rowlands, M. (1999) 'Remembering to forget: sublimation as sacrifice in war memorials', in A. Forty and S. Küchler (eds) *The Art of Forgetting*, Oxford and New York: Oxford University Press. 129–145.

Ruskin, J. (1974, 1849) *The Seven Lamps of Architecture*, New York: Noonday.

—— (1893) *The Poetry of Architecture: or, the architecture of nations of Europe considered in its association with natural scenery and national character*, Sunnyside, Orpington: George Allen.

Rycroft, C. (1995, 1968) *A Critical Dictionary of Psychoanalysis*, London: Penguin.

Rykwert, J. (1954) 'Siegfried Giedion and the notion of style', *The Burlington Magazine*, 96 (613): 123–124.

Said, E. (1982) 'Opponents, audiences, constituencies and community', in H. Foster (ed.) (1985) *Postmodern Culture*, London: Pluto Press.

Savage, K. (2002) 'The past in the present: the life of memorials', in J. C. Bean *et al.* (eds) *Reading Rhetorically: a reader for writers*, New York: Longman.

Schuman, T. (1986) 'Utopia spurned: Ricardo Bofill and the French ideal city tradition', *Journal of Architectural Education*, 40 (1): 20–29.

Schwarzer, M. (1994) 'Myths of permanence and transience in the discourse on historic preservation in the United States', *Journal of Architectural Education*, 48 (1): 2–11.

Scott, J. (2001) *The Architect: a tale*, Camberwell, Vic.: Penguin Books.

Scruton, R. (1974) *Art and Imagination: a study in the philosophy of mind*, London: Methuen.

—— (1979) *The Aesthetics of Architecture*, London: Methuen.

Shane, G. (1985) book review of *Architecture and the Crisis of Modern Science* by A. Perez-Gomez, *Journal of Architectural Education*, 38 (2): 32.

Simpson, D. (2006) *9/11: the culture of commemoration*, Chicago: University of Chicago Press.

Smith, D. W. (2003) 'Phenomenology', in E. N. Zalta (ed.) *The Stanford Encyclopedia of Philosophy* (Winter edition). Available online at http://plato.stanford.edu/archives/win2003/entries/davidson/ (last accessed 25 June 2010).

Snyder, N. (2010) 'Money crunch hits high-dollar houses', *The Tennessean* (Nashville) (5 April).

Solnit, R. (2007) 'The growth of local power is a bright spot in seven bleak years of Bush', *Guardian* (UK) (28 September): 40.

Spector, T. (2001) *The Ethical Architect: the dilemma of contemporary practice*, New York: Princeton University Press.

Stephenson, B. (2010) 'Imagining a New Florida', *St. Petersburg Times* (9 May): 1P.

Stevens, W. (1993) 'Want a room with a view? Idea may be in the genes', *The New York Times* (30 November): C1.

Stillman, D. (1985) book review of *Architecture and the Crisis of Modern Science* by Alberto Perez-Gomez, *Journal of Interdisciplinary History*, 16 (2): 309–310.

Sudjic, D. (2008) 'The shape of things to come', *Observer* (UK) (6 July): 16.

Talen, E. (2001) 'Charter of the New Urbanism: valuing the New Urbanism: the impact of the New Urbanism on prices of single-family homes', *Journal of the American Planning Association*, 67 (1): 110–112.

—— (2006) 'Connecting New Urbanism and American planning: an historical interpretation', *Urban Design International*, 11: 83–98.

Taylor, P. (1975) *Principles of Ethics*, Belmont, CA: Wadsworth.

Taylor, W. (2004) *The Vital Landscape: nature and the built environment in nineteenth-century Britain*, Aldershot, Hants; Burlington, VT: Ashgate.

—— (2005) 'Lest we forget: the Shrine of Remembrance, its redevelopment and the heritage of dissent', *Fabrications*, 15 (2): 95–111.

Vaisey, S. (2007) 'Structure, culture, and community: the search for belonging in 50 urban communes', *American Sociological Review*, 72 (6): 851–873.

Venturi, R., Scott Brown, D. and Izenour, S. (1972) *Learning from Las Vegas*, Cambridge, MA: MIT Press.

Vesely, D. (1985) 'Architecture and the conflict of representation', *AA Files*, 8: 21–38.

—— (2004) *Architecture in the Age of Divided Representation: the question of creativity in the shadow of production*, Cambridge, MA: MIT Press.

Vico, G. (1948, 1744) *The New Science of Giambattista Vico*, trans. Thomas Bergin and Max Fisch, 3rd edn, Ithaca, NY: Cornell University Press.

Wagner-Pacifici, R. and Schwartz, B. (1991) 'The Vietnam Veterans Memorial: commemorating a difficult past', *American Journal of Sociology*, 97 (2): 376–420.

Wartofsky, M. (1993) 'The politics of art: the domination of style and the crisis in contemporary art', *The Journal of Aesthetics and Art Criticism*, 51: 217–226.

Wiebenson, D. (1987) book review of *Architecture and the Crisis of Modern Science* by A. Perez-Gomez, *The Art Bulletin*, 69 (1): 153–55.

Wilde, O. (1913) *Intentions*, 8th edn, London: Methuen.

Windschuttle, K. (2001) 'How not to run a museum', *Quadrant*, 45 (9): 11–19.

Winter, J. (1999) 'Remembrance and redemption: a social interpretation of war memorials', *Harvard Design Magazine*, 9: 71–77.

Wistrich, R. (1982) *Who's Who in Nazi Germany*, London: Weidenfeld and Nicolson.

Whyte, W. (2006) 'How do buildings mean? Some issues of interpretation in the history of architecture', *History and Theory*, 45: 153–177.

Wordsworth, W. (1974, 1810) 'Essay upon Epitaphs', in W. J. B. Owen and J. Worthington (eds) *The Prose Works of William Wordsworth*, Vol. 2, Oxford: Clarendon.

Young, J. (1993) *The Texture of Memory: Holocaust memorials and meaning*, New Haven: Yale University Press.

—— and Valkenburgh, M. (2006) 'A last chance for Ground Zero', *The New York Times* (18 May).

Žižek, S. (1989) *The Sublime Object of Ideology*, London: Verso.